战略性新兴领域"十四五"高等教育系列教材

人工智能引论

王立春　黄　捷　周　彦　李　爽
刘　茜　朱晓林　周高典　欧　芳　编　著
王冬丽　刘尚坤　陈宇韬　周　宇
张琳琳

机械工业出版社

人工智能为解决复杂问题提供了有效的方案，相关应用涉及领域众多。通过阅读本书，读者可以学习人工智能的基本原理，了解人工智能在不同行业的应用案例以及人工智能伦理与安全，为进一步研究与应用人工智能技术奠定基础。

　　全书共 12 章，内容包括绪论、知识表示与推理、确定性推理、不确定性推理、无信息的盲目搜索、基于经验的启发式搜索、机器学习、人工神经网络与深度学习、多智能体系统、人机混合增强智能、人工智能应用、人工智能伦理与安全。本书配套资源包括电子教案、课后思考题与习题的简要解答和实验指导书。

　　本书可作为普通高等院校相关专业本科生或研究生学习人工智能基础课程的教材或参考书，也可供希望了解人工智能技术的研究人员和工程技术人员学习参考。

　　本书配有电子课件等教学资源，欢迎选用本书作教材的教师登录 www.cmpedu.com 注册后下载，或发邮件至 jinacmp@163.com 索取。

图书在版编目（CIP）数据

人工智能引论 / 王立春等编著 . -- 北京：机械工业出版社，2024.11.--（战略性新兴领域"十四五"高等教育系列教材）.-- ISBN 978-7-111-77055-8

Ⅰ.TP18

中国国家版本馆 CIP 数据核字第 2024R4Y400 号

机械工业出版社（北京市百万庄大街 22 号　邮政编码 100037）

策划编辑：吉　玲　　　　　　　　责任编辑：吉　玲　章承林
责任校对：贾海霞　薄萌钰　　封面设计：张　静
责任印制：刘　媛

北京中科印刷有限公司印刷

2024 年 12 月第 1 版第 1 次印刷

184mm×260mm · 17.5 印张 · 434 千字

标准书号：ISBN 978-7-111-77055-8

定价：59.80 元

电话服务　　　　　　　　网络服务

客服电话：010-88361066　　机　工　官　网：www.cmpbook.com

　　　　　010-88379833　　机　工　官　博：weibo.com/cmp1952

　　　　　010-68326294　　金　书　网：www.golden-book.com

封底无防伪标均为盗版　　机工教育服务网：www.cmpedu.com

　　"人工智能"作为专业名词诞生于 1956 年，这一时间也被公认为人工智能学科诞生的开端。人工智能的研究涉及内容广泛，而且一直在不断发展。自诞生以来，人工智能的研究及其应用历经了几次起落，时至今日，人工智能的应用遍及多个领域，并逐渐进入日常生活。

　　本书作为人工智能的入门性教材，在编写过程中遵循理论与应用、技术与伦理兼顾的基本理念，主要介绍最基本的人工智能理论方法，同时介绍一些最新的人工智能应用案例，以及人工智能伦理与安全。本书的主要特色如下：

　　（1）结构清晰，叙述简明。本书围绕人工智能研究的三个主要流派——符号主义、连接主义和行为主义介绍人工智能理论方法，内容描述尽量简洁明了，文字流畅，有较强的可读性。学习本书内容可以为进一步学习特定的人工智能方法起到引领作用，为掌握更广更深的理论方法奠定基础。

　　（2）理论与实例结合。本书各章均设计了与理论方法密切相关的例题，以帮助读者加深理解。针对课后思考题与习题，提供了详细的习题解答供读者参考。针对人工智能应用，本书单列一章介绍人工智能方法在不同领域面向不同问题的应用案例，并做了相关分析，为读者理解理论与实际是如何相互联系的提供参考素材。

　　（3）工程技术伦理探讨。人工智能日益强大，人工智能应用日渐普及，由此引发的一系列伦理与安全问题已经成为一个无法回避的议题，这也是人工智能理论研究人员和技术开发人员必须了解的基本内容。本书单列一章介绍人工智能伦理规范的核心原则、可信人工智能、人工智能可解释性以及人工智能安全等内容。

　　全书共 12 章，第 1 章绪论，介绍人工智能以及适合采用人工智能方法解决的问题，人工智能研究的基本内容和主要方法；第 2 章知识表示与推理，介绍基本知识表示方法以及推理的基本概念；第 3 章确定性推理，介绍基于一阶谓词逻辑的推理方法；第 4 章不确定性推理，介绍基于概率理论和模糊理论的不确定性推理方法；第 5 章无信息的盲目搜索，介绍基于简单策略和高级策略的状态空间搜索；第 6 章基于经验的启发式搜索，介绍基于启发信息的状态空间图搜索及与或图搜索；第 7 章机器学习，介绍机器学习的基本结构、基本策略和一些常见的机器学习算法；第 8 章人工神经网络与深度学习，介绍人工神经网络的基本概念和结构、学习算法，以及常见的深度神经网络结构和注意力机制模型；第 9 章多智能体系统，介绍智能体以及多智能体系统的概念与体系结构，基于大语言模型的智能体构建；第 10 章人机混合增强智能，介绍人机混合增强智能的发展历史、形式与分类以及典型案例；第 11 章人工智能应用，介绍人工智能在机器视觉感知、自主智能系统、智能制造、智慧城市、医疗健康、科学探索领域的应用及案例；第 12 章人工智能伦理与安全，介绍新一代人工智能伦理规范、可信人工智能的安全类型及构建可信人工智能的途径、发展人工智能可解释性的基本途径、人工智能安全风险的类型以及应对策略。其中，第 2 ～ 10 章介绍具体的人工智能理论方法。

本书第 1 ～ 4 章由王立春、李爽、刘茜编写，第 5 ～ 8 章由周彦、朱晓林、周高典、欧芳、王冬丽编写，第 9 ～ 12 章由黄捷、刘尚坤、陈宇韬、周宇、张琳琳编写，王冬丽、李爽、陈宇韬负责教材配套教学资源的策划和建设统筹。

本书在写作过程中，参考了大量国内外优秀教材和其他文献资料，在此一并表示感谢。对于本书的缺点和出现的错误，欢迎读者予以批评指正。

编著者

IV

目录

CONTENTS

V

IX

X

第 1 章   绪论

1

导读

"人工智能（Artificial Intelligence，AI）"这一术语是 1956 年被创造的，自这个概念被提出以来，AI 相关的新思想、新理论不断涌现，新理论、新技术发展迅速。近几年，以深度学习为代表的人工智能技术在人机对话、内容生成等领域的应用引起了人们的广泛关注和高度重视，语音识别、图像识别、机器翻译等达到实用水准的研究成果表明 AI 研究已经取得了工业级的进展。本章首先介绍人工智能概念以及人工智能研究分支，然后简要介绍了适用人工智能求解的问题和主要研究内容，以及人工智能研究的主要方法。

本章知识点

- 人工智能的定义
- 图灵测试
- 人工智能研究的主要方法

1.1   人工智能概述

1956 年，麦卡锡（John McCarthy）、明斯基（Marvin Minsky）、罗彻斯特（Nathaniel Rochester）和香农（Claude Shannon）共同发起并在美国新罕布什尔州的达特茅斯召开了主题为"用机器模拟人类智能"的研讨会。参会者基于数理逻辑、计算机以及形式化计算相关理论，讨论模拟人类某些智能行为的基本方法和技术，以构造具有一定智能的人工系统去完成需要人的智力才能胜任的工作。其中，明斯基的"神经网络模拟器"、麦卡锡的"搜索法"、西蒙（Herbert Simon）和纽厄尔（Allen Newell）的"逻辑理论家"备受关注。会上，麦卡锡提议了一个新的名词"人工智能"，被认为是人工智能学科诞生的开端。在此之前，也有相关的名词术语，但没有达成大家对新学科命名的共识。

人工智能概念、智能行为实现方式的理解因人而异，但对于是否要实现人工智能或人工智能系统是没有争议的，因此首先理解智能的定义以及人类如何获得智能是有必要的。

1.1.1   智能的定义

脑科学、神经生理学的研究使得人们对人脑的结构和功能有了初步认识，但神经系统的结构和作用机制特别是人脑的功能原理还有待进一步探索。因此，对于智能这个抽象的概念，目前尚没有确切的定义。

斯滕伯格（Robert Sternberg）就人类意识这个主题给出的可参考的定义是"智能是个体从经验中学习、理性思考、记忆重要信息，以及应付日常生活需求的认知能力"。图 1-1 所示是常见的填图游戏，可以观察到小三角形内的数字是小三角形外的 3 个数字的乘积，因此"？"的答案分别是 72 和 2。这个游戏是测试游戏参与者识别模式中的特征的熟练程度，人们通过经验发现模式。

图 1-1　看图填数字游戏

那么，人类是如何获得智能的？对此问题，影响较大的观点有思维理论、知识阈值理论、进化理论等。思维理论认为人的一切智能都来自大脑的思维活动，人类的一切知识都是人类思维的产物，因此对思维规律和方法的研究是有望揭示获得智能的途径。知识阈值理论认为人具有智能是因为具有可运用的知识，知识的数量和一般化程度决定了智能的表现。进化理论认为人在动态环境中的行走能力、对外界事物的感知能力、维持生命和繁衍生息的能力为智能的发展提供了基础，智能是在与环境交互的过程中形成的。综合以上观点，思考、感知、学习、与环境交互、行动等都是获取智能的途径。

1.1.2　人工智能的定义

"人工"的含义是合成的、人造的，"人工智能"意味着其包含的"智能"是人为制造的。在人工智能达特茅斯夏季研究项目提案（1955 年 8 月 31 日）中，麦卡锡对人工智能给出的描述是"For the present purpose，the artificial intelligence problem is taken to be that of making a machine behave in ways that would be called intelligent if a human were so behaving."。表 1-1 是研究人员从思维 – 行为、类人 – 合理的维度给出的关于人工智能的不同定义。

表 1-1　有代表性观点的关于人工智能的不同定义

类人思维	合理思维
"人工智能是那些与人类思维相关的活动，诸如决策、问题求解、学习等活动的自动化"（Bellman, 1978） "人工智能是使计算机思考的令人激动的新成就，按照字面的意思就是'有头脑的机器'"（Haugeland, 1985）	"人工智能通过使用计算模型来研究智力能力"（Charniak 和 McDermott, 1985） "人工智能是使感知、推理和行动成为可能的计算的研究"（Winston, 1992）
类人行为	合理行为
"人工智能是一种创造机器的技艺，这种机器能够执行需要人的智能才能完成的功能"（Kurzweil, 1990） "人工智能研究如何使计算机能够做那些目前人比计算机更擅长的事情"（Rich 和 Knight, 1991）	"人工智能关心的是人工制品中的智能行为"（Nilsson, 1998） "计算智能研究智能 Agent 的设计"（Poole、Mackworth 和 Goebel，1998）

1. 类人思维——认知建模

认知模型是类人思维这类方法的理论基础，认知模型提供了关于人类思维工作原理的准确和可测试的模型。想要让一个智能系统像人一样思考，那就必须先确定人是如何思考的。通常有三种办法可以用来确定人是如何思考的：①内省，试图捕获自身的思维过程。②脑成像，观察工作中的头脑。③心理实验，观察工作中的一个人。只有具备了关于人脑的足够精确的理论，我们才能基于这样的理论编写出表现智能的计算机程序。如果程序的输入输出行为可以与相应的人类行为匹配，那么程序的某些机制可能与人脑的运行是类似或一致的。例如，纽厄尔和西蒙对于他们开发的通用解题者（General Problem Solver, GPS），不仅关注程序是否正确地解决问题，也关注程序推理步骤的轨迹与求解相同问题的人类个体的思维轨迹之间的对比。

2. 类人行为——图灵测试

类人行为这类方法不关心对人的物理模拟，而关注系统表现出来的行为，这与图灵测试（Turing Test）的观点"用人类的表现衡量假设的智能机器的表现"是一致的。图灵测试由图灵（Alan Turing）在 1950 年提出，旨在为智能提供一个令人满意的可操作的定义。

图灵测试有三名参与者：一台计算机（Computer）、一名询问者（Interrogator）和一名人类志愿者（作为计算机在测试过程中的陪衬）。询问者与另外两位参与者是被物理分隔开的，如被安置在不可见的两个房间。询问者试图通过向另外两名参与者提问以确定哪一个参与者是计算机，询问者与另外两位参与者之间的所有通信利用键盘和屏幕进行，或者与之等效的方式（图灵建议使用电传打字机）。询问者可以提出他或她喜欢的深入且广泛的问题，计算机可以尽一切可能使询问者得到错误的身份识别（因此，计算机可能会在回答"你是计算机吗？"时回答"否"，并可能在请求将一个大数乘以另一个大数后长时间停顿，然后给出一个看似错误的答案）。人类志愿者必须帮助询问者做出正确的身份识别。表 1-2 是图灵给出的一段可能发生在询问者和计算机之间的对话的示例。

表 1-2　询问者和计算机之间 4 个轮次的对话

对话轮次	询问者	计算机
1	In the first line of your sonnet which reads 'Shall I compare thee to a summer's day', would not 'a spring day' do as well or better?	It wouldn't scan.
2	How about 'a winter's day'? That would scan all right.	Yes, but nobody wants to be compared to a winter's day.
3	Would you say Mr Pickwick reminded you of Christmas?	In a way.
4	Yet Christmas is a winter's day, and I do not think Mr Pickwick would mind the comparison.	I don't think you're serious. By a winter's day one means a typical winter's day, rather than a special one like Christmas.

图灵测试中，询问者在提出书面问题之后接收另外两位参与者的书面回答，如果询问者对参与者给出的书面回答中有 30% 的回答无法区分其来自计算机还是来自人，那

么这台计算机就通过了测试。一台计算机要通过图灵测试，它需要具有以下几方面的能力：①自然语言处理（Natural Language Processing），实现以自然语言作为信息载体的交流。②知识表示（Knowledge Representation），存储知道的、获取到的信息。③自动推理（Automated Reasoning），运用存储的信息回答问题并推出新结论。④机器学习（Machine Learning），适应新环境，并能检测和推断新模式。

完全图灵测试（Total Turing Test）的通信内容还包括视频信号，以便询问者测试对方的感知能力，也有机会"通过舱口"传递物体对象。要通过完全图灵测试，需要计算机另外具有以下能力：①计算机视觉（Computer Vision），感知物体。②机器人学（Robotics），操纵和移动物体。

以上这 6 个领域构成了人工智能的大部分内容。

图灵测试给出了一个客观的智能概念，为判断智能提供了一个标准，即根据对一系列特定问题的反应来决定某个主体是否具备了智能的行为。图灵测试的标准避免了一些目前无法回答的问题，如"机器是否真的意识到其行为"。图灵测试要求询问者只关注参与者给出的回答的内容，消除了有利于生物体的偏置。因为这些优点，图灵测试成为现代人工智能程序评价方案的基础。

尽管图灵测试被作为判断智能的标准使用，但对其还是有一些持有批评意见的观点，比较典型的是布洛克（Ned Block）和塞尔（John Searle）对图灵测试的批评。布洛克提出，对一个特定的图灵测试，用英文书写的一系列问题和答案存储在数据库中，然后计算机通过查表的方式完成测试。如果计算机通过了图灵测试，布洛克的问题是"你认为这样的机器有智能吗？"塞尔提出了"中文屋子"的假设，询问者用中文描述问题，房间里的参与者不懂中文但有一本详细的规则手册，并且可以参考手册中的规则处理中文字符以及使用中文写下答案。当询问者获得了语法正确、语义合理的回答，那么这意味着房间里参与者通晓中文吗？房间里参与者拥有参考手册就算是通晓中文吗？答案是否定的，因为房间里的人仅仅是在处理符号。同样，计算机通过运行程序接收、处理以及使用符号回答，不需要理解符号本身的含义。

布洛克和塞尔对图灵提出批评的共同点在于，图灵测试的结论来自外部观察，并没有洞察内部状态。这样的话，在将拥有智能的智能体（人或机器）视为黑盒的前提下，我们能否了解到关于智能的新的信息。

3. 合理思维——理性思考

古希腊哲学家亚里士多德（Aristotle，公元前 384—公元前 322）是首先试图严格定义"正确思维"的人之一，将"正确思维"定义为不可反驳的推理过程。他定义的三段论（Syllogism）给出了一种推理模式，是一种"在给定正确前提时总能产生正确结论"的论证结构。例如："苏格拉底是人；任何人都必有一死；所以，苏格拉底必有一死。"一些研究者认为心智活动是被这些思维法则支配的，对思维法则的研究开创了逻辑学（Logic）研究领域。

19 世纪后期和 20 世纪早期发展起来的形式逻辑为表示对象以及对象之间的关系定义了精确的符号体系和语法规则，同时也定义了一系列符号运算规则。1965 年提出的归结原理表明，对于用逻辑表示法描述的任何可解问题，原则上都可以设计一段程序对其进行求解。因此，逻辑主义流派的研究人员希望通过编写逻辑程序创建智能系统。

基于这类方法创建智能系统存在两个主要问题。首先，获取非形式化的知识并用逻辑表示法的形式术语对知识进行描述是不容易的，尤其是要表示的知识不是百分之百确定的时候。其次，原则上可以解决一个问题与实际上解决这个问题之间存在很大的不同，比如在求解有几十条事实的问题的情况下，如果没有关于合适的推理步骤的指导，其对应的推理过程有可能耗尽计算机的全部计算资源。实际上，这两个问题在建造任何计算推理系统时都存在，但在构建逻辑推理系统时最先发现了这两个问题。

4. 合理行为——理性智能体

尼尔森（Nils John Nilsson）提出"人工智能关心人工制品中的智能行为"，其中的人工制品主要指能够行动的智能体（英语单词"agent"来源于拉丁语的"agere"，意思是"去做"）。计算机程序在做某些事情，所以是一种智能体。对智能体的更多期望包括自主操作，感知环境，适应变化，创建、追求目标等。理性智能体（Rational Agent）是一个为了实现最佳结果，或者当存在不确定性时，为了实现最佳期望结果而行动的智能体。

做出正确的推理有时也是理性智能体的一部分，即理性智能体有时需要理性思考，因为实现合理行为的一种方法是逻辑地推理出"某行动可以实现目标"的结论，然后智能体依据结论选择需要具体执行的行动。另外，正确推理不是合理行为的全部，某些环境下不能证明某个行动正确而其他行动错误，但仍然需要选择一个行动然后执行。此外，还有一些实现合理行为的方法不涉及推理，如"触摸到高温物体退缩"这样的反射行为，比仔细思考后再行动的较慢行为更成功。

图灵测试涉及的能力可以支持一个智能体合理地行动，知识表示与推理可以帮助智能体达成更好的决定。类似地，一个人学习不只是为了博学，也为了提高生成有效行为的能力。当知识是完全的并且可用资源无限的时候，是所谓的合理思维；当知识是完全的或者可用资源有限的时候，是所谓的合理行为。合理思维和合理行为常常能够根据已知的信息（知识、时间、资源等）做出最合适的决策。

总而言之，人工智能主要研究用人工的方法和技术，模拟、延伸和扩展人的智能，实现机器智能。人工智能的长期目标是实现人类水平（Human Level）的智能，包括思考、学习和创造。

1.1.3　弱人工智能与强人工智能

在多大程度上、在哪些维度上与人类智能相同，一个系统才可以被认为是人工智能系统，研究人员对这个问题的不同观点导致了人工智能研究的两种不同又很普遍的研究分支。

弱人工智能将任何表现出智能行为的系统都视为人工智能的例子，关注是否能得到令人满意的执行结果。支持弱人工智能观点的研究人员认为，人造物是否使用与人类相同的方式执行任务无关紧要，唯一的标准是程序能够正确执行。弱人工智能的支持者认为，人工智能研究的存在理由是解决困难问题，而不必理会解决问题的实际方式。

强人工智能认为人造物展现的智能行为应该基于人类所使用的相同方法，主要关注生物可行性。以一个具有听觉的系统为例，弱人工智能支持者关注系统的表现，基于系统的表现衡量系统是否成功；强人工智能支持者关注系统的结构，通过模拟人类听觉系统，使用等效的耳蜗、耳蜗管、耳膜和耳朵的其他部件（每个部件在系统中分别执行必要的任务）来成功获得听觉。强人工智能的支持者认为，凭借人工智能程序的启发法、算法和知识，计算机可以获得意识和智能。

人工智能应用程序经常依赖启发式方法，即在求解问题过程中应用经验法则。与之对照的，算法是规定好的用于解决问题的一组规则，如冒泡排序、快速排序等排序算法，顺序搜索、二分查找等搜索算法。算法的输出是完全可预测的，而启发式方法得到一个有利但不能保证的结果。日常生活中，人们经常使用启发式方法。例如，去一个展览馆参观寻找展馆入口，觉得问路比较麻烦，那么一个有效的策略是跟着比较多的人流走。或者在一个已经停放很多车辆的地下停车场，你用自己喜欢的方法寻找空闲停车位，也是应用启发式方法的例子。

启发式方法是早期人工智能研究（20 世纪 50—60 年代）的主流方法之一，里程碑式的研究项目是通用解题者（GPS），它使用人类问题求解者的方法求解问题。研究人员让人类问题求解者提供自己在解决问题时的问题解决方法，收集解决问题所必需的经验法则。

1.1.4　适用于人工智能求解的问题

大部分人工智能问题有三个主要的特征：①问题的规模比较大。②解决问题涉及的计算复杂，并且不能利用简单的算法求解。③问题涉及的领域或者解决问题需要大量的人类专门知识。以下从医疗诊断、自动柜员机和围棋游戏三个应用案例来讨论适用于人工智能方法求解的问题的特点。

1. 医疗诊断

医疗诊断是早期成功应用专家系统的领域之一，并且一直在采用人工智能方法。医疗诊断专家系统中存储着大量的规则，例如：如果体温超过 38.5℃，那么你可以服用退烧药，并且在早晨打电话给我。MYCIN 是最著名的基于规则的专家系统，用于帮助诊断血液细菌，其包含的规则超过 400 条。开发这些规则的过程称为知识工程，知识工程师在与医生或其他医疗专业人员的密集访谈过程中收集专家知识，再将知识转换成离散规则的形式。

专家系统在医疗诊断领域受欢迎的原因在于，医疗诊断是一个复杂的过程，需要基于患者的症状、病史以及先例确定疾病或治疗方案，并且通常有许多可能有效的方法。因此，在大多数情况下，不存在可以识别潜在疾病或病症的确定性算法。MYCIN 不提供确定的诊断，而是提供最可能存在的疾病的概率，以及诊断正确的程度。

适合构建专家系统的领域通常具有以下特征：包含大量的领域特定的知识，即关于特定问题的知识；领域知识遵循某种分层次序。

2. 自动柜员机

自动柜员机支持用户自助式地进行存款、取款以及生活缴费，但是自动柜员机不是人工智能系统。然而，假如这台机器可以基于账户支出、账户所有人购买商品的种类和频率，解释支出项目的类别，如娱乐、旅游、生活必需品等，并且能够对支出模式提出建议，比如"你有必要购买超过 1000 元的鞋吗？"我们可以认为这种给出支出建议的自动柜员机是一种智能系统。

3. 围棋游戏

围棋游戏被认为是对人工智能最具有挑战的棋类游戏，19×19 围棋棋盘上可能存在的合法位置[⊖]的数量是 $2.081681994 \times 10^{170}$ 个，因而导致极大的位置评估难度和巨大的搜索空间。AlphaGo 是第一个战胜人类职业围棋选手、第一个战胜围棋世界冠军的人工智能机器人，其关键技术包括以监督学习方式训练的策略网络（SL Policy Network）、以强化学习方式训练的策略网络（RL Policy Network）和价值网络（Value Network），以及蒙特卡罗树搜索（Monte Carlo Tree Search, MCTS）。其中，策略网络的监督学习需要大量的围棋知识。

从以上应用场景中，我们可以看到涉及专业知识和解释推理的问题适合采用人工智能方法，涉及简单决策或精确计算的问题更适合采用传统算法。

1.2　人工智能研究的基本内容

作为一门交叉学科，人工智能的研究涉及广泛的领域，如各种知识表示模式、不同的智能搜索技术、求解数据和知识不确定问题的各种方法、机器学习的不同模式等，其应用包括专家系统、博弈、定理证明、自然语言理解、感知理解、机器人等。

知识表示研究机器表示知识的可行的、有效的、通用的原则和方法，定义对知识的一种描述、一组约定或者是一种计算机可以接受的用于描述知识的数据结构。常用的知识表示方法有逻辑表示、产生式系统、框架、语义网络、状态空间等。搜索是一种系统探索问题状态空间的问题求解技术，问题状态是问题求解过程中的各种连续或候选步骤，如棋类游戏中的不同棋局或推理过程的各种中间步骤。纽厄尔（Newell）和西蒙（Simon）认为搜索是人类求解问题的关键基础，例如，当棋手分析不同走法的效果或医生考虑多个可能的诊断时，他们实际上是在搜索各种备选方案。

自动定理证明肩负了早期 AI 研究中的很多任务，包括总结搜索算法以及开发正式的表示语言，如启发式搜索算法、谓词演算和逻辑编程语言 PROLOG。自动定理证明的吸引力在于逻辑的严谨性和普遍性，它可以处理广泛范围内的问题。只要把问题描述和背景信息表示为逻辑公理，把问题的实例表示为要证明的定理，就可以通过自动定理证明给出解答。不幸的是，通过编写定理证明程序不能开发出一个可以一致地求解各种复杂问题的系统，因为任何具有一定复杂度的逻辑系统都不可能产生无限数量的可证明定理，唯一可选的方法是依赖人类在求解问题时使用的知识，这也是开发专家系统的基本思想。

从早期问题求解研究中得到的一个重要启示是需要重视特定领域的知识，例如，某个医生的诊断很准确不是因为他掌握某种通用的问题求解技巧，而是因为他有足够丰富的医学专业领域知识。类似地，地质学家善于发现矿藏是因为他能够将大量的理论和实验知识应用于当前问题。专家知识融合了对问题的理论理解以及大量被经验所证实的启发式问题求解规则，依赖人类专家的知识建立应用系统的问题求解策略是专家系统的一个主要特

⊖　19×19 围棋棋盘上的 361 个位置可以是"空置"、黑棋或白棋，如果某个位置的上、下、左、右四个位置均没有另外一个颜色棋子，那么这个位置就是一个合法位置。

征。构建专家系统时，首先获取来自人类专家求解问题的知识，然后按照某种形式对知识进行编码，以使计算机能够理解知识并将其用于求解类似问题。

大多数专家系统都存在问题求解策略固化和修改大量代码困难的问题，让程序自己学习是解决这两个问题最有效的办法，学习的途径可以是直接从数据中学习、通过与人对话学习、通过对环境的观察进行学习、通过环境的反馈进行学习等。机器学习研究如何使计算机具有类似于人类的学习能力，使其能够通过学习自动获取知识。

实现一个可以像人类会话一样灵活广泛地使用人类语言的系统，是人工智能研究的目标之一。这不仅是因为使用和理解人类语言的能力是人类智能的一个基本特征，还因为理解并产生人类语言对计算机的用途和效力有着难以估量的影响。理解自然语言不等于将语句分解成字词然后在字典中查找其含义，真正的理解需要依赖对话领域的广泛背景知识以及习惯用语，并且能够应用上下文知识处理人类语言中的正常省略和模糊性。考虑一个不熟悉围棋规则、选手以及历史的人理解下面这句话时的困难："执黑棋的选手选择三连星开局，执白棋的选手应以星小目。下一手棋，白棋挂角，黑棋一间跳；白棋接下来二路飞的时候，黑棋直接脱先在左上挂角。"这句话中的每个字的含义都是容易理解的，但正确地理解这句话是有一定困难的。自然语言理解问题的主要任务之一就是如何采集和组织背景知识，以及如何以一种有助于领悟语言的方式来组织这些知识。近年来，基于深度学习技术的对话系统在自然语言理解任务上取得了突破性的进展。

对视觉、听觉、触觉信息的理解都是感知理解问题，需要进行复杂的输入数据处理以及语义分析以达到"理解"的目的。以视觉感知为例，经由视觉传感器获得表示为灰度数值矩阵的可见场景的编码，基于灰度数值计算得到线段、角、简单曲线等图像主要成分，进一步计算得到表面、形状等三维特征，最终目标是获得场景语义，例如，"一张桌子，四把椅子，桌子上有两杯茶和一盘水果，两把椅子是空的，两把椅子上有人……"。感知理解面对的主要困难是候选描述的数量太多，有一类策略是对不同层次的描述做出假设，然后再对假设进行测试。其中，建立假设需要大量的有关感知对象的知识。因此，感知理解需要信号处理技术、知识表示和推理等人工智能技术。

机器人是一种具有高度灵活性的、自动化的机器，具备一些与人或生物相似的智能能力，如感知能力、规划能力、动作能力、协同能力等。机器人学的研究推动了许多人工智能思想的发展，一些技术在人工智能研究中用来建立世界状态模型和描述世界状态变化的过程，关于机器人动作规划生成和规划监督执行等问题的研究推动了规划方法研究的进展。智能机器人是一个综合性的课题，除机械手和步行机构外，还要研究机器视觉、触觉、听觉等传感技术，以及机器人语言和智能控制软件等。机器人技术是感知、决策、行动和交互技术的结合，涉及精密机械、信息传感、人工智能、智能控制以及生物工程等多学科的技术，机器人研究有利于促进各学科的相互结合以及推动人工智能技术的发展。

1.3　人工智能研究的主要方法

与人类对任何事物的认知相同，对智能本质的理解也存在多种学术观点，也由此形成了人工智能研究的不同途径。基于各自的学术观点，研究人员提出不同的研究方法，形成了不同的研究学派。目前，人工智能研究主要有符号主义、连接主义和行为主义三个学派。

1.3.1　符号主义学派

符号主义（Symbolism），也称为逻辑主义、心理学派或功能模拟学派，它认为智能活动的基础是物理符号系统，思维过程是符号的处理过程，主要观点为"一个物理系统展现一般智能行为的充要条件是它是一个物理符号系统"。其中，一般智能行为是指人类活动中的相同动作和行为，物理符号系统是一台随时间运行处理符号结构体的机器。一个物理符号系统包含很多符号即模式，任一模式，只要它能与其他模式区别开来，它就是一个符号。例如，不同的汉字、不同的音符、不同的颜色都是不同的符号。符号可以是物理符号、抽象符号、电子运动模式、神经元的运动方式等。符号结构体也称为表达，是一些相关符号依据某种原则形成的集合。任意时刻，一个物理符号系统都包含多个符号结构体，以及用来产生其他符号结构体的操作过程，如生成、修改、删除等。

棋类游戏软件是一个物理符号系统，棋子是符号，棋局状态是符号结构体，依据游戏规则下棋是符号处理过程。数理逻辑是一个物理符号系统，符号包括"∧""∨""¬""∀""∃"等，符合合式公式定义的正则式是符号结构体，逻辑推导是符号处理过程。一个完善的物理符号系统具有六种基本符号操作功能：①输入符号。②输出符号。③存储符号。④复制符号。⑤建立符号结构，即确定符号间的关系。⑥条件性迁移，根据已有符号完成活动过程。

物理符号系统假设提供了三个重要的方法论方面的保证：①符号的使用以及符号系统作为描述世界的中介。②搜索机制的设计，尤其是启发式搜索，用于探索符号系统能够支持的可能推理的空间。③认知体系结构的分离，一个合理设计的符号系统能够提供智能的完整的因果理由，做到这一点不需要考虑符号系统的具体实现方法。

符号主义学派认为，知识表示是人工智能的核心，认知即处理符号，推理是采用启发式知识和启发式搜索对问题进行求解的过程，并且推理过程可以用某种形式化语言描述。符号主义学派主张建立一个通用的符号逻辑运算体系，可以对输入的任何智力问题给出解答。这种万能的逻辑推理体系至今还没有被创造出来，研究人员分析其原因在于人类表现出来的智能很大程度上依赖知识，而如何有效地对人类在几千年的文明发展历程中积累起来的知识进行表示和处理，尤其是常识知识的表示和处理是目前还没有解决的难题。此外，逻辑推理体系的主要技术是搜索，实际执行过程中遇到的主要困难是"组合爆炸"，事实表明，仅依靠思维原则不能解决组合爆炸问题，大量使用已有的知识是一个可能的解决途径。

1.3.2　连接主义学派

连接主义（Connectionism），也称为仿生学派、生理学派或结构模拟学派，它认为大脑是一切智能活动的基础，主要观点为"在揭示人类大脑结构及其进行信息处理的过程和机理的基础上，设计人工神经元之间的连接机制和神经网络学习算法，利用人工神经网络实现人类智能在机器上的模拟"。人工神经网络是由大量简单处理元件（人工神经元）相互连接构成的高度并行的非线性系统，其结构与人类大脑结构类似。人工神经网络的计算功能分布在多个处理单元上，位于同一层的处理单元同时并行操作。结构的并行性导致人工神经网络的信息存储必然是分布式的，知识分布存储在整个网络的所有连接权中。人工神经网络结构的并行性和知识的分布存储使得信息的存储和处理表现出空间上分布、时间上并行的特性。

人工神经网络的知识分布存储特性使其具有良好的容错性。当输入信息存在模糊、变形等情况时，人工神经网络能够通过联想恢复完整的记忆，从而实现对不完整输入信息的正确处理。此外，当一定比例的神经元损坏时，知识分布存储的特性使得系统仍保持一定的信息处理能力，并且保证系统性能不会有严重的下降。人工神经网络具有良好的自适应性，即改变自身性能以适应环境变化的能力，源于人工神经网络具有自学习、自组织能力。自学习，是指当外部环境发生变化时，神经网络经过一段时间的训练可以对给定输入产生期望的输出。自组织，是指对不同的信息处理要求，神经网络可以通过训练自行调节神经元之间的连接权值，使网络逐步适应指定的要求。人工神经网络的上述特点，使得它在联想记忆、非线性映射、分类识别、优化计算等方面取得了较好的应用效果。

随着硬件技术的发展，显著提升的算力可以有效支持深度网络（大规模/超大规模多层神经网络）的训练和推理，深度学习的研究成为人工智能研究的热点。近年来，深度学习模型在围棋人机对弈、机器翻译、人机对话、蛋白质结构预测、内容生成等领域取得了令人瞩目的实质进展，使得连接主义成为目前最为大众所知的 AI 实现路线。但是，要实现完全的连接主义也面临着极大挑战。因为，人类大脑中概念的具体表现形式、表示方式、组合方式等机制都尚未研究清楚。目前的深度学习模型的工作机制并非人脑的运行机制，距离实现人脑的真正工作机制尚远。

1.3.3 行为主义学派

行为主义（Actionism），也称为进化主义、控制论学派或行为模拟学派，它认为智能行为的基础是"感知–行动"反应机制，人工智能可以像人类智能一样分阶段发展和增强，主要观点为"智能行为只能通过与周围环境交互而表现出来"。行为主义学派的代表人物布鲁克斯（Rodney Brooks）认为任何一种表达方式都不能完善地代表客观世界的真实概念，知识的形式化表达和模型化方法是不妥当的，因而提出了无须表示的智能和无须推理的智能。

布鲁克斯分析了机器人控制的各种功能之后，提出了一种包孕结构（Subsumption），也称为反应式结构。以一个水下捕捞机器人为例，机器人的任务是在近海环境下抓取指定海产品，如扇贝、海胆等。已知海水环境中有指定的海产品，但其位置、数量未知，机器人需要通过在水下行走发现海产品，并抓取一定数量的海产品带回船上。机器人工作环境存在障碍，并且机器人事先没有工作区域的地图。为了让机器人完成任务，可以定义以下规则：R_1（如果检测到障碍物，则转向）；R_2（如果抓取到海产品且数量还未达到指定数值，则随机行走）；R_3（如果抓取到海产品且数量达到指定数值，则沿信号增强的梯度方向往回走）；R_4（如果检测到指定的海产品，则抓取海产品）；R_5（如果机器人一切正常，则随机行走）。以上五条规则，优先级从高到低依次为 R_1、R_2、R_3、R_4、R_5，因此规则依据优先级构成层次关系。对包孕结构中的不同优先级规则，如果机器人在当前步的操作只需要用到规则 R_j，那么就不需要使用规则 R_{j+1}。例如，遇到障碍时，不需要分析障碍是什么，只要绕开（或者爬过去）就可以了。布鲁克斯基于这个思想设计了机器昆虫，一个六足行走机器人，可以在船体表面爬行并清除牡蛎。

行为主义思想被提出后，引起了研究人员的广泛关注。有人认为机器昆虫在行为上的成功只是一种智能昆虫行为，并不能发展为更高级的控制行为，让机器从昆虫的智能进化到人类的智能只是一种幻想。

综上，以上三种研究方法从不同的侧面展开对人类智能的研究，分别对应不同的人脑思维模型。可以粗略地认为，符号主义研究抽象思维，连接主义研究形象思维，行为主义研究感知思维。这三类研究方法各有所长，也各自面临巨大挑战。融合不同方法，发挥各自的优势将有助于实现性能较好的系统。例如，战胜世界围棋冠军的 AlphaGo 使用的强化学习、蒙特卡罗树搜索、深度学习分属三个流派，强化学习属于行为主义，蒙特卡罗树搜索属于符号主义，深度学习属于连接主义。

本章小结

本章介绍了智能和人工智能的概念，人工智能研究内容和方法，以及适用人工智能求解的问题。人工智能主要研究用人工的方法和技术，模拟、延伸和扩展人的智能，其长期目标是实现达到人类水平的智能。如何认定一个系统是人工智能系统？弱人工智能关注是否能得到令人满意的执行结果，将任何表现出智能行为的系统都视为人工智能系统。强人工智能关注实现智能的方法的生物可行性，认为基于人类所使用的相同方法实现的、展现出智能行为的系统是人工智能系统。当问题规模比较大且计算复杂，解决问题需要用到大量人类专门知识时，人工智能方法比传统方法更适合。

思考题与习题

1-1　什么是人工智能？

1-2　假设你是图灵测试的询问者，列出 2 个用于判断 X 和 Y 哪一方是人、哪一方是机器的问题。并解释你的问题为什么可以用于区分 X 和 Y。

1-3　逆图灵测试（Inverted Turing Test）是图灵测试的一种变体，其任务是要求计算机确定它是在与人沟通还是在与另一台计算机沟通。请列出可利用逆图灵测试的 2 个实际应用。

1-4　个人图灵测试（Personal Turing Test）是图灵测试的一种变体，其任务是要求某个人确定其是在与朋友沟通还是在与一台是朋友的计算机沟通。如果计算机通过了这个测试，你如何看待这个问题？

1-5　人工智能研究的基本内容有哪些？

1-6　人工智能研究的主要方法有哪些？

1-7　检索文献，确认是否有系统能够完成以下任务：

1）在广州市中心开车。

2）参加正规的乒乓球比赛。

3）在市场购买供一周食用的蔬菜。

4）在网上购买供一周食用的蔬菜。

5）发现并证明新的定理。

6）针对指定主题写一首诗。

7）在特定的法律领域提供合适的法律建议。

8）针对指定主题创作一首乐曲。

9）从汉语到德语的口语实时翻译。

10）完成复杂的外科手术。

11）利用给定食材烹制一道菜肴。

对于目前还不能完成的任务，评估其困难所在。

第 2 章　知识表示与推理

导读

人类的智能活动主要表现为获取知识和运用知识，因此以模拟人类智能为目标的人工智能系统也需要具备知识以及运用知识的能力。为了使计算机能够使用知识，需要设计适当的方法将知识表示出来，以方便知识的存储和检索。此外；存储知识不能使计算机自动表现出智能，还需要设计与知识表示适配的推理方法将知识用于问题求解。

本章知识点

- 知识与知识表示方法
- 语义网络
- 框架表示法
- 知识图谱
- 谓词逻辑表示法
- 推理与推理方法

2.1　知识与知识表示

计算机系统可以存储和处理大量的信息，信息包括数据和事实。数据可以是没有附加任何意义或单位的数字，事实是有单位的数字，信息是对事实的意义的解释。人工智能基于知识求解问题，利用知识支持复杂决策和理解高阶信息表示与处理。表 2-1 示意了关联同一问题的数据、事实、信息及知识。

表 2-1　知识示例

问题	数据	事实	信息	知识
明确是否服用退烧药	39	39℃	体温 39℃	如果体温超过 38.5℃，建议服用退烧药
到大学校园拜访李教授	307	李教授的办公室在工程楼 307 室	工程楼在校园东南侧	从东门进入校园，左转朝南走，左手边第 2 栋楼是工程楼。从工程楼正门进入，307 室是 3 楼右手侧最靠里的房间

第一个问题，不确定是否服用退烧药。原始数据是 39；添加单位"℃"之后，明确了事实"39℃"；事实的意义是"体温 39℃"；依据相关知识，需要服用退烧药。

第二个问题，要到校园拜访工程学院李教授。原始数据是"307"；查询学校网站得知事实"李教授的办公室在工程楼 307 室"；在物理环境中解释事实"工程楼在校园东南侧"；查询更多信息，如从校园地图等获取到知识"从东门进入校园，左转朝南走，左手边第 2 栋楼是工程楼""307 室是 3 楼右手侧最靠里的房间"。

2.1.1　知识的概念

表 2-1 示例的两个问题，仅依靠原始数据都不能给出问题答案，需要搜集更多信息并对信息进行处理，在此基础上形成一个有逻辑的、可理解的答案。一般来说，相关信息关联在一起形成的结构化信息称为知识。对"什么是知识"这个问题，不同人有不同的理解，很难给出知识这个概念的明确定义，以下是几位著名专家的观点：知识是经过消减、塑造、解释和转换的信息（Feigenbaum）；知识是由特定领域的描述、关系和过程组成的（Bernstein）；知识是事实、信念和启发式规则（Hayes Roth）。

知识反映了客观世界中事物之间的关系，不同事物或相同事物间的不同关系形成了不同的知识。从不同角度、不同侧面可以对知识做不同的划分。

1）根据知识的表现形式，知识可以分为显性知识和隐性知识。

① 显性知识，人能够直接接受和处理的知识。例如，文字、图像、声音等以自然语言或多媒体形式表示的知识。

② 隐性知识，不能用语言直接表达的知识。例如，开车、游泳、打球等只可意会不可言传的知识。

2）根据知识的作用范围，知识可以分为常识性知识和领域性知识。

① 常识性知识，适用于所有领域的知识。例如，"恐龙这个物种已经灭绝了""不要触摸通电的金属"等人们普遍知道的知识。

② 领域性知识，面向某个具体领域的知识。例如，"传统硬盘的扇区大小为 512 字节""等电点时氨基酸溶解度最小"等只有相应专业的从业人员才具备的专业知识。

3）根据知识的表达内容，Feigenbaum 等人建议对可用的知识进行以下分类：

① 对象（Object），物理对象和物理概念。例如，桌子结构＝高度，宽度，深度。

② 事件（Event），时间元素以及因果关系。例如，傍晚 6 时到 7 时期间小明在户外玩耍了 50min，由于室外温度较低且保暖不够、在室外逗留时间过长等原因，夜晚 9 时小明发烧了。

③ 执行（Performance），完成一件事情的步骤，以及主导一系列步骤执行的逻辑或算法。例如，表 2-1 中从校门到李教授办公室的步行路线的描述，可以实现一组正整数由小到大排序的冒泡排序算法等。

④ 元知识（Meta-Knowledge），关于知识的各种知识，以及事实的可靠性和相对重要性。例如，如果在考试前一天死记硬背，那么对于相关主题的知识的记忆未必持续到考试当天。

知识是人类对客观世界的认识的表达，由于人类对世界的认识是在一定条件下获得的，所以知识在一定条件和环境下是正确的，即知识具有相对正确性。例如，牛顿力学有明确的适用范围，适用于描述宏观物体的低速运动，在惯性参考系中分析质点或质点系的运动状态，以及处理那些不涉及高速、强引力或微观粒子行为的经典力学问题。在人工智能应用中，通常将知识限定为问题求解的必要知识，利用知识的相对正确性减小知识库的规模。例如，在一个小型动物分类系统中，需要识别老虎、熊猫、长颈鹿、鸵鸟、鹦鹉，如下描述的知识"如果该动物是鸟并且会飞，那么这个动物是鹦鹉"是正确的，但显然不能正确地用于区分鹦鹉与其他任一动物。

同时，知识具有不完备性、不确定性、模糊性。知识的不完备性，指解决问题时通常不具备问题相关的全部知识，这一特性是由人类对问题的认识过程决定的。人类对问题的认识通常是从部分到整体、从表面到本质、从感性到理性，认识过程的较早阶段决定了知识的不完备性。知识的不确定性，指某些情况下知识不能被完全确定是真还是假。例如，体检报告显示红细胞低于正常值，可以得出"一定是贫血了！"这个结论吗？事实上，很多疾病都会导致红细胞低。因此有不确定性知识表示方法和不确定性推理方法，这些方法通常采用概率、可信度、可能性等描述知识的不确定性。知识的模糊性，指概念之间没有明确的界限，例如"有点烫"和"比较烫"。此外，同一个知识集合的知识应该是相容的，即基于同一知识集合的知识不可能推导出与已有知识矛盾的结论；不同知识集合中的知识可能是不一致的，即基于不同知识集合可能推导出不同的结论。

2.1.2　知识表示的概念

要通过计算机实现某种智能，必须解决智能行为及其涉及的知识如何在计算机上表示的问题。知识表示就是知识的符号化和形式化的过程，形成一组约定，将人类知识表示成机器能处理的数据结构。知识表示的研究既要考虑知识的表示与存储，又要考虑知识的使用。

知识表示方法种类繁多，并且对知识表示方法进行分类的标准不一，常用的知识表示方法有产生式表示、谓词逻辑、框架表示、语义网络、知识图谱等。实际应用中选择哪种知识表示方法，需要考虑以下因素：

1）知识表示的能力，即正确、有效地表示问题求解所需要的知识的能力。要求不限制表示内容的范围，如"只能表示数字"的方法就对表示范围做出了限制，不能有效地表示包含了数字之外符号的知识。此外，一些如自然界信息、人类常识等具有不精确性和模糊性的知识，选择知识表示方法也需要考虑其对不确定性和模糊性的支持程度。

2）是否适合推理，与推理方法匹配可基于已有知识得到需要的答案和结论。数学模型适合推理，普通数据库可用于查看和检索但不适合推理。

3）是否方便知识获取，支持新知识的增加以及消除新知识与已有知识的矛盾。待求解问题的状态、涉及的领域可能是不断变化的，因此需要通过增加新知识及时反映相关变化，且同时需要考虑维护知识的一致性。

4）是否方便知识搜索、支持高效搜索问题求解相关的知识，进而支持高效的推理。

大型复杂的基于知识的应用系统通常包含多种不同的问题求解活动，不同的求解往往需要采用不同方法表示的知识，因此采用统一方式表示所有知识，还是采用不同方式表示不同知识，是构建基于知识的系统时需要考虑的问题之一。

2.2 产生式及产生式系统

AI 方法和问题能够与其他方法与问题区别开来,其主要原因是 AI 通常需要做出智能决策来解决问题。纽厄尔和西蒙在研究人类认知模型时,将产生式系统视为人类大脑处理信息的范式,给定一组环境,人触发某些行为、决策或知识。产生式系统是"IF-THEN规则"的同义词,即如果"IF"规定的某些条件与当前环境匹配,那么将相应达成某种结论、做出某种决策、采取某个动作。

2.2.1 产生式

产生式通常用于表示事实、规则及其不确定性度量。

事实通常指问题相关的事物、环境等知识,如事物的分类、属性、事物间关系、科学事实、客观事实等。事实可以看作断言一个语言变量的值或是多个语言变量间关系的陈述句,语言变量的值或语言变量间的关系可以是一个词或一个数字。一般用三元组(对象,属性,值)或(关系,对象1,对象2)表示确定性事实知识,用四元组(对象,属性,值,不确定度量值)或(关系,对象1,对象2,不确定度量值)表示不确定性事实知识。其中,对象是语言变量。

例如,"小明的身高是 160cm"表示为(xiaoming,height,160);"小明和小华是朋"表示为(friend,xiaoming,xiaohua);"小明的身高可能不是 160cm"表示为(xiaoming,height,160,0.2);"小明和小华可能是朋友"表示为(friend,xiaoming,xiaohua,0.8)。

规则也称为产生式规则,用于描述事物间的因果关系,规则的一般形式为"IF condition THEN action"。其中,"condition"部分是前件或前提,指出产生式是否可用的条件;"action"部分是后件、结论或动作,指出前提所指示的条件被满足时应该得出的结论或应该执行的动作。产生式规则的含义是,如果前件满足,则得到后件的结论或者执行后件相应的动作,即后件由前件触发。

一般用"IF P THEN Q"或者"P → Q"的形式表示确定性规则知识。例如,"IF 动物会飞 AND 动物会生蛋 THEN 该动物是鸟"是一条产生式规则,其中"动物会飞 AND 动物会生蛋"是前提,"该动物是鸟"是结论;"IF 鹦鹉不吃食物 AND 鹦鹉不喝水 THEN 带鹦鹉去医院"也是一条产生式规则,其中"鹦鹉不吃食物 AND 鹦鹉不喝水"是前提,"带鹦鹉去医院"是操作。

一般用"IF P THEN Q(不确定性度量)"或者"P → Q(不确定性度量)"的形式表示不确定性规则知识。例如,"发烧∧呕吐∧出现黄疸→肝炎,可信度 0.7"是一条产生式规则,其中"发烧∧呕吐∧出现黄疸"是前提,"肝炎"是结论,当三个症状(发烧、呕吐、出现黄疸)都满足时,"诊断结论是肝炎"的可信程度是 0.7。

产生式规则与逻辑蕴含式的基本形式相同,但在处理方法与应用时有较大差别:

1)逻辑蕴含式只能描述事物间的蕴含关系,产生式描述事物之间的对应关系,包括蕴含关系、因果关系等,因此逻辑蕴含式是产生式的一种特殊形式。

2)逻辑蕴含式只能表示确定性知识。

3)在推理时,逻辑蕴含式的匹配要求事实与前件是精确匹配的。

"如果体温超过 38.5℃,那么发烧了"是一个蕴含式,"如果体温超过 38.5℃,则有必要服用退烧药"是一个产生式,但不是一个蕴含式。逻辑蕴含式和等价式、微分和积分公式、程序设计语言的文法规则、分子结构式的分解变换规则、体育比赛规则、法律条文、公司规章制度等都可以用产生式表示,但不是都可以用蕴含式表示。

2.2.2 产生式系统

把一组产生式放在一起,让它们相互配合、协同作用,一个产生式生成的结论可以供另一个产生式作为前提使用,以这种方式求得问题的解决,即是产生式系统,也称为情境 - 行动系统(Situation-Action System)、前件 - 后件系统(Antecedent-Consequent System),以及基于规则的系统(Rule Based System)、推理系统(Inference System)。

一个产生式系统通常由综合数据库、规则库和推理机三部分组成。

1)综合数据库,也称为事实库、上下文、黑板等,是用于存放问题求解过程中产生的信息的数据结构,如问题的初始状态、原始证据、推理过程中得到的中间结论及最终结论。由综合数据库存储的信息形式可知,综合数据库的内容随着推理过程的推进而不断变化。

2)规则库,是描述相应领域知识的产生式集合。规则库中知识的正确性、完整性、一致性,知识访问的便利性,知识组织的合理性都直接影响产生式系统运行的结果和效率。

3)推理机,由一组程序组成,负责控制产生式系统的运行,解释规则以实现对问题的求解。推理机规定选择一条可用规则的原则和规则使用的方式,并根据综合数据库的信息控制求解问题的过程,主要包括以下几项工作:

①匹配。按一定策略从规则库中选择规则,将选定规则的前件与综合数据库的事实进行比较,如果两者一致则匹配成功,将这条规则加入冲突集(候选集);如果两者矛盾则匹配失败,同时放弃这条规则。

②冲突消解。当冲突集中包含多条规则时,需要从中选择一条规则执行,即根据一定的策略消解冲突。

③规则执行。解释执行选中规则的后件,如果后件是一个或多个结论,则将结论加入综合数据库;如果后件是一个或多个操作,则依据一定的策略确定操作的执行顺序,并顺序地执行相应操作。

④检查系统终止运行的条件。检查综合数据库是否包含了最终结论,以决定是否停止产生式系统的运行。

产生式系统的运行过程可以用如下伪码描述:

```
Procedure PRODUCTION
  Begin
      DATA ←初始数据库;
      Until DATA 满足结束条件(匹配)之前, do
        Begin
            从规则集中选一条可应用于 DATA 的规则 R(选择);
            DATA ← R 应用到 DATA 得到的结果 (执行);
      End
  End
End
```

产生式系统求解问题的过程和人类求解问题的思维很相似，因此可用于模拟人类求解问题的思维过程，通常可以用作人工智能系统的基本结构单元或基本模型。

产生式系统求解问题的过程是反复执行"匹配—冲突消解—规则执行"的过程，当规则库规模比较庞大时，匹配会比较耗时，导致工作效率不高。此外，冲突消解需要按照合适的策略去除规则之间的冲突，再执行最后选择的相应规则，这样的执行效率也较低。

2.2.3 产生式表示法的特点

产生式表示的缺点是不能表示结构性的知识，有结构关系或层次关系的知识不适合用产生式表示。产生式表示的优点包括：

1）产生式的表示格式相对固定、形式单一，任何产生式都是由前件和后件两部分组成。产生式的表示形式"IF…THEN…"与人类的判断性知识形式基本一致，直观、自然且方便用于推理。

2）产生式匹配时只有成功和失败两种结果，且匹配失败对数据没有影响。产生式匹配一般无递归，没有复杂的计算，因此系统容易建立。

3）产生式规则间相互独立，且产生式规则与推理机相对独立，良好的模块性有利于对知识进行增加、删除和修改的操作。

4）产生式可以表示确定性知识，也可以表示不确定性知识；可以表示启发性知识，也可以表示过程性知识。

产生式是专家系统首选的知识表示方法，例如，用于测定分子结构的 DENDRAL 系统和用于医疗诊断的 MYCIN 系统，采用产生式表示领域知识。当领域知识是结构化知识时，可以将产生式与其他知识表示方法结合起来使用，例如，估计矿藏的 PROSPECTOR 系统结合产生式与语义网络表示领域知识。

2.3 语义网络

语义网络是一种通过概念及其语义关系表达知识的有向图，由节点和节点之间的弧组成。奎廉（J.R.Quillian）提出的 Word Concept 是较早的一个语义网络，每个节点对应一个单词概念，每个节点带有相关的链接用于指向组成其定义的其他单词。它把知识库组织为多个平面（Plane），每个平面是定义一个单词的图。

语义网络的节点表示各种事物、概念、情况、属性、状态、事件和动作等，节点也可以是一个语义子网络。语义网络的弧表示节点之间的关系，弧是有方向的，弧的方向是节点关系语义的一部分，方向不可以随意调换。节点和弧必须带有标注。节点的标注用来区分各个节点表示的不同对象，每个节点可以有多个属性，属性用于描述节点所代表对象的特性。弧的标注用来表示语义联系，指明它所连接的节点间的某种语义关系。

2.3.1 语义基元和常用语义关系

语义网络中最基本的语义单元称为语义基元，图 2-1 是一个语义基元的示例，A 和 B 分别表示两个节点，R 表示 A 和 B 之间的某种语义关系。

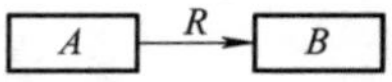

语义基元也可以用三元组（节点 1，边，节点 2）表示，图 2-1 的语

图 2-1 语义基元结构

义基元对应的三元组表示是（A，R，B）。基于语义关系将多个语义基元联系在一起就可以得到一个语义网络，可以描述事物间的复杂语义关系。实际使用中，语义关系根据实际问题的求解需要进行定义，以下是一些经常用到的语义关系。

1. 类属关系

类属关系指具有共同属性的不同事物之间的父类 – 子类关系、成员关系或实例关系，它体现的是"具体与抽象""个体与集体"的层次分类。属性可继承是类属关系最主要的特征，具体层的节点可以继承抽象层节点的所有属性。"ISA（Is-a）"和"AKO（A-Kind-of）"是常用的类属关系，"ISA（Is-a）"含义为"是一个"，表示一个事物是另外一个事物的一个实例；"AKO（A-Kind-of）"含义为"是一种"，表示一个事物是另外一个事物的一种类型。

2. 聚集关系

聚集关系又称为包含关系，是指具有组织或结构特征的"部分与整体"之间的关系。聚集关系与类属关系的区别是聚集关系一般不具备属性的继承性。"Part-of"或"Member-of"是常用的聚集关系，其含义为"一部分"，表示一个事物是另一个事物的一部分，或者说部分与整体的关系。用聚集关系连接的上下层结点的属性很可能有很大差别，因此聚集关系通常不具备属性的继承性。

3. 相似关系

相似关系指不同的事物在形状、内容等方面相似或相近。"Similar-to"和"Near-to"是常用的相似关系，"Similar-to"含义为"相似"，表示一个事物与另外一个事物相似；"Near-to"含义为"接近"，表示一个事物与另外一个事物接近。

4. 因果关系

因果关系指由于某一事件的发生而导致另一事件的发生。"IF…THEN…"是常用的因果关系，其含义为"如果…，那么…"，表示一件事物是另一件事物的发生的原因。

5. 组成关系

组成关系是一种一对多的关系，"Composed-of"是常用的组成关系，其含义为"组成"，表示某一事物由其他事物构成。

2.3.2 语义网络表示

对于简单事实，比如"鸟有翅膀""轮胎是汽车的一部分"，只需要两个节点以及一个语义关系即一个三元组就可以表示。但一条知识可能涉及多个事物及其之间的关系，也可能涉及动作或者某个全集中部分事物的属性等。

待表示的知识涉及多个对象时，需要将多个三元组关联起来表示一组相关对象之间的关系。例如，"苹果树是一种果树，果树又是树的一种，树有根、有叶而且树是一种植物"涉及 3 个对象，分别是"苹果树""果树"和"树"。此外，树有两个属性"有根""有叶"。图 2-2 所示的语义网络描述了以上事实，包括 5 个节点和 4 个关系。

待表示的知识描述一种情况、动作或事件时，通常需要引进附加节点以补充知识细节。

"请在 2024 年 6 月前归还图书"这条知识只涉及一个对象"图书"，隐式地描述"归

19

还"图书这样一种情况。因此引入知识描述中没有对象对应的附加节点"情况"，图 2-3 所示为相应的语义网络。

图 2-2　有关苹果树的语义网络　　　图 2-3　带有情况节点的语义网络

"校长送给张老师一本书"这条知识中涉及三个对象"校长""张老师"和"书"，其中"校长"是发出动作"送给"的主体，"书"和"张老师"是接受动作"送给"的客体。因此引入附加节点描述动作"送给"，图 2-4 所示为相应的语义网络。

"中国与日本两国的国家乒乓球队进行了一场比赛，结局的比分是 3：1"这条知识描述一个比赛事件。因此引入事件节点"乒乓球赛"，图 2-5 所示为相应的语义网络。

图 2-4　带有动作节点的语义网络　　　图 2-5　带有事件节点的语义网络

当知识描述中有"并且""或者"时，为了能表示对应的合取、析取语义关系，需要引入"或"节点和"与"节点。例如，"茶杯有陶质的也有玉质的，有古代的也有现代的"可用图 2-6 所示的语义网络表示。其中，A、B、C、D 分别代表茶杯的 4 种可能情况。

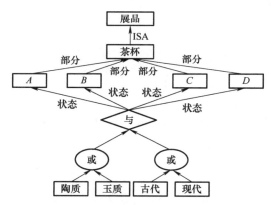

图 2-6　具有合取与析取关系的语义网络

一般来说，利用语义网络表示知识的步骤如下：①确定知识表示涉及的对象和属性。②确定前述对象间的关系。③根据前述对象及关系确定语义网络中的节点及弧。

【例 2-1】　用语义网络表示"教师张明在本年度第二学期给计算机应用专业的学生讲授人工智能这一门课程。"

解：涉及的对象包括教师、张明、学生、计算机应用、人工智能、本年度第二学期等。然后确定对象间的关系。"张明"与"教师"之间是类属关系，用 ISA 表示；"学生"和"计算机应用"之间是属性关系，用 Major 表示。"张明""学生"和"人工智能"都与讲授课程有关，因此引入动作节点"讲课"，"张明"是动作主体，"学生"和"人工智能"是动作的两个客体。讲授课程的时间是本年度第二学期，因此动作节点"讲课"与结点"本年度第二学期"之间的关联是时间段的关系。图 2-7 所示为对应的语义网络。

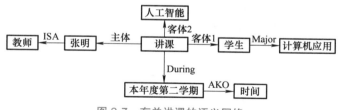

图 2-7　有关讲课的语义网络

2.3.3　语义网络表示法的特点

语义网络没有固定的结构约定，节点间可能构成线状、网状、树状或者递归结构，使得相应的知识存储和检索过程相对复杂。语义网络没有公认的形式表示体系与之对应，因此不能保证推理结果的绝对正确。语义网络表示法的优点有：

1）结构化：语义网络以图的形式将事物的属性和事物间的各种联系显示地表示出来，是一种结构化的知识表示方法。

2）联想性：语义网络表示强调事物间的语义联系，通过弧容易找到与某个节点相关的信息，因此方便以联想的方式实现对知识系统的检索。

3）直观性：图形式表示直观，易于理解，便于知识工程师和领域专家的沟通。

2.4　框架

框架理论是明斯基（Minsky）在 1975 年提出的，其基础是心理学的研究成果：在人类日常的思维及理解活动中存储了大量的典型情景，当分析和理解所遇到的新情况时，人们并不是从头分析新情况，然后再建立描述新情况的知识结构，而是从记忆中选择某个轮廓的基本知识结构（即框架）。框架是保存以前记忆的一个结构，其具体内容可以随着新的情况而改变，即新的情况细节不断填充到框架中，形成新的认识存储到记忆中。框架理论将框架看作知识单元，将相互关联的框架链接起来组成框架系统，或称为框架网络。不同的框架网络可以通过建立关联关系组成更大的系统，从而表示更完整的知识。

2.4.1　框架结构

框架是一种层次的数据结构，顶层是框架名，指出所表达的知识内容，通常是概念、对象或事件，下层由若干个槽（Slot）组成，用于描述该框架的具体性质。每个槽有槽名，槽名有与之对应的取值，称为槽值，用于描述槽名所表示的特性的值。复杂的框架中，槽的下一层可以设若干个侧面（Facet），侧面由侧面名和侧面值组成。槽值和侧面值一般都规定了赋值的约束条件，只有满足条件的值才可以填进槽和侧面中。一般框架结构如下所示：

21

```
FRAME <框架名 >
        <槽名 1> : <侧面名 11 > <侧面名 111>……
                  <侧面名 12> <侧面名 121>……
                        …
        <槽名 2> : <侧面名 21> <侧面名 211>……
                  <侧面名 22> <侧面名 221>……
                        …
        <槽名 n> : <侧面名 n1> <侧面名 n11>……
                        …
        <约束 > : <约束条件 1>
                        …
                  <约束条件 n>
```

从框架的一般结构可以看出，一个框架可以有任意有限数目的槽，一个槽可以有任意有限数目的侧面，一个侧面可以有任意有限数目的侧面值。每个槽，可以按照实际情况赋值即填写一定类型的实例或数据，填写的内容即槽值。内容可以是数值、字符串、布尔值，也可以是一个满足某个给定条件时要执行的动作或过程，还可以是指向某类子框架的指针等。此外，还可以定义不同槽的槽值之间应该满足的条件。以下是用框架表示"教师"的一个示例，用 9 个槽描述教师的 9 个属性，每个槽给出了用于限制槽值的说明性信息。其中，外语种类、外语水平是槽的侧面，缺省值表示当不填入槽值时，以缺省值作为槽值，范围表示侧面值只能在指定的范围内挑选。创建类框架的实例时，槽值的获取方式有向用户查询、从类框架中接收缺省值，或者执行某个过程得到实例值。

框架名：教师
姓名：字符串
年龄：整数 [18 60]
性别：布尔值，缺省值 =1
外语：外语种类 范围（英语，法语，德语，日语，俄语）
外语水平 范围（A, B, C, D）
住址：<住址框架 >
部门：单位（系、教研室）
工资：<工资框架 >
开始工作时间：单位（年、月）

对教师框架填入某位教师的基本数据后，可以得到如下的一个实例：

框架名：<教师 –01765>
姓名：李丽
年龄：24
性别：1
外语：外语种类 英语
      外语水平 B
住址：<adr – 1>
部门：人工智能系多媒体教研室
工资：<sal – 1>
开始工作时间：2024.6

2.4.2　框架网络

多个框架相互关联构成框架网络，框架之间的关联关系有两类，即层次的半序继承关系和横向的关联关系。框架之间通过 ISA 链描述特殊概念与一般概念之间的继承关系，图 2-8 所示为由多个框架组成的教职工框架网络，"教师"框架通过 ISA 链与"教职员工"框架相连，表示"教师"框架是"教职员工"框架的一个实例。

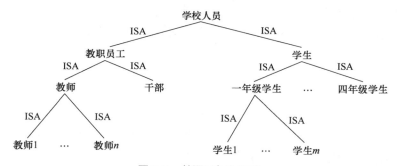

图 2-8　教职工框架网络

图 2-9 所示是框架之间存在横向联系的例子，"教室"框架的槽"课桌""椅子"和"多媒体系统"的槽值均为框架，"多媒体系统"的槽"显示器"的槽值也是一个框架。

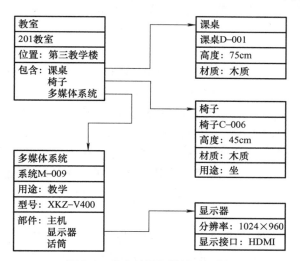

图 2-9　教室的框架描述（部分）

2.4.3　框架表示法的特点

框架表示法将叙述性知识和过程性知识放在一个基本的框架中，框架网络中的各个基本框架数据结构也存在一定的差异，这使得框架表示方法的清晰程度不够高。框架表示法的优点是：

1）框架是一种结构化的知识表示形式，适合表示固定的、典型的概念、事件和行为。

2）框架之间可以有层次的、复杂的相互关系，多个框架关联起来形成的框架网络可以表示更复杂的知识。

3）根据已知信息寻找部分匹配的框架，与基于观察的事实形成合理的假设类似。

4）基于框架结构以及槽值的取值约束，可以对未知事件进行预测和联想。

将复杂的对象表示成一个框架，与表示成一个庞大的网络结构相比，框架表示法的表示能力更强。此外，框架表示法也为表示典型实体、类、集成和默认值提供了一种自然的方式。框架表示法以及施乐（Xerox）公司的帕洛阿尔托（Palo Alto）研究中心的类似研究导致了"面向对象"编程范例的产生，以及相关程序设计语言 Smalltalk、Java、C++和 CLOS 的产生。

2.5　知识图谱

"知识图谱"（Knowledge Graph，KG）作为新词语第一次被使用时，特指谷歌公司为了支持其语义搜索引擎而建立的知识库。作为一种知识表示形式，知识图谱是一种大规模语义网络，包含实体（Entity）及实体之间的各种语义关系。知识图谱与传统语义网络最明显的区别体现在规模上，如 2012 年发布的 Google 知识图谱包含近 5 亿个实体和 10 亿多条关系。知识图谱规模巨大的原因是它强调包含数量尽可能多的实体以及种类尽可能丰富的语义关系，知识图谱因此被认为是大知识（Big Knowledge）的典型代表。

2.5.1　三元组表示

知识图谱可以看作三元组的集合，三元组（实体，关系，实体）用来描述两个实体之间的关系，三元组（实体，属性，属性值）用来描述实体的某个属性。以个人信息描述为例，（李霞，母亲，李小霞）表示"李霞是李小霞的母亲"，（李霞，性别，女）表示"李霞的性别是女"。知识图谱中的实体有多种形式：①具有可区别性且独立存在的事物，如某个人、某辆车。②概念（语义类），具有同种特性的实体构成的集合或事物的抽象表述，如学生、教师、历史、哲学。③内容，实体或语义类的名字、描述、解释等，可以是文本、图像、音视频等形式的数据。④属性值，实体的某个指定属性的值，如年龄是多少岁。

如果将三元组中的实体用节点表示，关系和属性用边表示，则三元组集合就构成了知识图谱。图 2-10 示意了开放域知识图谱 ConceptNet 的一部分三元组，其中，（cake，IsA, dessert）描述实体"cake"和实体"dessert"之间的关系，（dessert，HasProperty，sweet）描述实体"dessert"的一种属性。

ConceptNet 关注自然语言中单词的常识意义，包含 800 多万个节点和 2100 多万条边，描述了一些基本事物的常识知识。ConceptNet 的知识表示框架中，用词（Words）或短语（Phrases）描述概念，这些概念大多是从自然语言文本中提取得到的；概念以及概念之间的关系（Relation）共同构成断言（Assertion），ConceptNet5 中的关系包含 21 个预定义的、多语言通用的关系，如 IsA、UsedFor、on top of、caused by 等；一个概念可以有多个边（Edge），每个边描述概念的一种特定的属性。断言和边可以来源于文本抽取，也可以来源于用户的手工输入，ConceptNet5 根据来源的多少和可靠程度计算断言或边的置信度。

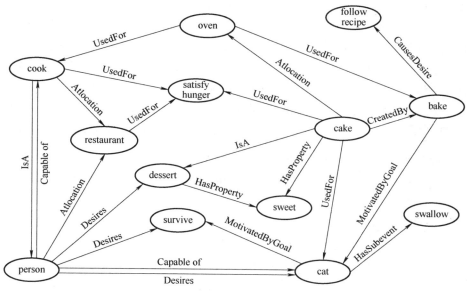

图 2-10　ConceptNet 的部分三元组

2.5.2　向量化表示

作为一种离散的符号化表达方式，三元组表示可以有效地实现数据结构化，易于理解，方便基于符号的推理。但这种符号形式不能进行语义计算，对下游应用不够友好。知识图谱的向量化表示将实体、关系、属性等表示为低维稠密实值向量。将知识图谱中包含的实体、关系和属性映射到连续向量空间的方法称为知识图谱嵌入（Knowledge Graph Embedding）或知识图谱表示学习（Knowledge Graph Representation Learning）。知识图谱嵌入的关键在于定义损失函数 $f_r(\boldsymbol{h}, \boldsymbol{t})$，其中 $\boldsymbol{h}$ 和 $\boldsymbol{t}$ 分别是三元组 (h, r, t) 的两个实体的向量化表示。一般来说，当三元组 (h, r, t) 描述的事实成立时，我们期望 $f_r(\boldsymbol{h}, \boldsymbol{t})$ 最小。对于采用自然语言描述的实体，可以采用词嵌入（Word Embedding）的方法获得其向量化表示。

1. 词嵌入

词的向量化表示有两种形式，词的独热向量（One-Hot）和词向量（Word Vector）。例如，$\boldsymbol{w}^{red}$ 和 $\boldsymbol{v}^{red}$ 分别是单词"red"的独热向量和词向量：

$$\boldsymbol{w}^{red} = \begin{bmatrix} 0 \\ 0 \\ \vdots \\ 1 \\ \vdots \\ 0 \end{bmatrix} \qquad \boldsymbol{v}^{red} = \begin{bmatrix} 0.2 \\ 1.3 \\ 0.7 \\ 0.9 \\ \vdots \\ 1.1 \end{bmatrix}$$

25

  独热向量的维度由被表示单词所在词汇表的长度决定，独热向量中取值为 1 的元素的位置由被表示单词在词汇表的索引决定。例如，如果"red"所在词汇表长度是 200 的话，那么 w^{red} 是一个 200 维向量。"red"在词汇表中的索引位置是 i 的话，w^{red} 的第 i 行元素是 1，其他行元素都是 0。词向量是一个表示单词的 d 维向量，词向量元素的值由词嵌入模型计算得到。连续词袋（Continuous Bag-of-Words，CBoW）模型是一种使用较为广泛的词嵌入模型，其基本思想是用上下文预测中心词，从而使得学习到的词向量包含一定的上下文信息。如图 2-11 所示，CBoW 模型包括 Embedding 和 Projection 两个模块。设 w_t 是中心词的独热向量，集合 $\{w_1, w_2, \cdots, w_{t-1}, w_{t+1}, \cdots, w_n\}$ 的元素是 w_t 的上下文单词，上下文的独热向量输入 Embedding 模块后得到词向量 v_t，词向量输入 Projection 模块后得到一个输出向量，输出向量的每个分量表示某个单词作为当前上下文的中心词的概率。

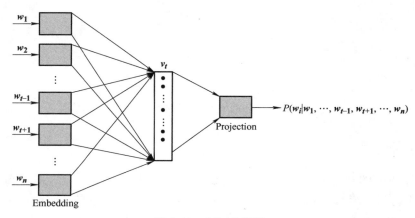

图 2-11 CBoW 模型

  跳字（Skip-gram）模型的思想与 CBoW 模型相反，根据中心词预测上下文。如图 2-12 所示，Skip-gram 模型也包括 Embedding 和 Projection 两个模块。中心词的独热向量 w_t 输入 Embedding 模块后得到词向量 v_t，词向量输入 Projection 模块得到某个单词是中心词的上下文单词的概率。

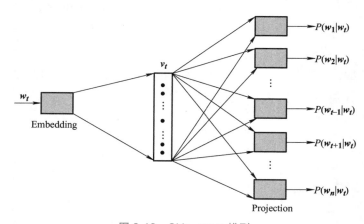

图 2-12 Skip-gram 模型

2. 知识图谱嵌入

考虑到整个知识图谱的事实，可以通过最小化 $\sum_{(h,r,t)\in O} f_r(\boldsymbol{h},\boldsymbol{t})$ 学习实体以及关系的向量表示，其中 O 是知识图谱中所有事实的集合。不同的知识图谱嵌入方法基于不同的原则定义损失函数 $f_r(\boldsymbol{h},\boldsymbol{t})$。

（1）基于距离的模型

SE 模型是典型的基于距离的模型，其基本思想是当两个实体属于同一个三元组 (h, r, t) 时，它们的向量表示在投影后的空间中也应该彼此靠近。因此，将损失函数定义为实体向量投影后的距离

$$f_r(\boldsymbol{h},\boldsymbol{t}) = \left\| \boldsymbol{W}_H\boldsymbol{h} - \boldsymbol{W}_T\boldsymbol{t} \right\|_{l_1} \tag{2-1}$$

式中，SE 模型使用形式简单的 1– 范数$^{\ominus}$，矩阵 $\boldsymbol{W}_H$ 和 $\boldsymbol{W}_T$ 是用于三元组中实体 $\boldsymbol{h}$ 和 $\boldsymbol{t}$ 的投影操作。由于引入两个不同的投影矩阵，SE 模型很难捕获实体与实体之间的语义相关性。

（2）基于翻译的模型

基于翻译的模型将三元组 (h, r, t) 看作从头实体 h 到尾实体 t 利用关系 r 进行的翻译，因此考虑头实体向量与关系向量的和应尽可能与尾实体向量接近。

TransE 模型假定 $\boldsymbol{h} + \boldsymbol{r} \approx \boldsymbol{t}$，因此定义损失函数为头实体向量与关系向量之和与尾实体向量的距离，有

$$f_r(\boldsymbol{h},\boldsymbol{t}) = \left\| \boldsymbol{h} + \boldsymbol{r} - \boldsymbol{t} \right\|_{l_1/l_2} \tag{2-2}$$

$\boldsymbol{h} + \boldsymbol{r} \approx \boldsymbol{t}$ 假设太强，导致在关系是自反、一对多、多对一情况时 TransE 模型容易学习到错误的实体向量，例如，自反关系 (h, r, t) 和 (t, r, h) 同时成立时，导致 $\boldsymbol{h} = \boldsymbol{t}$。为了解决类似的学习错误问题，TransH 模型放宽 $\boldsymbol{h} + \boldsymbol{r} \approx \boldsymbol{t}$ 假设，要求头实体和尾实体在关系 r 相对应的超平面上的投影之间的距离尽可能小。因此，将损失函数定义为实体向量在超平面上的投影的距离，有

$$f_r(\boldsymbol{h},\boldsymbol{t}) = \left\| (\boldsymbol{h} - \boldsymbol{W}_r^{\mathrm{T}}\boldsymbol{h}\boldsymbol{W}_r) + \boldsymbol{d}_r - (\boldsymbol{t} - \boldsymbol{W}_r^{\mathrm{T}}\boldsymbol{t}\boldsymbol{W}_r) \right\|_{l_1/l_2} \tag{2-3}$$

式中，$\boldsymbol{d}_r$ 为关系 r 在超平面上的向量表示；$\boldsymbol{W}_r$ 是超平面的法向量。

TransE 模型和 TransH 模型都是在同一空间表示实体和关系，导致实体语义相近且关系也相同的两个三元组难以区分。例如，"苹果"和"梨"语义相近，三元组（苹果，颜色，黄色）和（梨，颜色，褐色）实际上是不同的。为了解决这个问题，TransR 模型在不同的向量空间分别表示实体和关系，要求头实体和尾实体在关系 r 相对应的向量空间中距离尽可能小。因此，将损失函数定义为实体向量在特定向量空间的距离，有

$$f_r(\boldsymbol{h},\boldsymbol{t}) = \left\| \boldsymbol{h}_r + \boldsymbol{r} - \boldsymbol{t}_r \right\|_{l_1/l_2} \tag{2-4}$$

式中，$\boldsymbol{h}_r = \boldsymbol{M}_r\boldsymbol{h}$ 为实体 h 的投影向量；$\boldsymbol{t}_r = \boldsymbol{M}_r\boldsymbol{t}$ 为实体 t 的投影向量。

$\ominus$　向量 $\boldsymbol{x} = (x_1, x_2, \cdots, x_n)$ 的 p– 范数 $\|\boldsymbol{x}\|_p = (|x_1|^p + |x_2|^p + \cdots + |x_n|^p)^{1/p}$。

将实体和关系分开在不同的向量空间表示时，TransR 模型使用同一个映射矩阵 M_r 计算头实体和尾实体的投影。当头实体和尾实体不是同一类实体时，使用同一个映射矩阵计算投影不够合理，TransD 模型认为映射矩阵应该由关系和实体共同决定。因此，TransD 模型对头实体和尾实体分别定义映射函数，损失函数定义为

$$f_r(h,t) = \left\| M_{rh}h + r - M_{rt}t \right\|_{l_1/l_2} \tag{2-5}$$

式中，$M_{rh} = r_p h_p^{\mathrm{T}} + I^{m \times n}; M_{rt} = r_p t_p^{\mathrm{T}} + I^{m \times n}$。

2.5.3　知识图谱的特点

知识图谱是典型的互联网与大数据时代的知识表示，其目的是适应开放环境下的知识获取与表示需求。与传统知识库建立在封闭世界假设[⊖]（Closed World Assumption, CWA）的基础上不同，知识图谱对目前缺失的、未观察到的事实不认定其为假，这为知识图谱应用带来巨大的挑战。知识图谱表示法的优点是：

1）知识图谱的语义丰富。一方面，语义关系类型多样，如 DBpedia 包含 1000 多种常见的语义关系；另一方面，语义关系的建模多样，可以通过为语义关系赋予权重或者概率表达更精准的语义。

2）知识图谱对机器友好。知识图谱是图结构的知识表示，知识基元是三元组形式，而图和三元组这两种数据类型在数据库领域都已经有大量有效的管理方法。与纯文本形式的知识相比，知识图谱更方便计算机处理。

传统知识工程需要领域专家准确且充分地提供知识、知识工程师对知识进行形式化后转换为计算机能够处理的结构与形式、用户在使用过程中提供相关反馈，这个知识获取过程对人力有严重的依赖。互联网的大数据环境、前所未有的算力和机器学习能力使得知识图谱构建是一个数据驱动的、基于自下而上方式的大规模自动化知识获取过程。

2.6　基于逻辑的知识表示

逻辑是最早、最广泛用于知识表示的模式之一。基于逻辑的知识表示方法是到目前为止能够表达人类思维活动规律的一种最精准的形式语言。它与人类的自然语言接近，可方便地存储到计算机中，并被计算机进行精确的处理。

2.6.1　命题公式

1. 命题

命题是一个非真即假的用于表示知识的陈述句。命题一般由大写的英文字母表示，它所表达的判断结果为真值。当命题的意义为真时，称它的真值为"真"，记为 T。当命题的意义为假时，称它的真值为"假"，记为 F。一个命题的真值不能同时既为真又为假，但可以在一种条件下为真，另一种条件下为假。

⊖　"封闭世界假设"假定知识库中不存在的或未观察到事实即为不成立的事实。

【例 2-2 】 判断下列语句是否为命题，若是命题则判断其真值。"北京是中华人民共和国的首都""3 是偶数""1+1=10""今天是星期一""今天天气怎么样？"。

解："北京是中华人民共和国的首都"是命题，其真值为 T。

"3 是偶数"是命题，其真值为 F。

"1+1=10"是命题，在二进制的条件下其真值为 T。

"今天是星期一"是命题，其真值无法确定。

"今天天气怎么样？"不是命题。不是有真假意义的陈述句，因此不是命题。

2. 命题公式及其组成

命题公式是表示一个或多个命题之间关系的式子。命题公式由字母、连接词等符号组成。字母代表命题变元，连接词则用于构造更复杂的命题。

常用的连接词包括"否定""合取""析取""蕴含"和"等价"五种。具体来说：

1）"否定"又称"非"，符号为"¬"。

2）"合取"又称"与"，符号为"∧"。

3）"析取"又称"或"，符号为"∨"。

4）"蕴含"又称"条件"符号为"→"。

5）"等价"又称"双条件"，符号为"≡"。

连接词的优先级从高到低排列为"否定""合取""析取""蕴含"和"等价"。

表达单一意义的命题称为原子命题，原子命题可以通过连接词构成复合命题。假设有原子命题 P "天在下雨"和原子命题 Q "天晴"，则使用连接词"→"和"¬"可以将两个原子命题构成复合命题，$P \rightarrow \neg Q$ 表示"如果天在下雨则天不晴"。复合命题的真值依据原子命题的真值以及连接词的定义确定，见表 2-2。

表 2-2 命题真值表

命题	P	Q	$P \wedge Q$	$P \vee Q$	$\neg P$	$P \rightarrow Q$	$P \equiv Q$
真值	T	T	T	T	F	T	T
	F	T	F	T	T	T	F
	T	F	F	T	F	F	F
	F	F	F	F	T	T	T

2.6.2 谓词公式

谓词的一般形式为 $P(x_1, x_2, \cdots, x_n)$，其中 P 是谓词名，$x_1, x_2, \cdots, x_n$ 是个体。谓词名描述个体的性质、状态或个体间的关系，个体表示独立存在的事物或者某个抽象的概念。例如，命题"张三是学生"，其中"张三"为个体，"是学生"为谓词。

包含 n 个个体的谓词称为 n 元谓词，比如 $P(x_1, x_2, x_3)$ 是一个三元谓词。此外，n 元谓词也称为原子谓词公式。谓词 P 中的所有个体均为常量、变量或函数，则称 P 为一阶谓词。若某个个体是一阶谓词，则称 P 为二阶谓词，以此类推。

谓词中的个体 x 可以是表示特定事物的常量，也可以是表示非特定事物或概念的变量。对谓词中的变量，可以用量词限定变量的取值范围，量词有两种：①全称量词 ∀：

"∀x"读作"对所有的 x"或"对任意一个 x",表示个体域中任意一个个体 x。②存在量词 ∃："∃x"读作"存在 x"或"至少存在一个 x",表示在个体域中存在个体 x。例如：令 $F(x)$ 表示 x 呼吸，$G(x)$ 表示 x 用左手写字，则谓词公式 $\forall xF(x)$ 表示"人都会呼吸"，谓词公式 $\exists xG(x)$ 表示"有的人用左手写字"。

逻辑连接词"否定 ¬""合取 ∧""析取 ∨""蕴含 →"和"等价 ≡"用来组合原子公式描述更复杂的关系。例如：令 $F(x)$ 表示 x 是偶数，则谓词公式 $F(2) \rightarrow F(4)$ 表示"如果 2 是偶数，则 4 是偶数"。谓词公式也称为一阶逻辑公式，是由谓词、常量、变量、量词和逻辑连接词组成的语句，用于描述对象、对象之间的关系以及这些关系的性质。谓词公式的真值依据原子谓词公式的真值、量词以及连接词的定义确定。

与命题公式相比，谓词公式能够表达更丰富的信息。命题公式只能表达某个命题是否为真，而谓词公式可以表达存在或对于所有满足某种条件的对象，某个关系或性质是否成立。谓词公式取值的真假因个体的取值而异。例如：命题 P "北京是一个城市"，命题 Q "3 是偶数"，则命题 P 的值是恒真的，而命题 Q 的值是恒假的，不可能有别的值。谓词公式 $CITY(X)$，当 X 取值为北京时其为真，而 X 取值为 3 时其为假。

2.6.3　一阶谓词逻辑知识表示方法

基于一阶谓词逻辑的知识表示是一种重要的知识表示方法，它利用一阶谓词逻辑的形式化语言来表示和组织知识。基于一阶谓词逻辑的知识表示一般包含以下步骤：①定义谓词及个体，确定每个谓词及个体的含义。②根据要表示的事物或概念为变量赋予特定的值。③根据待表示知识的语义，用适当的谓词连接词将谓词连接起来，形成谓词公式。

【例 2-3】　请用一阶谓词逻辑表示以下信息："张三是人工智能系的一名学生""张三喜欢编程""人工智能系的学生都喜欢编程"。

解：首先定义谓词及个体：

谓词 $AI(x)$ 表示 x 是人工智能系的学生；

谓词 $L(x, z)$ 表示 x 喜欢 z；

Coding 表示编程行为。

则这三句话可以分别表示为：

AI（张三）；

L（张三，Coding）；

$(\forall x)(AI(x) \rightarrow L(x, \text{Coding}))$。

2.6.4　一阶谓词逻辑知识表示方法的特点

谓词逻辑不能表示不确定的、模糊的知识，因此其表示的知识范围有一定的限制；当事实的数量较多时，盲目使用推理规则效率低且可能出现组合爆炸问题。一阶谓词逻辑知识表示方法的优点是：

1）一阶谓词逻辑可以表示精确的知识，且严格的演绎推理保证推理结果的正确。

2）谓词逻辑是一种接近于自然语言的形式语言系统，容易被人类接受和掌握。

3）知识表示方式有明确的规定，逻辑演算方法和推理规则是通用的、独立于问题的，因此可以按照通用的方法解释和使用一阶谓词逻辑表示的知识。

4）谓词逻辑表示中每条知识是相对独立的，因此知识的增删改容易实现，便于用计算机实现逻辑推理的机械化、自动化。

2.7　推理的基本概念

知识表示方法提供了将知识存储到计算机的约定模式，但仅拥有知识不能使计算机表现出智能，还需要使其具有思维能力，即利用知识求解问题。推理是一种重要的问题求解方法，也因此成为人工智能研究领域的重要研究课题之一。

2.7.1　推理的定义

推理是从已知事实出发，按照某种策略运用知识库中的知识逐步推出结论的过程。在人工智能系统中，推理过程由程序实现，对应的程序称为推理机。已知事实也称为证据，是推理的出发点，也是推理过程中应该使用的知识。知识库中的知识，通常是问题相关领域的领域知识，是使得推理过程到达最终目标的依据。

例如，在设备故障诊断专家系统中，专家经验、设备及设备维修的相关常识存储在知识库中。在判断设备故障时，推理机从故障现象描述、检测设备的仪器的示数等初始证据出发，按照某种搜索策略从知识库中检索与证据匹配的知识，结合知识和证据推导出中间结论，再将中间结论作为证据，从知识库中搜索与之匹配的知识，推导出更进一步的中间结论，重复此过程直到推导出最终结论，即设备故障原因和维修方案为止。

2.7.2　推理的分类

依据不同的分类原则，传统推理方法可以有多种分类方式。按照推理过程依据的基本原理、推理过程的置信程度、推理过程中推出的结论是否单调增加以及推理方向、推理过程是否采用启发知识等，对推理方法可以进行不同维度的分类。

1. 演绎推理、归纳推理、默认推理

演绎推理是从全称判断推出特称判断或单称判断的过程，即从一般到个别的推理。演绎推理中最常用的形式是三段论法。三段论由三个判断组成，其中两个判断是前提，分别称为大前提和小前提，另一个判断为结论。例如：

a. 所有的推理系统都是智能系统；

b. 专家系统是推理系统；

c. 所以，专家系统是智能系统。

其中，a 是大前提，描述一般性的知识；b 是小前提，描述关于个体的判断；c 是结论，描述由大前提推出的适合于小前提的新判断。

在演绎推理中，结论是蕴含在大前提中的，是从已知判断中推出其中包含的判断，所以演绎推理并没有增加新的知识。在三段论式的演绎推理中，只要大前提和小前提是正确的，则由它们推出的结论也是必然正确的。

归纳推理是从足够多的事例中归纳出一般性结论的推理过程，是一种从个别到一般的推理过程。枚举法归纳推理是由已观察到的事物都有某属性，而没有观察到相反的事例，从而推出某类事物都有某属性。其推理过程可以形式化地表示为：

已知：

$$S_1 \in S \text{ 且 } S_1 \text{ 有属性 } P$$
$$S_2 \in S \text{ 且 } S_2 \text{ 有属性 } P$$
$$S_3 \in S \text{ 且 } S_3 \text{ 有属性 } P$$

结论：

$$\forall S_i \in S \ (1 \leq i \leq n), \ S_i \text{ 有属性 } P$$

如果从归纳时所选事例的广泛性来划分，枚举法归纳推理又可分为完全归纳推理与不完全归纳推理。所谓完全归纳推理，是指在进行归纳时考察了相应事物的全部对象，并根据这些对象是否都具有某种属性，从而推出这个事物是否具有这个属性。所谓不完全归纳推理，是指只考察了相应事物的部分对象，就得出了结论。不完全归纳推理得出的结论不具有必然性，属于非必然性推理；而完全归纳推理是必然性推理。但由于要考察事物的所有对象通常是比较困难的，因而大多数归纳推理是不完全归纳推理。如检查产品质量时，一般是从中随机抽样检查一定比例的产品，如果抽样检查全部合格，就得出产品质量合格的结论，这就是一个不完全归纳推理。

类比法归纳推理在两个或两类事物的许多属性都相同的基础上，推出它们在其他属性上也相同。类比法归纳可形式化地表示为：

已知：

$$S_1 \in S \text{ 且 } S_1 \text{ 具有属性 } \{a, b, c, d, e\}$$
$$S_2 \in S \text{ 且 } S_2 \text{ 具有属性 } \{a, b, c, d\}$$

结论：

$$S_2 \text{ 也具有属性 } e$$

类比法的可靠程度取决于两个或两类事物的相同属性与推出的属性之间的相关程度，相关程度越高，则类比法的可靠性就越高。

默认推理在知识不完整的情况下，假设某些条件已具备并在此基础上进行推理。例如，要设计用于小学教室的课桌，不确定使用课桌的学生的身高，则默认学生的身高是人口普查数据提供的平均身高，并据此设计课桌的尺寸。由于允许默认条件成立，因此默认推理可以在知识不完全的情况下进行推导，如果推导过程中发现默认条件不成立，则需要撤销默认条件以及基于默认条件推导出的所有结论，依据新条件进行推理。

2. 确定性推理、不确定性推理

如果在推理中所用的知识都是精确的，即可以把知识表示成必然的因果关系，然后进行逻辑推理，推理的结论或者为真，或者为假，这种推理就称为确定性推理（精确推理）。归结反演、基于规则的演绎系统等都是精确推理。

在人类知识中，有相当一部分属于人们的主观判断，是不精确的和含糊的。由这些知识归纳出来的推理规则往往是不确定的。基于这种不确定的推理规则进行推理，形成的结论也是不确定的，这种推理称为不确定性推理（不精确推理）。在专家系统中主要使用的是不精确推理。

3. 单调推理、非单调推理

单调推理是指在推理过程中随着推理的向前推进及新知识的加入，推导出的结论呈现单调增加的趋势，并且越来越接近最终目标。单调推理的推理过程中不会出现反复的情况，即不会由于新知识的加入而否定前面推出的结论，从而使推理退回到前面某一步。

非单调推理是指在推理过程中随着推理的向前推进及新的知识的加入，不仅没有加强已推出的结论，反而要否定它，使得推理退回到前面的某一步，重新开始。一般非单调推理是在知识不完全的情况下进行的，由于知识不完全，为了推理进行下去，就要先做某些假设，并在此假设的基础上进行推理，当以后由于新知识的加入发现原先的假设不正确时，就需要推翻该假设以及由此假设为基础的一切结论，再用新知识重新进行推理。

人类的推理过程通常是在信息不完全或者情况变化的情况下进行的，所以推理过程往往是非单调的。

4. 正向推理、反向推理、正反向混合推理

正向推理是由已知事实出发向结论方向的推理，也称为事实驱动推理。正向推理的基本思想是：系统根据用户提供的初始事实，在知识库中搜索能与之匹配的规则，即当前可用的规则，并构成可适用的规则集（Rule Set, RS）；然后按某种冲突解决策略从 RS 中选择一条知识进行推理，并将推出的结论作为中间结果加到数据库（DB）中，成为下一步推理的事实；之后，再在知识库中选择可适用的知识进行推理，如此重复进行这一过程，直到得出最终结论或者知识库中没有可适用的知识为止。正向推理简单、易实现，但目的性不强、效率低，需要用启发性知识解除冲突并控制中间结果的选取，其中包括必要的回溯。另外，由于不能反推，系统的解释功能受到了影响。

反向推理是以某个假设目标作为出发点的一种推理，又称为目标驱动推理或逆向推理。反向推理的基本思想是：首先提出一个假设目标，然后由此出发，进一步寻找支持该假设的证据，若所需的证据都能找到，则该假设成立，推理成功；若无法找到支持该假设的所有证据，则说明此假设不成立，需要另作新的假设。与正向推理相比，反向推理的主要优点是不必使用与目标无关的知识，目的性强，同时它还有利于向用户提供解释。反向推理的缺点是在选择初始目标时具有很大的盲目性，若假设不正确，就有可能需要多次提出假设，影响系统的效率。反向推理比较适合结论单一或直接提出结论要求证实的系统。

为了发挥正向推理和反向推理各自的优势，取长补短，将正向推理和反向推理相结合的推理方法称为正反向混合推理。正反向混合推理的一般过程是：先根据初始事实进行正向推理以帮助提出假设，再用反向推理进一步寻找支持假设的证据，反复这个过程，直到得出结论为止。需要注意的是，正反向混合推理的控制策略相对复杂。

5. 启发式推理、非启发式推理

启发式推理在推理过程中采用与推理有关的启发性知识。启发性知识指与问题有关且可以加速推理过程、求得问题最优解的知识。例如，在棋类游戏中，第 t 步有 4 个策略 $\{S_1,$ $S_2, S_3, S_4\}$ 供选择，由于实际上只能走一步棋，因此选出其中的 1 条策略。这时，可以对每条策略执行后的棋局对己方是否有利进行评估，对己方最有利的策略被优先执行。非启

发式推理往往以固定或随机的顺序使用策略，因此推理效率较低，更容易出现组合爆炸问题。

本章小结

本章介绍了知识和知识表示的概念，介绍了多种不同的知识表示方法。其中，产生式表示形式简单、使用广泛，但需要与其他知识表示方法结合使用。为了使基于知识的系统表现出智能，需要基于知识进行推理实现问题求解。推理是从已知事实出发，按照某种策略运用知识库中的知识逐步推出结论的过程。基于不同的考察角度，推理方法可以划分为不同类型。在人工智能系统中，推理过程由程序实现，对应的程序称为推理机。

思考题与习题

2-1 描述事实、信息、知识三者之间的关系。

2-2 知识有哪些特征？有哪几种主要的知识分类方法？

2-3 什么是知识表示？

2-4 如何针对具体问题选取不同的知识表示方法？

2-5 产生式的基本形式是什么？产生式与谓词逻辑的蕴含式有什么异同？

2-6 产生式系统由哪几个部分组成？它们的作用是什么？

2-7 框架表示法有哪些特点？请叙述用框架表示法表示知识的步骤。

2-8 请尝试构造一个描述办公室的框架系统。

2-9 用语义网络表示下列知识："信鸽是一种鸽子，鸽子又是鸟类的一种，鸟类有翅膀""李华同学在今年的八月参加清华大学组织的人工智能主题夏令营活动"。

2-10 知识图谱有哪几种表示方法？

2-11 知识图谱向量化表示的损失函数有哪些形式？

2-12 请写出用一阶谓词逻辑表示法表示知识的步骤。

2-13 下列语句是否为命题，如果是请判断其真假："太阳从东边落下""数字 6 比数字 5 大"。

2-14 用一阶谓词逻辑表示下列信息："所有的整数不是偶数就是奇数""有的人喜欢玩篮球，有的人喜欢玩排球""如果张三比李四大，那么李四比张三小"。

2-15 什么是推理？列出几种常见的推理方式。

第 3 章　确定性推理

导读

推理是基于事实和知识得到结论的过程，是一种重要的问题求解方法。根据推理过程中使用的事实和知识是确定的或者是不确定的，推理可以分为确定性推理和不确定性推理。相应地，推理得到的结论也是确定的或者不确定的。经典逻辑推理依据经典逻辑（命题逻辑、谓词逻辑）的逻辑规则进行推理，由于经典逻辑的真值只有"真"和"假"，因此经典逻辑推理是一种确定性推理。

本章知识点

- Skolem 标准型
- 子句集
- 置换与合一
- 归结原理
- Herbrand 定理

3.1　一阶谓词逻辑语法和语义

谓词逻辑语法定义公式的合法形式，谓词逻辑语义定义公式的解释和真值，推理规则定义如何从已知公式推导出新的公式。

3.1.1　一阶谓词逻辑语法

谓词公式的基本组成是谓词符号、变量符号、函数符号、常量符号、量词和谓词连接词，并用圆括号、方括号、花括号和逗号隔开，以表示论域内的关系。不含任何谓词连接词和量词的谓词公式是谓词演算的基本公式，称为原子公式。例如，"张（ZHANG）和李（LI）是同事"，可用原子公式 WORKMATE（ZHANG, LI）表示。其中，ZHANG 和 LI 为常量符号，WORKMATE 为谓词符号。

一般来说，原子公式由若干谓词符号和项组成。常量符号是最简单的项，用来表示论域内的个体，它可以是实际的物体和人，也可以是概念或具有名字的任何事物。变量符号也是项，并且不必明确具体是哪一个个体。函数符号表示论域内的函数。例如，函数符号"mother"表示某人与他（或她）的母亲之间的一个映射。"张（ZHANG）的母亲和李（LI）的母亲是同事"可以用原子公式 WORKMATE（mother（ZHANG），mother（LI））表示。

谓词演算合式公式（Well Formed Formula，WFF）的递归定义如下：

1）谓词演算的原子公式是合式公式。

2）若 A 是合式公式，则 $\neg A$ 是合式公式。

3）若 A 和 B 是合式公式，则 $A \wedge B$、$A \vee B$、$A \rightarrow B$、$A \equiv B$ 是合式公式。

4）若 A 是合式公式，x 是个体变量，则 $\forall x(A)$、$\exists x(A)$ 是合式公式。

所有合式公式都是有限次应用规则 1）～ 4）得到的。

3.1.2　世界及解释

1. 世界

一阶谓词逻辑可以指称世界中的对象，有如下表达：

1）世界中有无限多的对象，也称为个体。这些对象可以是具体的，如"木块 A""张三"等；也可以是抽象的，如"数字 7""所有整数的集合""诚实""美丽"等；甚至可以是虚构的或者创造的东西，如"圣诞老人""麒麟"等。只要定义一个名称，并且有确定的含义，就可以把它当作我们要谈论的这个世界中的一个实际的个体。

2）个体上的函数可以有无限多，多元函数映射 n 元个体到某个个体。例如，一个函数映射某人到其父亲，或者一个函数映射数字 10 和 2 到商数 5。

3）个体可以参与任意数目的关系。个体可能会有像"重""大""蓝"等这样的属性，也可能参与到如"比……大""在……之间"等这样的关系中。如果要指明一个 n 元关系，就要显式地列出所有参与该关系的 n 元个体。

2. 解释

在定义谓词演算的合式表达式之后，重要的是用世界中的对象、属性和关系确定它们所表示的含义，对于每个谓词符号，必须规定定义域内的一个相应关系；对每个常量符号，必须规定定义域内相应的一个实体；对每个函数符号，则必须规定定义域内相应的一个函数。对谓词公式中的谓词、常量和函数符号赋予具体意义的过程称作谓词公式的解释。

设 L 是一个合式公式，L 的解释 I 由下面四部分组成：

1）为个体变元指定一个论域 D。

2）为函数符号指定一个具体的函数。

3）为谓词符号指定一个具体的谓词。

4）为个体常元指定一个具体的个体。

在谓词公式解释 I 的基础上，为每个自由变元指定一个具体的个体，称为谓词公式解释 I 上的一个赋值 V。

谓词演算语义提供了决定合式表达式真值的形式基础。表达式的真值依赖于常量、变量、谓词和函数讨论域中的对象和关系的映射。论域中关系的真值决定了对应表达式的真值。换句话说，合式表达式需要在一个具体的解释下判断真假。

对于已定义某个解释的一个原子公式，只有当其对应的语句在定义域内为真时，才具有值 T（真）；而当其对应的语句在定义域内为假时，该原子公式具有值 F（假）。当一个原子公式含有变量符号时，对定义域内实体的变量可能有若干设定。例如，关于小明和他的朋友张三和李四的信息可以表示为 friends（小明，张三）和 friends（小明，李四）。如果小明是张三的朋友而且小明是李四的朋友这两件事确实都是真的，那么这两个表达式的值（赋值）都是 T。如果小明是李四的朋友而不是张三的朋友，那么第一个表达式的值是 F，第二个表达式的值是 T。

【例 3-1】　对谓词公式 $\forall x(M(x) \to F(x)) \land \exists x(H(x) \land F(x))$ 给出三个解释，并判断谓词公式在该解释下的真假。

解：给定解释 I_1：论域为全总个体域，$M(x)$：x 是人，$H(x)$：x 是海豚，$F(x)$：x 会走路，在解释 I_1 下得到命题"人都会走路并且有的海豚也会走路"，谓词公式在该解释下为真。

给定解释 I_2：论域为实数集，$M(x)$：x 是自然数，$H(x)$：x 是无理数，$F(x)$：$x \geq 0$，在解释 I_2 下得到命题"自然数都是非负的并且有的无理数也是非负的"，谓词公式在该解释下为真。

给定解释 I_3：论域为某班学生组成的集合，$M(x)$：x 是男生，$H(x)$：x 是女生，$F(x)$：x 留短发，在解释 I_3 下得到命题"男生都留短发并且有的女生也留短发"，谓词公式在该解释下的值需要根据该班学生的具体情况确定。

3.1.3　模型及相关概念

在谓词演算中有如下语义概念：

1）如果一个合式公式在某种解释下为真，则这个解释就满足这个合式公式，该合式公式称为可满足式，或普遍有效的公式。

2）满足合式公式的一个解释就是这个合式公式的模型。

3）如果一个合式公式在所有的解释下都为真，该合式公式称为永真式。

4）如果一个合式公式在所有的解释下都为假，该合式公式称为永假式。

5）对于合式公式 P，如果至少存在一个解释使得 P 在该解释下为真，则称 P 是可满足的，否则称 P 是不可满足的。

6）如果一个合式公式 P 在所有能使合式公式 D 为真的解释上都为真，那么 D 永真涵蕴 P，表示为 $D \Rightarrow P$。

7）当且仅当在所有的解释下两个合式公式 U 和 V 都有相同值（即当且仅当 $U \vdash V$ 且 $V \vdash U$ 时），它们是等价的，表示为 $U \equiv V$。

3.2　一阶谓词逻辑演算规则

谓词演算（一阶谓词演算）是命题演算的扩充和发展，因此命题逻辑的基本等价式和推理规则对谓词逻辑是适用的。此外，由于引入了变量和量词，谓词逻辑增加了一些新的等价式和推理规则。

3.2.1　等价式

在谓词逻辑中，永真蕴含式 $P \Rightarrow Q$，即若 P 为真则 Q 必真，反映了人类思维的一些推理活动。这个推理活动表示由一些已知条件出发推得一些结果，亦即由前提推得结论，可以表示为"前提 $_1$，前提 $_2$，$\cdots$，前提 $_n \vdash$ 结论"，其中，符号 $\vdash$ 表示"推出"。对永真蕴含式 $P \Rightarrow Q$ 有 $P \vdash Q$，而 $P \Rightarrow (Q \Rightarrow R)$ 则有 P，$Q \vdash R$。

在逻辑推理过程中需要在真值不变的情况下对逻辑公式进行变换，常用到的谓词逻辑演算中的等价式有：

1）双重否定律：　　　　$\neg(\neg P(x)) \equiv P(x)$

2）德·摩根定律：　　　$\neg(P(x) \vee Q(x)) \equiv \neg P(x) \wedge \neg Q(x)$

　　　　　　　　　　　$\neg(P(x) \wedge Q(x)) \equiv \neg P(x) \vee \neg Q(x)$

3）逆否律：　　　　　　$P(x) \rightarrow Q(x) \equiv \neg Q(x) \rightarrow \neg P(x)$

4）分配律：　　　　　　$P(x) \wedge (Q(x) \vee R(x)) \equiv (P(x) \wedge Q(x)) \vee (P(x) \wedge R(x))$

　　　　　　　　　　　$P(x) \vee (Q(x) \wedge R(x)) \equiv (P(x) \vee Q(x)) \wedge (P(x) \vee R(x))$

5）结合律：　　　　　　$(P(x) \wedge Q(x)) \wedge R(x) \equiv P(x) \wedge (Q(x) \wedge R(x))$

　　　　　　　　　　　$(P(x) \vee Q(x)) \vee R(x) \equiv P(x) \vee (Q(x) \vee R(x))$

6）交换律：　　　　　　$P(x) \wedge Q(x) \equiv Q(x) \wedge P(x)$

　　　　　　　　　　　$P(x) \vee Q(x) \equiv Q(x) \vee P(x)$

7）蕴含等价式：　　　　$P(x) \rightarrow Q(x) \equiv \neg P(x) \vee Q(x)$

8）易名规则：　　　　　$\forall x P(x) \vee \forall x Q(x) \equiv \forall x P(x) \vee \forall y Q(y)$

9）量词转换律：　　　　$\neg \forall x P(x) \equiv \exists x \neg P(x)$

　　　　　　　　　　　$\neg Q(x) \equiv \forall x \ \neg Q(x)$

10）量词分配律：　　　　$\exists x(P(x) \vee Q(x)) \equiv \exists x P(x) \vee \exists x Q(x)$

　　　　　　　　　　　$\forall x(P(x) \wedge Q(x)) \equiv \forall x P(x) \wedge \forall x Q(x)$

　　　　　　　　　　　$\forall x \ (P \rightarrow Q(x)) \equiv P \rightarrow \forall x Q(x)$

　　　　　　　　　　　$\exists x \ (P \rightarrow Q(x)) \equiv P \rightarrow \exists x Q(x)$

11）量词交换律：　　　　$\forall x \forall y \ P(x, y) \equiv \forall y \forall x \ P(x, y)$

　　　　　　　　　　　$\exists x \exists y \ P(x, y) \equiv \exists y \exists x \ P(x, y)$

12）量词辖域变换等价式（若 Q 中不含变量）：

　　　　　　　　　　　$\forall x P(x) \wedge Q \equiv \forall x(P(x) \wedge Q)$

　　　　　　　　　　　$\forall x P(x) \vee Q \equiv \forall x(P(x) \vee Q)$

　　　　　　　　　　　$\exists x P(x) \wedge Q \equiv \exists x(P(x) \wedge Q)$

　　　　　　　　　　　$\exists x P(x) \vee Q \equiv \exists x(P(x) \vee Q)$

13）量词消去及引入规则：

①全称量词消去规则：　$\forall x P(x) \equiv P(y)$

②全称量词引入规则：　$P(y) \equiv \forall x P(x)$

③ 存在量词消去规则：　　　$\exists x Q(x) \equiv Q(c)$（c 为常量）

④ 存在量词引入规则：　　　$Q(c) \equiv \exists x Q(x)$

⑤ 有限域量词消去规则：设有限个体域为 $D=\{d_1, d_2, \cdots, d_n\}$，则

$$\forall x P(x) \equiv P(d_1) \wedge P(d_2) \wedge \cdots \wedge P(d_n)$$

$$\exists x Q(x) \equiv Q(d_1) \vee Q(d_2) \vee \cdots \vee Q(d_n)$$

3.2.2　推理规则

逻辑推理是基于公理集合进行演绎得出结论的过程，可用于证明公式 $P_1 \wedge P_2 \wedge \cdots \wedge P_n \to R$ 是否成立。若使谓词公式 $P=P_1 \wedge P_2 \wedge \cdots \wedge P_n$ 为真的任一解释，都使得另一谓词公式 R 为真，就说 P 推出了 R，P 是 R 的前提，R 是 P 的逻辑结论，用逻辑符号表示为 $P \vdash R$。

谓词演算中有许多规则，用于从已知公式集合中推出新公式，这些导出的公式称为定理。给出定理的推理过程及所使用的推理规则序列就构成了该定理的一个证明。常用的推理规则有：

1）假言推理规则：已知谓词公式 $C \to D$ 及 C，则可推出 D。

2）拒取式规则：已知谓词公式 $C \to D$ 及 $\neg D$，则可推出 $\neg C$。

3）P 规则：在推导过程的任何步骤，前提都可以引入使用。

4）T 规则：在推导过程中，如果有一个或多个公式永真蕴含公式 C，则公式 C 可以在后继证明过程的任何步骤作为前提引入。

5）替换规则：谓词公式中任一部分公式都可用其等价的公式替换。

推理过程即反复使用谓词演算的基本等价式及推理规则，对已知谓词公式进行变换，得到所需逻辑结论的过程。

3.3　演绎推理

基于一组已知为真的事实，利用经典逻辑的推理规则推出结论的过程称为演绎推理。

【例 3-2】　设已知以下事实：①如果 x 和 y 是同班同学，则 x 的老师也是 y 的老师。② ZHANG 和 WANG 是同班同学。③ LI 是 ZHANG 的老师。

求证：LI 是 WANG 的老师。

解：首先定义谓词，并描述该问题所包含的知识。

谓词定义：设谓词 $CL(x, y)$ 表示 x 和 y 是同班同学，$TE(x, y)$ 表示 x 是 y 的老师。

依据谓词定义，已知前提表示为：

① $\forall x \forall y \forall z[(CL(x, y) \wedge TE(z, x)) \to TE(z, y)]$

② CL（ZHANG, WANG）

③ TE（LI, ZHANG）

待证结论表示为：TE（LI, WANG）

推理过程如下：

1）根据合取引入规则，因为 CL(ZHANG, WANG)，TE(LI, ZHANG)，所以 CL(ZHANG, WANG) $\land$ TE(LI, ZHANG)。

2）根据全称量词消去规则，因为 $\forall x \forall y \forall z[(CL(x, y) \land TE(z, x)) \to T(z, y)]$，所以 $CL(x, y) \land TE(z, x)) \to TE(z, y)$。

3）根据 T 规则，因为 CL（ZHANG, WANG) $\land$ TE(LI, ZHANG)，$(CL（x, y) \land T(z, x)) \to TE(z, y)$，所以 TE(LI, WANG)。

TE（LI, WANG）表示"LI 是 WANG 的老师"，因此结论得证。

应用演绎推理方法证明定理时，推理过程易于理解，推理过程灵活且便于在推理过程中使用领域启发知识。其缺点是推理过程中得到的中间结论通常呈指数形式递增，因此容易产生组合爆炸问题。

为了提高演绎系统的效率，通常对合式公式的形式做出一些限制。常见的限制方式包括：①设法消去存在量词，使每个公式只剩下隐含的全称量词。②消去所有的蕴含和等价连接符。③让所有的非符号只在谓词之前。这样化简之后的合式公式中只有"与符号""或符号""谓词以及前有非符号的谓词"和"隐含的全称量词"，这种合式公式称为与或句。化简消除与或句中的"与符号"，可以进一步得到更小的知识表示单位——子句。

3.4 合式公式到子句集的转化

基于谓词演算规则，任何一个合式公式都可以转换为子句集。其大致过程是将合式公式依次转换为前束标准型、Skolem 标准型和合取范式，每一个合取项即为一个子句。归结过程中，包含变量和函数的子句不能直接进行归结，需要首先求两个待归结子句的最一般合一，再对应用最一般合一进行代换后的子句进行归结。

3.4.1 标准型

将合式公式中的全称量词和存在量词管辖的变量映射到 Skolem 函数，可以使得变换后的合式公式不包含量词，进而使得与合式公式相应的子句集中的子句不包含量词，方便对子句进行归结。

1. 前束标准型

在合式公式中，如果任何一个量词的左侧没有除了量词之外的其他符号或谓词，即所有量词都在合式公式的最前面，则合式公式为前束标准型，如下所示：

$$\text{前束标准型} = \underbrace{(\text{前缀})}_{\text{量词串}} \quad \underbrace{(\text{母式})}_{\text{无量词公式}}$$

以公式 $(\exists x)(\forall u)\{(\forall y)[G(x, y) \lor \neg F(y, u)] \to (\forall w)[(\forall y)F(x, y) \to G(w, x)]\}$ 为例，将合式公式转换为前束标准型的步骤如下：

1) 利用谓词公式的等价关系，消去合式公式中的符号"$\to$"和"$\equiv$"。

原式等价变换为：$((\exists x)(\forall u)\{\neg(\forall y)[G(x, y) \lor \neg F(y, u)] \lor (\forall w)[\neg(\forall y)F(x, y) \lor G(w, x)]\}$

2）利用双重否定律、德·摩根定律、量词转换律，移动否定符号"¬"使其作用范围仅限于原子公式。

原式等价变换为：$(\exists x)(\forall u)\{(\exists y)[\neg G(x, y) \wedge F(y, u)] \vee (\forall w)[(\exists y)\neg F(x, y) \vee G(w, x)]\}$

3）修改变量名，使得谓词公式中所有量词的约束变量名互不相同，称为变量标准化。

原式等价变换为：$(\exists x)(\forall u)\{(\exists y)[\neg G(x, y) \wedge F(y, u)] \vee (\forall w)[(\exists z)\neg F(x, z) \vee G(w, x)]\}$

4）所有量词左移到公式的前面，移动过程不可以改变量词之间的相对次序。

原式等价变换为：$(\exists x)(\forall u)(\exists y)(\forall w)(\exists z)\{[\neg G(x, y) \wedge F(y, u)] \vee [\neg F(x, z) \vee G(w, x)]\}$

依据以上步骤得到的所有量词均在公式的最前面，使得所有量词的辖域都延伸到公式尾部，此时的谓词公式为前束标准型。

2. Skolem 标准型

依据量词消去原则消去或略去前束标准型中的所有量词，得到的谓词公式称为 Skolem 标准型。由于前束标准型中每个量词的辖域都延伸到公式尾部，那么次序靠右的量词是受那些位次在其前面的量词的约束的。也就是说，在某个任意量词辖域范围内的存在量词，与该任意量词有依赖关系。例如，$(\forall y)[(\exists x) G(x, y)]$ 表示"任意一个人 y 都有国籍 x"，那么国籍的值 x 与人 y 有关。对这种依赖关系，可以定义函数 $f(y)$ 描述，$f(y)$ 将每一个 y 值映射为一个确定的 x 值，这样的函数 $f(y)$ 称为 Skolem 函数。当存在量词不在任何任意量词的辖域范围内时，存在量词与任何任意量词都不存在依赖关系，将存在量词约束的变量映射到一个常量，此时将该常量看作没有变量的 Skolem 函数。

以前束标准型 $(\exists x)(\forall u)(\exists y)(\forall w)(\exists z)\{[\neg G(x, y) \wedge F(y, u)] \vee [\neg F(x, z) \vee G(w, x)]\}$ 为例，将其转换为 Skolem 标准型的步骤如下：

1）定义 Skolem 函数，将谓词公式中存在量词约束的变量用任意常量或任意变量的函数代替，从而消去存在量词"∃"。对上述前束标准型中存在量词约束的变量 x、y 和 z 分别定义 Skolem 函数 $x=a$；$y=f(u)$；$z=g(u, w)$，用 Skolem 函数代替对应的变量并消去存在量词。

原式等价变换为：$(\forall u)(\forall w)\{[\neg G(a, f(u)) \wedge F(f(u), u)] \vee [\neg F(a, g(u, w)) \vee G(w, a)]\}$

2）略去全称量词"∀"。没有明确定义的情况下，谓词公式中的所有变量都可以看作受全称量词约束的变量。因此，省略全称量词后，公式中的变量仍然是受全称量词约束的变量。

原式等价变换为：$[\neg G(a, f(u)) \wedge F(f(u), u)] \vee [\neg F(a, g(u, w)) \vee G(w, a)]$

依据以上步骤得到的谓词公式中不存在量词，此时的谓词公式为 Skolem 标准型。

需要注意的一点是，由于 Skolem 函数的形式可以有不同定义，所以谓词公式对应的 Skolem 标准型不唯一。例如，谓词公式 $P=(\exists x)G(x)$，定义 Skolem 函数 $x = a$，则公式 P 的 Skolem 标准型为 $P'=G(a)$，定义 $x=b$，则 $P'=G(b)$。

定理 3.1 令 S 为公式 W 的 Skolem 标准型，则 W 不可满足当且仅当 S 是不可满足的。

证明： 假定公式 W 的前束标准型为 $(Q_1x_1)\cdots(Q_rx_n)M(x_1, \cdots, x_n)$，设 (Q_rx_r) 为前缀中的第一个存在量词，则可以定义 Skolem 函数 $x_r=f(x_1, \cdots, x_{r-1})$，因此有

$$W_1=(\forall x_1)\cdots(\forall x_{r-1})((Q_{r+1}x_{r+1})\cdots(Q_nx_n)M(x_1,\cdots,x_{r-1},f(x_1,\cdots,x_{r-1}),x_{r+1},\cdots,x_n)$$

那么，W 不可满足，当且仅当 W_1 不可满足。

设 W 不可满足。若 W_1 是可满足的，则存在某定义域 D 上的解释 I 使 W_1 为真，即对任意 $x_1 \in D$，$\cdots$，$x_{r-1} \in D$，$(Q_{r+1}x_{r+1})\cdots(Q_nx_n)M(x_1,\cdots,x_{r-1},f(x_1,\cdots,x_{r-1}),x_{r+1},\cdots,x_n)$ 为真。所以，对任意 $x_1 \in D$，$\cdots$，$x_{r-1} \in D$，都存在元素 $f(x_1,\cdots,x_{r-1})=x_r \in D$，使得 $(Q_{r+1}x_{r+1})\cdots(Q_nx_n)M(x_1,\cdots,x_{r-1},x_r,x_{r+1},\cdots,x_n)$ 为真。那么，在相同解释 I 下公式 W 为真，这与 W 不可满足的这个假设矛盾。所以，W_1 必不可满足。

设 W_1 不可满足。若 W 是可满足的，则存在某定义域 D 上的解释 I 使 W 为真，对任意 $x_1 \in D$，$\cdots$，$x_{r-1} \in D$，存在元素 $x_r \in D$，使得 $(Q_{r+1}x_{r+1})\cdots(Q_nx_n)M(x_1,\cdots,x_{r-1},x_r,x_{r+1},\cdots,x_n)$ 为真。对解释 I 进行扩充，使其包括对任意 $x_1 \in D$，$\cdots$，$x_{r-1} \in D$，将 $f(x_1,\cdots,x_{r-1})$ 映射成 $x_r \in D$ 的函数 f，即 $f(x_1,\cdots,x_{r-1})=x_r$。扩充后的解释用 I_1 表示。显然，解释 I_1 使得对任意 $x_1 \in D$，$\cdots$，$x_{r-1} \in D$，$(Q_{r+1}x_{r+1})\cdots(Q_nx_n)M(x_1,\cdots,x_{r-1},f(x_1,\cdots,x_{r-1}),x_{r+1},\cdots,x_n)$ 为真，这与 W_1 不可满足的这个假设矛盾。所以，W 必不可满足。

假设 W 中存在 m 个存在量词。令 $W_0=W$，设 W_k（$k=1$，$\cdots$，m）是对 W_{k-1} 采用如下两步操作得到的公式：用 Skolem 函数代替 W_{k-1} 中第一个存在量词对应的所有变量；去掉第一个存在量词。显然 $W=W_m$。与前面的证明类似，可以证明，W_{k-1} 不可满足，当且仅当 W_k 不可满足（$k=1$，$\cdots$，m）。所以可以断定，W 不可满足，当且仅当 S 不可满足。

3.4.2　子句集

子句是一些文字的析取，其中，文字是不含任何连接词的谓词公式。只包含一个文字的子句称为单元子句。不含任何文字的子句称为空子句，记作 "□"。子句集指由子句构成的集合。

基于谓词演算规则，任何一个合式公式都可以转换为子句集。以公式 $(\exists x)(\forall u)\{(\forall y)[G(x,y) \vee \neg F(y,u)] \to (\forall w)[(\forall y)F(x,y) \to G(w,x)]\}$ 为例，将合式公式转换为子句集的步骤如下：

1）将谓词公式转换为前束标准型。

原式等价变换为：$(\exists x)(\forall u)(\exists y)(\forall w)(\exists z)\{[\neg G(x,y) \wedge F(y,u)] \vee [\neg F(x,z) \vee G(w,x)]\}$

2）将前束标准型转换为 Skolem 标准型。

原式等价变换为：$[\neg G(a,f(u)) \wedge F(f(u),u)] \vee [\neg F(a,g(u,w)) \vee G(w,a)]$

3）利用分配律将母式化为合取范式。

原式等价变换为：

$[\neg G(a,f(u)) \vee \neg F(a,g(u,w)) \vee G(w,a)] \wedge [F(f(u),u) \vee \neg F(a,g(u,w)) \vee G(w,a)]$

4）消去联结词 "$\wedge$"，将每一个合取项作为一个子句，构建子句集。

原式等价变换为：

$\{\neg G(a,f(u)) \vee \neg F(a,g(u,w)) \vee G(w,a), F(f(u),u) \vee \neg F(a,g(u,w)) \vee G(w,a)\}$

5）更改变量名，使得任意两个子句不包含相同的变量，称为变量分离标准化。

原式等价变换为：

$\{\neg G(a,f(u_1)) \vee \neg F(a,g(u_1,w_1)) \vee G(w_1,a), F(f(u_2),u_2) \vee \neg F(a,g(u_2,w_2)) \vee G(w_2,a)\}$

依据以上步骤得到的集合中，每个元素都是一些文字的析取，该集合即为子句集。一个子句内文字含有的变量被理解为受全称量词约束的变量。

3.5　谓词演算中的归结

归结（Resolution），也称为消解，是组合使用几种推理规则基于两个子句得到一个新子句的规则。

3.5.1　命题公式的归结

设 C_1 和 C_2 是子句集中的任意两个子句，如果 C_1 中的文字 L_1 和 C_2 中的文字 L_2 互补，那么从 C_1 和 C_2 中分别消去 L_1 和 L_2，则两个子句中余下的文字的析取构成一个新子句 C_{12}，这个过程称为归结。C_{12} 称为 C_1 和 C_2 的归结式，C_1 和 C_2 称为 C_{12} 的亲本子句。

以下为几种不同情况下的子句归结：

1）$C_1 = P$，$C_2 = \neg P$，P 和 $\neg P$ 是互补文字，C_1 和 C_2 归结，得到归结式 $C_{12} = \square$。

2）$C_1 = P \vee Q \vee R$，$C_2 = \neg Q \vee S$，Q 和 $\neg Q$ 是互补文字，C_1 和 C_2 归结，得到归结式 $C_{12} = P \vee R \vee S$。

3）$C_1 = P \vee Q$，$C_2 = \neg Q \vee S$，$C_3 = \neg S$，Q 和 $\neg Q$ 是互补文字，C_1 和 C_2 归结，得到归结式 $C_{12} = P \vee S$；S 和 $\neg S$ 是互补文字，C_{12} 和 C_3 归结，得到归结式 $C_{123} = P$。

3.5.2　置换与合一

将合式公式转换为子句集时的变量分离标准化要求不同子句包含不同变量，使得子句之间的模式匹配难以直接判断。置换用于定义项与谓词公式中变量的置换关系，合一是寻找使两个谓词公式一致的置换的过程。

1. 置换

置换是形式为 $\{t_1/v_1, t_2/v_2, \cdots, t_n/v_n\}$ 的有限集合，其中 $v_1, v_2, \cdots, v_n$ 是互不相同的变量，t_i 是与 v_i 不同的项（$1 \leq i \leq n$），t_i 可以是常量、变量或函数。当 t_i 是变量时，不可以与 v_i 相同；当 t_i 是函数时，函数的自变量不可以包含 v_i。t_i/v_i 的含义是用 t_i 置换 v_i，并且对置换区域范围内出现的每一个 v_i 都用 t_i 置换。通常，希腊字母 θ、σ、α、λ 用于表示置换，不含任何元素的置换称为空置换，用 ε 表示。

令 $\theta = \{t_1/v_1, t_2/v_2, \cdots, t_n/v_n\}$ 为置换，E 为表达式。设 $E\theta$ 是用项 t_i 同时代换 E 中出现的所有 $v_i(1 \leq i \leq n)$ 得到的表达式，称 $E\theta$ 为 E 的特例或例。例如，$\theta = \{g(x)/u, b/w\}$，$E = F(f(u), u) \vee \neg F(a, g(u, w)) \vee G(w, a)$，则 $E\theta = E = F(f(g(x)), g(x)) \vee \neg F(a, g(g(x), b)) \vee G(b, a)$。

如果 $E\theta$ 中没有变量，则称 $E\theta$ 为 E 的基例。

2. 置换的合成

设 θ 和 λ 是两个置换，$\theta = \{t_1/v_1, t_2/v_2, \cdots, t_n/v_n\}$，$\lambda = \{s_1/u_1, s_2/u_2, \cdots, s_m/u_m\}$，则 θ 和 λ 的合成也是一个置换，用 $\theta \circ \lambda$ 表示。θ 和 λ 的合成是集合 $\{t_1\lambda/v_1, t_2\lambda/v_2, \cdots, t_n\lambda/v_n, s_1/u_1, s_2/u_2,$

…, s_n/u_n} 中删除以下两种元素后的剩余元素构成的集合：

1）s_i/u_i，当 $u_i \in \{v_1, v_2, \cdots, v_n\}$。

2）$t_i\lambda/v_i$，当 $t_i\lambda=v_i$。

【例 3-3】 设 $\theta=\{f(z)/y, w/x\}$，$\lambda=\{a/z, x/w, b/y\}$，求 θ 和 λ 的合成。

解： 先构建集合 $\{f(z)\lambda/y, w\lambda/x, a/z, x/w, b/y\}=\{f(a)/y, x/x, a/z, x/w, b/y\}$，再删除符合前述条件 1）和 2）的元素。

依据条件 1）删除 b/y，再依据条件 2）删除 x/x，则得到 $\theta \circ \lambda=\{f(a)/y, a/z, x/w\}$。

注意：置换的合成不满足交换律。例如，置换 λ 和 θ 的合成 $\lambda \circ \theta=\{a/z, w/x, b/y\}$。

3. 最一般合一置换

设有一个表达式集合 $\{E_1, \cdots, E_m\}$，若存在一个置换 θ 使得 $E_1\theta=\cdots=E_m\theta$，则称集合 $\{E_1, \cdots, E_m\}$ 是可合一的，置换 θ 称为合一置换。

例如，集合 $\{F(x), F(g(y))\}$ 是可合一的，因为 $\theta=\{g(y)/x\}$ 是它的合一置换。另外，$\theta'=\{b/y, g(b)/x\}$ 也是它的合一置换。所以，合一置换不是唯一的。对集合 $\{F(x), F(g(y))\}$，θ 比 θ' 更一般，因为用任意常量置换 y 就可以得到一个新的合一置换。

表达式集合 $\{E_1, \cdots, E_m\}$ 的合一置换 σ 是最一般合一置换（MGU），当且仅当对该集合的每一个合一置换 θ 都存在置换 λ 使得 $\theta=\sigma \cdot \lambda$。

对有限非空可合一表达式集合 W，差异集 D 是按照如下步骤得到的子表达式的集合：

1）在 W 的所有表达式中找出符号不全相同的、自表达式左侧算起的第 1 个符号。

2）在 W 的每个表达式中，提取占有该符号位置的子表达式，这些子表达式构成表达式集合 W 的差异集 D。

例如，表达式集合 $W=\{P(x, g(y)), P(x, a), P(x, h(f(k(z))))\}$ 包含 3 个表达式，对这 3 个表达式从左至右逐一对比符号，前 4 个符号 "$P(x,$ " 完全相同，第 5 个符号不完全相同，因此 W 的差异集 D 为 $\{g(y), a, h(f(k(z)))\}$。

依据表达式集合 W 的差异集 D 中元素的情况，可以判断表达式集合 W 是否可合一。

1）若 D 中无变量，则 W 不可合一。例如，$W=\{P(b), P(a)\}$，则 $D=\{b, a\}$。

2）若 D 为单元素集合，则 W 不可合一。例如，$W=\{P(x), P(x, y)\}$，则 $D=\{y\}$。

3）若 D 中有变量和项，且变量出现在项中，则 W 不可合一。例如，$W=\{P(x), P(f(x))\}$，则 $D=\{x, f(x)\}$。

合一的重要作用在于：如果没有合一，那么规则的条件元素只能匹配常数，因此就必须为每一个可能的事实分别写一条对应的规则。

4. 合一算法

求表达式集合 W 的最一般合一置换 σ 的合一算法描述如下：

1）$k=0$，$W_k=W$，$\sigma_k=\varepsilon$。

2）若 W_k 只包含一个元素，则算法停止，σ_k 为 W 的最一般合一置换；否则求 W_k 的差异集 D_k。

3）若 D_k 中有元素 v_k 和 t_k，且 v_k 是不出现在 t_k 中的变量，则转步骤 4）；否则算法停止，W 是不可合一的。

4）$\sigma_{k+1}=\sigma_k \cdot \{t_k/v_k\}$，$W_{k+1}=W_k\{t_k/v_k\}=W\sigma_{k+1}$。

5）$k=k+1$，转步骤 2）。

【例 3-4】　设 $W=\{P(a, x, f(g(y))), P(w, f(u), f(z))\}$，求 W 的最一般合一置换。

解：根据合一算法

1）$k=0$；

$W_0=\{P(a, x, f(g(y))), P(w, f(u), f(z))\}$；

$\sigma_0=\varepsilon$；

$D_0=\{a, w\}$；

$\sigma_1=\sigma_0 \cdot \{a/w\}=\{a/w\}$；

$W_1=\{P(a, x, f(g(y))), P(a, f(u), f(z))\}$。

2）$k=1$；

$D_1=\{x, f(u)\}$；

$\sigma_2=\sigma_1 \cdot \{f(u)/x\}=\{a/w, f(u)/x\}$；

$W_2=\{P(a, f(u), f(g(y))), P(a, f(u), f(z))\}$。

3）$k=2$；

$D_2=\{g(y), z\}$；

$\sigma_3=\sigma_2 \cdot \{g(y)/z\}=\{a/w, f(u)/x, g(y)/z\}$；

$W_3=\{P(a, f(u), f(g(y)))\}$。

4）$k=3$；

W_3 是单元素集，W_3 已合一，W 的最一般合一置换 $\sigma_3==\{a/w, f(u)/x, g(y)/z\}$。

3.5.3　谓词逻辑公式的归结

设 C_1 和 C_2 是两个无公共变量的子句，令 L_1 和 L_2 分别是 C_1 和 C_2 中的两个文字。若集合 $\{L_1, \neg L_2\}$ 存在最一般合一置换 σ，则子句 $(C_1\sigma-L_1\sigma) \vee (C_2\sigma-L_2\sigma)$ 称为 C_1 和 C_2 的二元归结式。L_1 和 L_2 称为被归结的文字。

例如，$C_1=P(x) \vee Q(a) \vee R(z)$，$C_2=\neg Q(y) \vee S(w)$，选择 $L_1=Q(a)$ 和 $L_2=\neg Q(y)$，则 $\{L_1, \neg L_2\}=\{Q(a), Q(y)\}$ 存在最一般合一置换 $\sigma=\{a/y\}$，那么 $C_1\sigma=\{P(x) \vee Q(a) \vee R(z)\}$ 且 $C_2\sigma=\{\neg Q(a) \vee S(w)\}$，所以 C_1 和 C_2 的二元归结式 $C_{12}=P(x) \vee R(z) \vee S(w)$。

若子句 C 中的两个或多个文字构成的集合存在最一般合一置换 σ，则称 $C\sigma$ 为 C 的因子。若 $C\sigma$ 是单元子句，则称它为 C 的单元因子。

例如，$C=P(y) \vee \neg Q(y) \vee P(g(x))$，其中第一个文字和最后一个文字构成的集合 $\{P(y), P(g(x))\}$ 存在最一般合一置换 $\sigma=\{g(x)/y\}$，所以有 $C\sigma=\neg Q(g(x)) \vee P(g(x))$ 是 C 的因子。

定义 3.1　子句 C_1 和 C_2 的归结式是下述某个二元归结式：

1）C_1 和 C_2 的二元归结式。

2）C_1 的因子和 C_2 的二元归结式。

3）C_2 的因子和 C_1 的二元归结式。

4）C_1 的因子和 C_2 的因子的二元归结式。

定理 3.2　归结式 C_{12} 是其亲本子句 C_1 和 C_2 的逻辑结论，即如果 C_1 和 C_2 为真，则 C_{12} 为真。

证明：设 C_{12} 是通过归结一对互补的文字 L 和 $\neg L$ 得到的归结式，则可以有

$C_1 = L \lor C'_1$ 和 $C_2 = \neg L \lor C'_2$。其中，C'_1 和 C'_2 是析取式。若 I 是使 C_1 和 C_2 为真的任一解释，且 I 使 L 为真，则 I 使 $\neg L$ 为假且 C'_2 必为真。那么，归结式 $C_{12} = C'_1 \lor C'_2$ 为真。因此，$C_1 \land C_2 \rightarrow C_{12}$ 成立，即归结式 C_{12} 是其亲本子句 C_1 和 C_2 的逻辑结论。

3.6 归结原理与归结反演系统

归结原理也称为消解原理（Resolution Principle），由 J.A.Robison 于 1965 年提出，是一种机器定理证明方法。归结原理提出将待证明的定理表示为谓词公式并转化为子句集，再通过归结验证子句集的不可满足性，从而使得自动定理证明得以实现。

3.6.1 归结原理

定理 3.3 令公式 W 的子句集为 P，则 W 不可满足当且仅当 P 是不可满足的。证明过程参阅参考文献 15（ROBINSON J A.A machine–oriented logic based on the resolution principle[J].Journal of the ACM，1965，12（1）：23–41）。

由定理 3.3 可知，判断谓词公式的不可满足性可以转化为判断子句集的不可满足性。由谓词公式 W 转化为子句集 S 的过程可知，子句集 S 中的子句之间是合取关系，所以，只要子句集 S 中有一个子句不可满足，则子句集 S 不可满足。已知空子句是不可满足的，所以包含空子句的子句集一定是不可满足的。

推论 子句集 $S=\{C_1, C_2, \cdots, C_n\}$ 与子句集 $S_1=\{C, C_1, C_2, \cdots, C_n\}$ 的不可满足性是等价的，S_1 中的 C 是 C_1 和 C_2 的归结式，即 S_1 是对 S 应用归结得到的子句集。

证明： 设 S 是不可满足的，则 $C_1, C_2, \cdots, C_n$ 中必有一个为假，因而 S_1 必为不可满足的。设 S_1 是不可满足的，则对于不满足 S_1 的任一解释 I，可能有两种情况：I 使 C 为真，则 $C_1, C_2, \cdots, C_n$ 中必有一子句为假，因而 S 是不可满足的；I 使 C 为假，则根据定理 3.2 有 $C_1 \land C_2$ 为假，即 I 使 C_1 和 C_2 为假，因而 S 是不可满足的。因此，S 和 S_1 的不可满足性是等价的。

基于以上证明过程，同理可证得 S_i 和 S_{i+1}（基于 S_i 导出的扩大子句集）的不可满足性也是等价的，其中 $i=1, 2, \cdots$。

以上推论说明，要证明子句集 S 的不可满足性，只要对 S 中可归结的子句进行归结并把归结式加入 S，然后对新的扩充后的子句集证明其不可满足性就可以了。由于空子句是不可满足的，在归结过程中一旦得到空子句，即可证明原子句集 S 是不可满足的。

归结原理即是基于这个思想提出的，其基本方法是：检查子句集 S 中是否包含空子句，若包含则 S 不可满足；若不包含则从子句集中选择合适的子句进行归结，一旦通过归结得到空子句，则子句集 S 的不可满足得以证明。

3.6.2 归结反演系统

求解一个问题 X，通常意味着在知道一些与问题 X 相关的事实 $\{P_1, P_2, \cdots, P_n\}$ 的条件下，求证某个结论 Q 是否成立或者求证某个结论 Q 在什么条件下成立。因此，求解问题 X 等价于证明 Q 是 $P_1, P_2, \cdots, P_n$ 的逻辑结论，即证明公式 $P_1 \land P_2 \land \cdots \land P_n \rightarrow Q$ 永真。

依据蕴含等价式，公式 $P_1 \wedge P_2 \wedge \cdots \wedge P_n \to Q$ 与公式 $\neg P_1 \vee \neg P_2 \vee \cdots \vee \neg P_n \vee Q$ 等价，则求解问题 X 等价于证明 $\neg P_1 \vee \neg P_2 \vee \cdots \vee \neg P_n \vee Q$ 永真。这种带有最多一个非否定文字的子句，称为 Horn 子句。凡是可用一阶谓词逻辑描述的问题，均可用 Horn 子句表达。只有一个肯定变元的 Horn 子句，称为事实。没有任何肯定变元的 Horn 子句，称为目标。

证明 $\neg P_1 \vee \neg P_2 \vee \cdots \vee \neg P_n \vee Q$ 永真，等价于证明 $\neg(\neg P_1 \vee \neg P_2 \vee \cdots \vee \neg P_n \vee Q)$ 永假，也等价于证明 $P_1 \wedge P_2 \wedge \cdots \wedge P_n \wedge \neg Q$ 永假。进一步地，等价于证明子句集 $\{P_1, P_2, \cdots, P_n, \neg Q\}$ 不可满足。

1. 归结反演

应用归结原理证明定理的过程称为归结反演。谓词逻辑的归结反演是仅有一条推理规则的问题求解方法。要证明 $P \to Q$，其中 P 和 Q 是谓词公式，先建立合式公式 $G = P \wedge \neg Q$，再将 G 转化为子句集 S，只需证明 S 是不可满足的即可。

归结反演的一般步骤是：

1）已知的前提表示为谓词公式 P。

2）待证明的结论表示为谓词公式 Q。

3）将谓词公式集 $\{P, \neg Q\}$ 转化为子句集 S。

4）对 S 中可归结的子句做归结，并将归结式放入 S。如此反复，直到 S 中出现空子句，则停止归结，此时 Q 得证。

【例 3-5】 证明"由梯形的对角线形成的内错角是相等的"。

解：首先定义谓词，并描述该问题所包含的知识。

谓词定义：设谓词 $T(x, y, u, v)$ 表示"左上顶点为 x，右上顶点为 y，左下顶点为 v，右下顶点为 u"的梯形 $abcd$；谓词 $P(x, y, u, v)$ 表示"线段 xy 平行于线段 uv"；谓词 $E(x, y, v, u, v, y)$ 表示"$\angle xyv = \angle uvy$"。如图 3-1 所示。

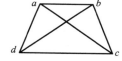

依据谓词定义，已知前提表示为 $T(a, b, c, d)$，待证结论表示为 $E(a, b, d, c, d, b)$。

图 3-1　例 3-5 图

根据梯形的定义，有公理 A_1：$(\forall x)(\forall y)(\forall u)(\forall v)[T(x, y, u, v) \to P(x, y, u, v)]$。

根据平行线的性质，有公理 A_2：$(\forall x)(\forall y)(\forall u)(\forall v)[P(x, y, u, v) \to E(x, y, v, u, v, y)]$。

根据归结反演过程，证明"由梯形的对角线形成的内错角是相等的"即证明 $A_1 \wedge A_2 \wedge T(a, b, c, d) \wedge \neg E(a, b, d, c, d, b)$ 是不可满足的。将其转化为子句集：

$S = \{\neg T(x, y, u, v) \vee P(x, y, u, v),\ \neg P(x', y', u', v') \vee E(x', y', v', u', v', y'),\ T(a, b, c, d),\ \neg E(a', b', d', c', d', b')\}$

对子句集中的子句进行归结：

① $\neg T(x, y, u, v) \vee P(x, y, u, v)$。

② $\neg P(x', y', u', v') \vee E(x', y', v', u', v', y')$。

③ $T(a, b, c, d)$。

④ $\neg E(a', b', d', c', d', b')$。

⑤ $P(a, b, c, d)$ 归结①与③ $\{a/x, b/y, c/u, d/v\}$。

⑥ $E(a, b, d, c, d, b)$ 归结②与⑤ $\{a/x', b/y', c/u', d/v'\}$。

⑦ □归结④与⑥ {a/a', b/b', c/c', d/d', }。

上述归结过程可以用图 3-2 所示的归结反演树表示。

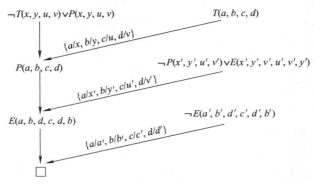

图 3-2　用于证明定理的归结反演树，在根节点处得到空子句

2. 归结过程的控制（搜索）策略

归结反演过程是"对子句集中的子句进行归结直到产生空子句为止"的一个过程，选择哪两个子句做归结是该过程的一个关键问题。如果对任意一对可归结的子句都做归结，会产生大量无用的或者说对归结得到空子句无用的多余子句，这样不仅导致不必要的空间占用，也消耗过多的计算时间，导致归结过程效率较低。因此，需要研究有效的归结控制（搜索）策略，目的是在少做一些归结的条件下仍然可以归结得到空子句，提高归结效率。

（1）排序策略

排序策略的基本思想是对子句进行排序，排序在前的子句优先参与归结。与一般搜索策略类似，宽度优先和深度优先是两类基本的排序策略。

为叙述方便，将基本子句集 S 中的原始子句称作 0 层归结式。（$i+1$）层归结式是对一个 i 层归结式和一个 j（$j \leq i$）层归结式进行归结得到的归结式。

1）宽度优先策略，首先生成第 1 层所有的归结式，然后是第 2 层所有的归结式，以此类推，直到出现了空子句或者不能再进行归结为止。宽度优先策略是完备的，即假如对一个不可满足的子句集合运用宽度优先策略进行归结，那么最终会导出空子句。

2）深度优先策略，首先生成一个第 1 层的归结式，然后用第 1 层的归结式和第 0 层的归结式进行归结得到第 2 层的归结式，以此类推，直到出现了空子句或者不能再进行归结则回溯到上层子句继续归结。

3）单元子句优先策略，在归结过程中优先选择单元子句参与归结。

（2）精确策略

精确策略不对子句进行排序，对是否允许子句进行归结做出限定。

1）支持集策略，每一次归结时，亲本子句中至少有一个是与目标公式否定式有关的子句，即目标公式否定式本身或该否定式的后裔。（对子句 C_1 和 C_2 来说，如果 C_2 是 C_1 和另外某个子句的归结式，那么 C_2 是 C_1 的后裔；如果 C_2 是 C_1 的后裔和另外某个子句的归结式，那么 C_2 是 C_1 的后裔。以上两种情况，称 C_1 是 C_2 的祖先。）

2）线性输入策略，每一次归结时，亲本子句中至少有一个是原始子句集中的子句。

线性输入策略是不完备的，例如，子句集 $\{\neg P \vee Q, P \vee \neg Q, P \vee Q, \neg P \vee \neg Q\}$ 是不可满足的，但无法利用线性输入策略归结得到空子句。

3）祖先过滤策略，每一次归结时，亲本子句中至少有一个是原始子句集中的子句，或者是另一个子句的祖先。祖先过滤策略是完备的，是对线性输入策略的改进。

3. 应用归结原理提取问题的答案

归结反演不仅可以用于定理证明，还可以用来求取问题的答案，其思想与定理证明类似。基本方法有两个：①目标公式 $Q(x)$ 的否定形式 $\neg Q(x)$ 与目标公式否定的否定 $\neg(\neg Q(x))$ 析取，构成重言式 $\neg Q(x) \vee Q(x)$，将新构成的重言式作为一个子句加入子句集中进行归结。②定义答案谓词 $ANS(x)$，目标公式 $Q(x)$ 的否定形式 $\neg Q(x)$ 与 $ANS(x)$ 析取得到一个新的子句 $\neg Q(x) \vee ANS(x)$，将新的子句加入子句集中进行归结。注意归结的过程中，首先对包含目标否定的子句进行归结。

【例 3-6】 已知：如果 x 和 y 是同班同学，则 x 的老师也是 y 的老师；ZHANG 和 WANG 是同班同学；LI 是 ZHANG 的老师。问：WANG 的老师是谁？

解：谓词定义：设谓词 $C(x, y)$ 表示"x 和 y 是同班同学"；谓词 $T(x, z)$ 表示"x 的老师是 z"。依据谓词定义，已知前提包括：$(\forall x)(\forall y)(\forall z)[(C(x，y) \wedge T(x, z)) \rightarrow T(y, z)]$，$C(\text{ZHANG}, \text{WANG})$，$T(\text{ZHANG}, \text{LI})$；目标公式的否定为：$\neg \exists u T(\text{WANG}, u)$。

1）采用重言式的方式，得到子句集 $\{\neg C(x, y) \vee \neg T(x, z) \vee T(y, z), C(\text{ZHANG}, \text{WANG}), T(\text{ZHANG}, \text{LI}), \neg T(\text{WANG}, u) \vee T(\text{WANG}, u)\}$。

对子句集中的子句进行归结：

① $\neg C(x, y) \vee \neg T(x, z) \vee T(y, z)$。

② $C(\text{ZHANG}, \text{WANG})$。

③ $T(\text{ZHANG}, \text{LI})$。

④ $\neg T(\text{WANG}, u) \vee T(\text{WANG}, u)$。

⑤ $\neg C(x，\text{WANG}) \vee \neg T(x, u) \vee T(\text{WANG}, u)$ 归结①与④ $\{\text{WANG}/y, u/z\}$。

⑥ $\neg C(\text{ZHANG}，\text{WANG}) \vee T(\text{WANG}, \text{LI})$ 归结③与⑤ $\{\text{ZHANG}/x, \text{LI}/u\}$。

⑦ $T(\text{WANG}, \text{LI})$ 归结②与⑥ $\{\text{WANG}/u\}$。

上述归结过程可以用图 3-3 所示的修改证明树表示。

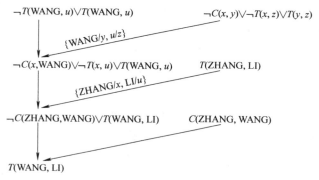

图 3-3 用于提取答案的修改证明树（采用重言式的方式），在根节点处得到答案

2）采用答案谓词的方式，得到子句集 $\{\neg C(x, y) \vee \neg T(x, z) \vee T(y, z), C(\text{ZHANG},$

49

WANG)，T(ZHANG, LI)，$\neg T$(WANG, u) $\vee$ ANS(u)}，对其进行归结：

① $\neg C(x, y) \vee \neg T(x, z) \vee T(y, z)$。

② C(ZHANG, WANG)。

③ T(ZHANG, LI)。

④ $\neg T$(WANG, u) $\vee$ ANS(u)。

⑤ $\neg C(x,$ WANG$) \vee \neg T(x, u) \vee$ ANS(u) 归结①与④ {WANG/y, u/z}。

⑥ $\neg C$(ZHANG, WANG) $\vee$ ANS(LI) 归结③与⑤ {ZHANG/x, LI/u}。

⑦ ANS(LI) 归结②与⑥。

上述归结过程可以用图 3-4 所示的修改证明树表示。

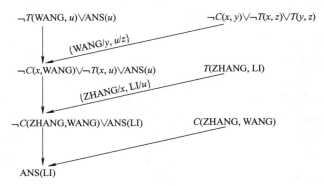

图 3-4　用于提取答案的修改证明树（采用答案谓词的方式），在根节点处得到答案

3.7　Herbrand 定理

Herbrand 定理将对永真性的证明转化成对不可满足性的证明，是归结原理的理论基础，是归结原理完备性的保证。同时，归结原理是 Herbrand 定理的具体实现。

归结法的本质是一种反证法。为了证明命题 P 永真，将其转化为证明反命题 $\neg P$ 永假。永假意味着不存在模型，即在所有的可能解释中，$\neg P$ 均取假值。事实上，一个命题可能对应有无穷多种解释，这种情况下测试全部的解释是不可行的。

Herbrand 建议，从众多解释中选择一种有代表性的解释，并严格证明：任何命题，一旦被证明在选中的代表性解释中取假值，则在所有解释中取假值。这个代表性的解释称为 Herbrand H 解释。

3.7.1　Herbrand 论域与 Herbrand 解释

设 S 是一个子句集，S 定义在论域 D 上，H_0 是 S 中子句所包含的全体常量集。若 S 中所有子句均不包含常量，则选择任一常量 a，并令 $H_0=\{a\}$。$H_i=H_{i-1} \cup \{f_m(t_1, \cdots, t_m)|m \geq 1$，$f_m$ 为 S 中出现的秩为 m 的函数，$t_1, \cdots, t_m \in H_{i-1}\}$，$H_\infty=H_0 \cup H_1 \cup H_2 \cup \cdots$。$H_i$ 称为 S 的 i 阶常量集，H_∞ 称为 S 的 Herbrand 论域。H_∞ 的元素称为基项。

例如，子句集 $S=\{P(x), Q(f(a)) \vee \neg R(g(b))\}$，则 S 的 Herbrand 论域如下：

$H_0=\{a, b\}$

$H_1=\{a, b, f(a), f(b), g(a), g(b)\}$

$H_2=\{a, b, f(a), f(b), g(a), g(b), f(f(a)), f(f(b)), f(g(a)), f(g(b)), g(f(a)), g(f(b)), g(g(a)), g(g(b))\}$

$\vdots$

$H_\infty = H_0 \cup H_1 \cup H_2 \cup \cdots$

设 S 是一个子句集，H_∞ 是 S 的 Herbrand 论域，则 S 的 Herbrand 基定义为 $\tilde{H} = \{P_n(t_1, \cdots, t_n) \mid n \geqslant 1, t_1, \cdots, t_n \in H_\infty, P_n$ 为 S 中出现的秩为 n 的谓词$\}$，$\tilde{H}$ 也称为原子集。

例如，子句集 $S=\{ P(x), Q(f(a)) \vee \neg R(g(b))\}$，则 S 的 Herbrand 基如下：

$\tilde{H} =\{P(a), Q(a), R(a), P(b), Q(b), R(b), P(f(a)), Q(f(a)), R(f(a)), P(f(b)), Q(f(b)), R(f(b)), P(g(a)), Q(g(a)), R(g(a)), P(g(b)), Q(g(b)), R(g(b)), P(f(f(a))), Q(f(f(a))), R(f(f(a))), P(f(f(b))), Q(f(f(b))), R(f(f(b))), P(f(g(a))), Q(f(g(a))), R(f(g(a))), P(f(g(b))), Q(f(g(b))), R(f(g(b))), P(g(f(a))), Q(g(f(a))), R(g(f(a))), P(g(f(b))), Q(g(f(b))), R(g(f(b))), P(g(g(a))), Q(g(g(a))), R(g(g(a))), P(g(g(b))), Q(g(g(b))), R(g(g(b))), \cdots\}$

子句集的 Herbrand 解释由下列几部分组成：

1）S 的 Herbrand 论域 H_∞。

2）S 的每个常量 c 对应 H_∞ 中的同一个 c。

3）S 的每个变量 x 都在 H_∞ 中取值。

4）S 中每个秩为 m 的函数 f_m 对应一个映射 $H_\infty \times H_\infty \times \cdots \times H_\infty \rightarrow H_\infty$（其中，左边有 m 个 H_∞），使得任一组基项（$t_1, \cdots, t_m$）的映射为基项 f_m（$t_1, \cdots, t_m$）。

5）S 中每个秩为 n 的谓词 P_n（$t_1, \cdots, t_n$）对应一个映射 $H_\infty \times H_\infty \times \cdots \times H_\infty \rightarrow$（T，F）（左边有 n 个 H_∞）。其中谓词 P_n 代表的映射，也是从 $\tilde{H}$ 到（T，F）的一个映射，对 $\tilde{H}$ 进行分解并用 K 标记映射，则有：$\tilde{H} = \tilde{H}_1 \cup \tilde{H}_2$，$\forall h \in \tilde{H}_1, K(h)=T; \forall h \in \tilde{H}_2, K(h)=F$。

因此，给出 $\tilde{H}_1$ 或 $\tilde{H}_2$，S 的 Herbrand 解释就完全确定了。

通常是给出 $\tilde{H}_1$，即用 Herbrand 基 $\tilde{H}$ 的一个子集作为 S 的 Herbrand 解释。

针对上例 $S=\{P(x), Q(f(a)) \vee \neg R(g(b))\}$，假设有常量 a 的谓词均取值为假，有常量 b 的谓词均取值为真，则 HI 为 S 的 Herbrand 解释：

$HI=\{P(b), Q(b), R(b), P(f(b)), Q(f(b)), R(f(b)), P(g(b)), Q(g(b)), R(g(b)), P(f(f(b))), Q(f(f(b))), R(f(f(b))), P(f(g(b))), Q(f(g(b))), R(f(g(b))), P(g(f(b))), Q(g(f(b))), R(g(f(b))), P(g(g(b))), Q(g(g(b))), R(g(g(b))), \cdots\}$

方便起见，下文将 Herbrand 论域、Herbrand 基和 Herbrand 解释分别简称为 H 论域、H 基和 H 解释。

定理 3.4　若子句集 S 对所有 H 解释都是不可满足的，则子句集 S 对任何解释都是不可满足的。

换句话说，需要证明：如果存在一个解释 I 能够满足子句集 S，那么可以找到一个相应的 H 解释 HI，且 HI 满足子句集 S。

问题是如何找到 HI ？

根据 H 解释的定义，只要确定映射即可以确定 HI。可以令 $\tilde{H}$ 中的谓词 P_n（$t_1, \cdots, t_n$）

取真值，当且仅当它在解释 I 中取真值，则由于 I 使子句集 S 得到满足，确定了映射后的 H 解释 HI 也使 S 得到满足。

针对上例 $S=\{P(x), Q(f(a)) \vee \neg R(g(b))\}$，解释 I 使 S 满足，其中，I 的基本域 D 为正数集，$a=1$，$b=2$，$f(x)=\mathrm{e}^x$，$g(b)=x^2$，$x>0$ 时 $P(x)$ 值为真，$x>2$ 时 $Q(x)$ 值为真，$x<5$ 时 $R(x)$ 值为真。对应地，可以有 HI，其中 $P(x)$ 恒真，$Q(f(a))$ 和 $\neg R(g(b))$ 为真，则 HI 也使 S 得到满足。

定理 3.4 将证明子句集 S 不可满足的问题缩小为证明 S 在所有 H 解释下不可满足，但 H 解释也有很多。如果子句集 S 的 H 基有 n 个元素，则 S 有 2^n 种不同解释。因此，需要有适当的方法来搜索这些 H 解释，以便判断 S 是否可满足。最常应用的方法是语义树方法。

3.7.2 语义树

语义树的构建方法为，将子句集 S 的 H 基中的元素逐层添加到一棵二叉树，并将元素的"是"与"非"分别标记在两侧的分支上。

【例 3-7】 画出子句集 $S=\{\neg P(f(x)), Q(f(y)), P(z) \vee \neg Q(z)\}$ 对应的语义树。

解：子句集 S 的 H 域为 $\{a, f(a), f(f(a)), \cdots\}$，$H$ 基为 $\{P(a), Q(a), P(f(a)), Q(f(a)), \cdots\}$，图 3-5 所示为 S 的语义树。

一般情况下，子句集 S 的 H 论域 H_∞ 是无限可数集，因此 S 的语义树通常是无限树。语义树可以理解为 H 论域的图形解释，使得针对子句集不可满足性的讨论对象从无限、不可数论域 D 转换成可数的、有序的二叉语义树。

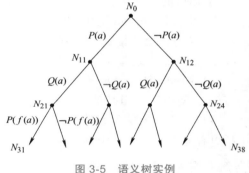

图 3-5 语义树实例

对相应于子句集 S 的一株语义树，如果在从根结点到任一叶节点的路径都包含了 H_∞ 中的每个原子或其负原子，则该语义树是完备的，称为 S 的完全语义树。需要注意的是，对给定的子句集 S，语义树一般不是唯一的。图 3-6 所示的两株语义树对应于同一个 H 基，它们都是完备的，但去掉任何一个节点都会导致不完备。

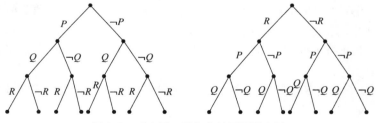

图 3-6 对应同一子句集的不同语义树

建立语义树的目的是展开 S 中的每个解释，观察 S 的完全语义树可以判断每个解释的真值情况。对有限树来说，若 N 是一个叶节点且 $I(N)$ 表示 N 所在的路径，那么 $I(N)$ 是 S 的一个解释。讨论 S 的不可满足性，等价于对语义树的每个分支计算 S 的真值。

在构建语义树的过程中，如果某个分支延伸到节点 N 时，$I(N)$ 已使 S 的某一子句的某一基例为假，那么这个分支没有必要再延伸，结点 N 称为失败节点。如果 S 的完全语义树的每个分支上都有一个失败节点，则称它是一棵封闭语义树。图 3-7 所示是相应于子句集 $S=\{\neg P(f(x)), Q(f(y)), P(z) \vee \neg Q(z)\}$ 的封闭语义树。

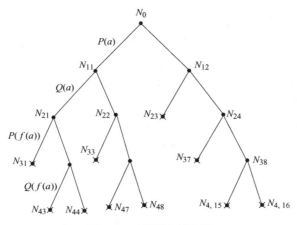

图 3-7　封闭语义树实例

图 3-7 中节点 N_{23} 对应的解释 $I(N_{23})=\{\neg P(a), Q(a)\}$，此时 S 中的子句 $P(z) \vee \neg Q(z)$ 的基例 $P(a) \vee \neg Q(a)$ 为假。进一步扩充解释 $I(N_{23})$，由于 $P(a) \vee \neg Q(a)$ 为假导致 S 仍为假，即扩充部分不影响 S 仍假的事实，所以无须对节点 N_{23} 再做延伸。

3.7.3　Herbrand 定理与归结法的完备性

定理 3.5（Herbrand 定理 I）　子句集 S 是不可满足的，当且仅当 S 对应的每株完全语义树均是封闭语义树。

证明： 首先设 S 是不可满足的，T 是 S 的一株完全语义树，从 T 的根节点出发的任一完整路径都是对 S 的一个解释。由于 S 是不可满足的，每个解释至少使 S 中的一个子句为假，特别地，是使该子句的某个基子句（所有变量均被常量置换后的子句）为假。由于子句包含有限个文字或文字的否定，因此该路径的一个有限子路径（相当于一个子解释）足以使基子句为假，此有限子路径的端节点即失败节点。由于每条路径均具有上述特性，且每个节点只有有限个子节点，因此 S 不可满足时，其对应的每株完全语义树均是封闭语义树。

另一方面，假设 S 对应的每株完全语义树均是封闭语义树，但 S 是可以满足的，那么存在满足 S 的一个解释 HI，且语义树中与 HI 对应的路径上没有失败节点，则相应的语义树不是封闭语义树，这与 S 对应的每株完全语义树均是封闭语义树矛盾，所以 S 是不可满足的。

定理 3.6（Herbrand 定理 II）　子句集 S 是不可满足的，当且仅当存在一个有限的不可满足的基子句集 S'，其中的每一子句都是 S 中某个子句的基例。

证明： 首先设 S 是不可满足的，T 是 S 的一株完全语义树，由定理 3.5 可知存在 T 的有限闭子树 T'。T' 有有限多条路径，每条路径以一个失败结点为末端节点，每条路径使 S

中某个子句的一个基子句取值为假。这些取值为假的基子句，即构成一个不可满足的基子句集。

另一方面，假设有一个 S 的基子句集 S'，S' 是不可满足的但 S 是可以满足的，则存在一个解释 HI 使得 S 满足。显然，HI 也使得 S' 满足，这与 S' 是不可满足的矛盾，所以 S' 是不可满足的则 S 也是不可满足的。

Herbrand 定理 II 表明，要证明一个子句集的不可满足性，只要证明该子句集的一个有限的基子句集不可满足就可以了。例如，设子句集 $S=\{P(x), Q(f(y)), \neg P(a) \vee \neg P(b)\}$，它的 H 论域和 H 基都是无限的，但这个无限性不妨碍对于 S 的不可满足性的证明，因为存在一个有限的基子句集 $\{P(a), P(b), \neg P(a) \vee \neg P(b)\}$ 是不可满足的。图 3-8 所示为相应的完全语义树和有限闭子树，其中空心圆点表示失败节点。

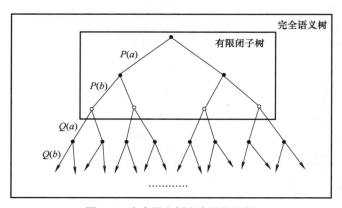

图 3-8　完全语义树和有限闭子树

通过建立 H 域、语义树，将无限不可数的个体域上的不可满足问题转换为可数有序域上的问题求解，但仍然存在基子句集元素的数量随着子句集元素数量呈指数增长的问题。因此，Herbrand 定理在 20 世纪 30 年代被提出后并没有直接得到应用，直到 1956 年 Robinson 提出归结原理，才使得 Herbrand 定理有了用武之地。

对一个给定的定理，如果定理成立，使用归结法是否一定能证明这个定理？对一个公理体系，已知定理数量，使用归结法推导的定理数量是否与已知的定理数量一致？回答以上两个问题，需要讨论归结法的完备性。答案是，归结法是完备的，归结法完备性的证明是建立在 Herbrand 定理基础之上的。

归结法的归结过程是语义树的倒塌过程，下面以子句集 $S=\{P, \neg P \vee R, \neg P \vee \neg R\}$ 的归结为例。其归结过程如下所示：

① P。

② $\neg P \vee R$。

③ $\neg P \vee \neg R$。

④ $\neg P$。归结②与③，对应语义树 T_1。

⑤ □。归结①与④，对应语义树 T_2。

S 的封闭语义树及语义树倒塌过程如图 3-9 所示。如图 3-9a 所示，子句集 S 的封闭语义树 T 有三个失败节点 N_{12}、N_{21} 和 N_{22}，解释 $I(N_{21})=\{P, R\}$ 使子句 $\neg P \vee \neg R$ 为假，解

释 $I(N_{22})=\{P,\neg R\}$ 使子句 $\neg P \vee R$ 为假，这两个子句恰好存在互补文字对 R 和 $\neg R$，对这两个子句进行归结得到归结式 $\neg P$，子句集扩展为 $S \cup \{\neg P\}$。扩展子句集的语义树 T_1 如图 3-9b 所示，是对子句集 S 的封闭语义树 T 中的两个失败节点 N_{21} 和 N_{22} 剪枝后得到的，从归结过程可以得知，两个失败节点对应被归结的一对子句，由此可以理解为一对子句的归结对应着语义树中两个分支的"倒塌"。同理，语义树 T_1 中，解释 $I(N_{11})=\{P\}$ 使子句 $\neg P$ 为假，解释 $I(N_{12})=\{\neg P\}$ 使子句 P 为假，这两个子句都是单元子句且包含互补文字对 P 和 $\neg P$，对这两个子句进行归结得到空子句□，子句集扩展为 $S \cup \{\neg P\} \cup \{\square\}$。此时，子句集包含空子句，子句集的不可满足性得以证明。同时，新的扩展子句集的语义树 T_2 如图 3-9c 所示，是对封闭语义树 T_1 中的两个失败节点 N_{11} 和 N_{12} 剪枝后得到的。T_2 只包含一个节点 N_0，且 N_0 是失败节点。

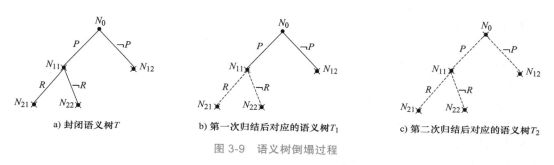

图 3-9　语义树倒塌过程

上例说明子句集的归结过程和子句集的语义树的倒塌过程是相互对应的，对语义树的两个失败节点对应的两个子句进行归结，归结式并入子句集会使得语义树倒塌，重复这个过程直到语义树仅由根节点组成为止。根据 Herbrand 定理 I，不可满足的子句集 S 一定有对应的封闭语义树，经过对应于归结的倒塌过程，一定可以使根节点成为失败节点，即一定可以得到空子句。因此，对不可满足的子句集 S，其不可满足性必然可以通过归结法得以证明，即归结法是完备的。

本章小结

本章介绍了基于经典逻辑的确定性推理，重点介绍归结原理及其在机器证明和问题求解中的应用。归结原理是 Robison 在 Herbrand 理论基础上提出的一种基于逻辑的、采用反证法的推理方法，使自动定理证明得以实现，是机器定理证明的主要方法。归结原理的基本思想是将待证明的定理表示为谓词公式，并转化为子句集，然后对子句集中的子句进行归结，并将得到的归结式作为新子句并入子句集，如果在归结过程中归结出空子句，则定理得证。

基于归结原理的归结反演是一阶逻辑中至今为止最有效的半可判定算法，也是最适合计算机进行推理的逻辑演算方法。归结反演是半可判定的，是因为对一阶逻辑中的任意恒真公式，使用归结原理总是可以在有限步内证明其为永真式（给以判定），并且当不知该公式是否为恒真式时，使用归结反演不能得到任何结论。

某种意义上讲，大部分人工智能问题都可以转化为一个定理证明问题，因此归结原理在人工智能推理方法中有着重要的历史地位。

> **思考题与习题**

3-1　对谓词公式 $\forall x(F(x) \to H(x)) \land \forall x(H(x) \land M(x))$ 给出 2 个解释，并判断谓词公式在该解释下的真假。

3-2　将下列公式化为 Skolem 标准型。

1）$(\forall y)((\exists x)P(x, y) \lor (\forall z)(\exists x)P(x, z)) \to (\exists x)(P(x) \land Q(x))$。

2）$(\forall x)(P(x) \to (\forall y)((\forall z)R(y, z) \to \neg(\forall z)Q(x, z)))$。

3）$(\exists x)(M(x, y) \land \neg R(x)) \to (\forall y)(\forall x)(\exists z)P(x, y, z)$。

3-3　下列子句是否可以合一，如果可以，写出最一般的合一置换。

1）$P(x, y, z)$，$P(A, f(y), z)$。

2）$P(x, x)$，$P(f(y), g(z))$。

3）$P(x, B, B)$，$P(z, x, z)$。

4）$P(x, A, B)$，$P(z, x, C)$。

3-4　将下面的公式化为子句集。

1）$(\forall y)(\exists x)(P(x, y) \to (\neg Q(x, y) \land R(x)))$。

2）$(\exists x)P(x, y) \to \neg(\forall y)(Q(x, y) \lor (\exists z)(\forall x)R(x, z))$。

3）$(\forall y)(\forall x)(\exists z)(P(x, y) \lor Q(x, z) \to R(x))$。

3-5　判断下列子句集中哪些是不可满足的。

1）$S = \{\neg Q(x) \lor R(x), \neg P(x), \neg R(x)\}$。

2）$S = \{P(a), \neg P(x) \lor Q(x), P(x) \lor R(x), \neg R(x) \lor Q(x), \neg Q(b)\}$。

3）$S = \{\neg P(x) \lor Q(x) \lor M(x, y), P(x) \lor \neg M(x, A), \neg R(x) \lor \neg Q(x), P(x) \lor L(x, z)\}$。

3-6　A、B 和 C 是三盆绿植，关于它们，已知如下事实：① A 的花朵是橙色的。② B 的花朵是白色的且与 C 放在同一个房间。③ C 的花朵是橙色的或者是白色的（但不是两种颜色）且与 A 不放在同一个房间。利用归结原理证明：橙色花朵的绿植和白色花朵的绿植放在同一个房间。

3-7　ZHANG、WANG 和 ZHAO 是"欢乐"社团的成员，该社团成员至少会象棋和跳棋这两种游戏的一种。所有会跳棋的社团成员都不喜欢紫色，所有会象棋的社团成员都喜欢绿色。WANG 喜欢紫色和绿色，ZHAO 不喜欢绿色。ZHANG 讨厌 WANG 喜欢的颜色并且喜欢 WANG 讨厌的颜色。请用谓词公式集合表示以上知识，利用归结原理回答问题：社团的哪一位成员会象棋但不会跳棋。

3-8　设 $S = \{P(x, f(y)), R(y)\}$，请写出 S 的 H 论域。

第4章　不确定性推理

57

导读

客观世界的复杂性、多变性和人类自身认识的局限性和主观性，使得人们所获得的信息和知识含有大量的不肯定、不准确、不完全、不一致的地方，因而对不确定性的分析研究至关重要。前述不确定性反映到基于观察获取的证据或基于经验获取的知识，即是不确定性的证据和不确定性的知识。一个采用标准逻辑意义下推理方法的人工智能系统，无法处理不确定性证据和不确定性知识，因此不确定性推理方法应运而生。不确定性推理也称为不精确推理，是从带有不确定性的初始证据出发，运用带有不确定性的知识，推理得到具有一定程度的不确定性但同时是合理或近似合理的结论的过程。具体是指建立在不确定性知识和证据基础上的推理方法。

本章知识点

- 不确定性的表示与量化
- 贝叶斯定理
- 贝叶斯网络
- 模糊推理

4.1　不确定性的表示与量化

在不确定性推理中，"不确定性"一般分为两类：一是知识的不确定性；二是证据的不确定性，要对它们进行计算都需要有相应的表示方式和量化标准。

4.1.1　不确定性的表示

在选择不确定性的表示方法时，有两个直接相关的因素需要考虑：①能根据领域问题的特征将其不确定性比较准确地描述出来，满足问题求解的需要。②便于推理过程中对不确定性的推算。只有把这两个因素结合起来统筹考虑，相应的表示方法才是实用的。

1. 知识不确定性的表示

知识的表示与推理是密切相关的两个方面，不同的推理方法要求有相应的知识表示模式与之对应。在不确定性推理中，由于要进行不确定性的计算，因而必须用适当的方法把不确定性及不确定的程度表示出来。

目前，知识的不确定性经常是由相关领域专家给出的，通常是一个数值，它表示相应知识的不确定性程度，称为知识的静态强度。静态强度可以是知识在相关应用中成功的概率，也可以是该知识的可信程度或其他，其值的大小范围因其意义与使用方法的不同而不同。对事件 A 来说，$P(A)$ 表示事件 A 成立的可能性，则记为 $(A, P(A))$。例如，（这场球赛中国队获胜，0.5），其中 0.5 表示命题"这场球赛中国队获胜"的信度，即表示"这场球赛中国队获胜"这个命题为真的可能性为 0.5。

2. 证据不确定性的表示

在推理中，有两种来源不同的证据：一种是用户在求解问题时提供的初始证据；另一种是在推理中用前面推出的结论作为当前推理的阶段性证据。对于第一种情况，即用户提供的初始证据，由于这种证据多来源于观察或检测，因而通常是不精确、不完全的，即具有不确定性。对于另一种情况，由于推理所使用的知识及证据均具有不确定性，因而推出的结论也具有不确定性，当把它用作后序推理的证据时，它亦是不确定的证据。

证据的不确定性通常也用一个数值表示。它代表相应证据的不确定性程度，称为动态强度。对于初始证据，其动态强度值通常由用户给出；对于由前序推理所得的结论作为当前推理的证据，其动态强度值由推理中不确定性的传递算法通过计算得到。前提 A 为真的条件下结论 B 为真的程度是 $C(B|A)$，则记为 $A \rightarrow (B, C(B|A))$。例如，"如果咳嗽发烧 39℃以上，则患了重感冒（0.8）"，这里的 0.8 就是对应规则结论的信度。它们代替了原命题中的"很可能"和"大概"，可视为规则前提与结论之间的一种关系强度。

4.1.2　不确定性的量化

不确定性的量化是指针对某个事件的不确定性程度进行测量或评估的过程。这通常涉及使用数学或统计学方法来描述和分析不确定性。

对于不同的知识及不同的证据，其不确定性的程度一般是不相同的，需要用不同的数据表示其不确定性的程度，同时还需要事先规定它的取值范围，只有这样每个数据才会有确定的意义。在确定一种量化方法及其范围时，应注意以下几点：①量化要能充分表达相应知识及证据不确定性的程度。②量化范围的指定应便于领域专家及用户对不确定性的估计。③量化要便于对不确定性的传递进行计算，而且推理得到的结论的不确定性不能超出量化规定的范围。④量化的确定应当是直观并具有相应的理论依据。

1. 规则的不确定性量化

在逻辑推理过程中，通常以 $A \rightarrow B$ 表示规则。其中 A 表示前提条件，B 表示结论或推论，即在前提条件 A 下的直接逻辑结果。在确定性推理中，通常只有真假的描述：若 A 为真，则 B 也必为真。但在不确定推理过程中，通常要考虑当 A 为真时对 B 为真的支持程度，甚至还考虑 A 为假（不发生）时对 B 为真的支持程度。因此需要引入确定性因子作为规则的不确定性量化。

确定性因子也称为可信度，通常定义为信任与不信任之差。即针对规则 $A \rightarrow B$，其确

定性因子 $CF(B, A)$ 定义如下：$CF(B, A) = MB(B, A) - MD(B, A)$。其中，$CF$ 表示由前提条件 A 得到结论 B 的确定性因子，MB 表示由前提条件 A 得到结论 B 的信任增加度量，MD 表示由前提条件 A 得到结论 B 的不信任增加度量。

实际上，规则的不确定性常用条件概率表示，条件概率是本章所论述的不确定性推理方法中应用最多的概念之一。接下来，首先介绍条件概率的一些基本概念。

定义 4.1　设 Ω 为一个随机实验的样本空间，对 Ω 上的任意事件 A，规定一个实数与之对应，记为 $P(A)$，满足以下三条基本性质，称为事件 A 发生的概率：

1) $0 \leqslant P(A) \leqslant 1$。

2) $P(\Omega) = 1$，$P(\varnothing) = 0$。

3) 若两事件 A 和 B 互斥，即 $A \cap B = \varnothing$，则 $P(A \cup B) = P(A) + P(B)$。

除了定义中所列的三条性质外，概率还有一些重要性质。

定义 4.2　设 $\{A_n, n = 1, 2, \cdots\}$ 为一组有限或可列无穷多个事件，两两不相交，且 $\underset{n=1,2,\cdots}{\cup} A_n = \Omega$，则称 $\{A_n, n = 1, 2, \cdots\}$ 为样本空间 Ω 的一个完备事件族。另外，若对任意事件 B 有 $B \cap A_n = A_n$ 或 $\varnothing$，$n = 1, 2, \cdots$，则称 $\{A_n, n = 1, 2, \cdots\}$ 为基本事件族。

针对定义 4.2 中的完备事件族与基本事件族有如下的性质：

1) 若 $\{A_n, n = 1, 2, \cdots\}$ 为一完备事件族，则 $\sum_n P(A_n) = 1$。

2) 若对于事件 B 有 $P(B) = \sum_n P(B \cap A_n)$。

3) 若 $\{A_n, n = 1, 2, \cdots\}$ 为一基本事件族，则 $P(B) = \sum_{A_n \subset B} P(A_n)$。

设 B 与 A 是某个随机实验中的两个事件，如果在事件 A 发生的条件下，考虑事件 B 发生的概率，就称它为事件 B 的条件概率。

定义 4.3　设 A 与 B 为两事件且 $P(A) > 0$，则称 $P(B \mid A) = \dfrac{P(A \cap B)}{P(A)}$ 为在事件 A 已发生的条件下，事件 B 发生的条件概率，$P(A)$ 在概率推理中称为边缘概率。

简称 $P(B \mid A)$ 为 A 发生时 B 发生的概率。$P(A \cap B)$ 称为 A 与 B 的联合概率。联合概率公式为 $P(A \cap B) = P(B \mid A) P(A)$。

利用概率来定义信任与不信任的度量为

$$MB(B, A) = \begin{cases} 1, & P(B) = 1 \\ \dfrac{\max\{P(B \mid A), P(B)\} - P(B)}{1 - P(B)}, & P(B) \neq 1 \end{cases}$$

$$MD(B, A) = \begin{cases} 1, & P(B) = 0 \\ \dfrac{\min\{P(B \mid A), P(B)\} - P(B)}{-P(B)}, & P(B) \neq 0 \end{cases}$$

因此由确定性因子的定义可将其写成概率表达形式为

$$CF(B,A) = \begin{cases} \dfrac{P(B \mid A) - P(B)}{1 - P(B)}, & P(B \mid A) \geq P(B) \\[2ex] \dfrac{P(B \mid A) - P(B)}{P(B)}, & P(B \mid A) < P(B) \end{cases}$$

由概率的角度可见，相对 $P(\neg B) = 1 - P(B)$ 来说，$CF(B,A)$ 表示的意义是：A 对 B 为真的支持程度。若 A 发生支持 B 发生，则 $CF(B,A) \geq 0$。相对 $P(B)$ 来说，$CF(B,A)$ 表示的意义是：A 对 B 为真的不支持程度。若 A 发生不支持 B 发生，则 $CF(B,A) < 0$。因此，不确定性因子的可信度 CF 总是满足条件：$-1 \leq CF(B,A) \leq 1$。

$CF(B,A)$ 的特殊值有：

1）$CF(B,A)=1$，表示前提为真则结论必为真。

2）$CF(B,A)=-1$，表示前提为假则结论必为假。

3）$CF(B,A)=0$，表示前提与结论无关。

在实际应用中 $CF(B,A)$ 的值经常由领域专家确定，并不是由 $P(B \mid A)$ 和 $P(B)$ 计算得到的。同时还要注意的是，$CF(B,A)$ 表示的是增量 $P(B \mid A) - P(B)$ 对 $1 - P(B)$ 或 $P(B)$ 的比值，而不是绝对量的比值。

规则的推理结论的 CF 值计算公式为

$$CF(H) = CF(H,E) \times \max\{0, CF(E)\}$$

其中，E 是规则前提中的事实事件，$CF(H,E)$ 是规则中的规则强度。

2. 证据的不确定性量化

在确定性推理过程中，前提要么为真，要么为假，不允许不真不假的情况出现。但是在很多不确定性推理问题中，前提或证据本身是不确定的，介于完全的真和完全的假之间。为了描述这种不确定性的程度，引入了证据的可信度。

证据 A 的可信度用 $CF(A)$ 来表示，为了计算方便，规定 $-1 \leq CF(A) \leq 1$。

不难理解，若可信度 $CF(A)$ 有如下特殊值，其含义是：

1）$CF(A)=1$，表示前提肯定真。

2）$CF(A)=-1$，表示前提肯定假。

3）$CF(A)=0$，表示对前提一无所知。

4）$CF(A)>0$，表示 A 在 $CF(A)$ 的程度下为真。

5）$CF(A)<0$，表示 A 在 $CF(A)$ 的程度下为假。

实际使用时，初始证据的 CF 值经常由领域专家根据经验提供，其他证据的 CF 通过规则进行推理计算得到。

关于各个证据前提的总 CF 值的计算公式为

$$CF(E_1 \cap E_2 \cap \cdots \cap E_n) = \min\{CF(E_1), CF(E_2), \cdots, CF(E_n)\}$$

$$CF(E_1 \cup E_2 \cup \cdots \cup E_n) = \max\{CF(E_1), CF(E_2), \cdots, CF(E_n)\}$$

式中，$E_1, E_2, \cdots, E_n$ 是规则前提中的各个事实表示。

4.2 概率推理

针对不确定性推理要解决的不同问题，解决方法各不相同。概率理论中所用较多的不确定推理方法包括基于贝叶斯网络的概率推理、证据理论等。

4.2.1 概率理论基础

概率理论是研究随机现象中数量规律的科学。所谓随机现象是指在相同的条件下重复进行某种实验时，所得实验结果不一定完全相同且不可预知的现象。众所周知的是掷硬币的实验。人工智能所讨论的不确定性现象，虽然不完全是随机的过程，但是实践证明，采用概率论的思想方法进行思考能够得到较好的结果。本节将简单介绍条件概率和贝叶斯定理。

1. 条件概率

基于定义 4.3，条件概率的概念是基于一种缩小样本空间的思想，即已知 A 发生，则仅考虑属于 A 的那些样本点，这由 $P(A\,|\,A)=1$，以及当 $A\cap B=\varnothing$ 时，$P(B\,|\,A)$ 的定义可以看出。另一方面当 A 已发生时，则 B 也发生，意味着 A 与 B 同时发生。因此 $P(B\,|\,A)$ 与 $P(A\cap B)$ 成正比，而比例因子为 $1/P(A)$。

条件概率的性质有：

1）$0 \leqslant P(B\,|\,A) \leqslant 1$。

2）$P(\Omega\,|\,A)=1, P(\varnothing\,|\,A)=0$。

3）若 $B_1 \cap B_2 = \varnothing$，则 $P(B_1 \cup B_2\,|\,A) = P(B_1\,|\,A) + P(B_2\,|\,A)$。

4）乘法公式：$P(A\cap B) = P(A)P(B\,|\,A)$。

5）全概率公式：设 A_1，A_2，$\cdots$，A_n 互不相交，$\cup_i A_i = \Omega$ 且 $P(A_i) > 0$，$i = 1, 2, \cdots, n$，则对于任意事件 A 有 $P(A) = \sum_i P(A_i)P(A\,|\,A_i)$。

按照条件概率链可表达联合概率为

$$P(ABCD) = P(A\,|\,BCD)P(B\,|\,CD)P(C\,|\,D)P(D)$$

其一般规则形式为

$$P(A_1 A_2 \cdots A_n) = \prod_{i=1}^{n} P(A_i\,|\,A_{i-1}A_{i-2}\cdots A_1)$$

此表达方式依赖于事件的 A_i 排序方式。不同的排序方式给出不同的表达式，但是对变量值相同的集合，不同的表达式具有相同的值。在一个联合概率函数中，变量的排序并不重要，即可以重写公式得到

$$P(A \cap B) = P(A \mid B)P(B) = P(B \mid A)P(A) = P(B \cap A)$$

定义 4.4 设 A 和 B 为两个事件，满足 $P(A \cap B) = P(A)P(B)$，则称事件 A 与事件 B 是相互独立的，简称 A 与 B 独立。

事件独立的性质有：

1）若 $P(A) = 0$ 或 1，则 A 与任一事件独立。

2）若 A 与 B 独立，且 $P(B) > 0$，则 $P(A \mid B) = P(A)$。

3）若 A 与 B 独立，则 A 与 $\neg B$，$\neg A$ 与 B，$\neg A$ 与 $\neg B$ 都是相互独立的事件。

定义 4.5 设 A_1，A_2，$\cdots$，A_n 为 n 个事件，满足下述条件：

1）$P(A_i \cap A_j) = P(A_i)P(A_j)$，$1 \leqslant i < j \leqslant n$。

2）$P(A_i \cap A_j \cap A_k) = P(A_i)P(A_j)P(A_k)$，$1 \leqslant i < j < k \leqslant n$。

3）$P(A_i \cap A_j \cap \cdots A_n) = P(A_i)P(A_j) \cdots P(A_n)$。

则称事件 A_1，A_2，$\cdots$，A_n 相互独立。

n 个事件相互独立的性质有：

1）若 n 个事件 A_1，A_2，$\cdots$，A_n 相互独立，则对于 $m < n$，其中任意 m 个事件也是相互独立的。值得注意的是，该性质反之不成立。即大集合中事件相互独立可以推断它的子集合中事件间也相互独立，但是小集合中事件相互独立，不能推断大集合中事件也相互独立。

2）若 n 个事件 A_1，A_2，$\cdots$，A_n 相互独立，则对于 $0 \leqslant m \leqslant n$，其中任意 m 个事件与其余 $n-m$ 个事件的对立事件构成 n 个相互独立的事件。

在实际问题中，判断事件是否独立，不能仅从数学定义出发，而是要根据问题的实际背景来判断。

实际上，在概率论数学研究中，讨论的是如何计算一个随机变量的概率值。而在人工智能领域人们感兴趣的是如何给随机变量分配一个概率值，就像命题演算中由合取公式指称的各种命题的真假是基于应用领域的专家主观判断（或者传感数据的直觉处理），随机变量的概率值也同样依赖专家判断或直觉处理。人们主要关心的是怎么执行计算，以便让它告诉人们所感兴趣的变量的概率。

2. 贝叶斯定理

定理 4.1（贝叶斯定理） 设 A，B_1，B_2，$\cdots$，B_n 为一些事件，$P(A) > 0$，B_1，B_2，$\cdots$，B_n 互不相交，$P(B_i) > 0$，$i = 1, 2, \cdots, n$，且 $\sum_i P(B_i) = 1$，则对于 $k = 1, 2, \cdots, n$，有

$$P(B_k \mid A) = \frac{P(B_k)P(A \mid B_k)}{\sum_i P(B_i)P(A \mid B_i)}$$

以上公式就是著名的贝叶斯公式。贝叶斯公式由条件概率的定义、乘法公式和全概率公式得到。在贝叶斯公式中，$P(B_i)$，$i = 1, 2, \cdots, n$ 称为先验概率，而 $P(B_i \mid A)$，$i = 1, 2, \cdots, n$ 称为后验概率，也就是条件概率。贝叶斯定理的含义可解释为：B_1，B_2，$\cdots$，

B_n 为 n 个互不相容的"原因"，而 A 为某种"结果"。在实际问题中，"原因"发生的概率（$P(A|B_i)$）是可以事先估计的，则可以用贝叶斯定理反过来计算已知"结果"的某一"原因"产生的条件概率（$P(B_k|A)$）。当某个 $P(B_k|A)$ 比较大时，则一观察到 A 就首先考虑是由 B_k 引起的；另一方面，即使 $P(B_k|A)$ 的值不大，但它与 $P(B_k)$ 相比却大大增加了，这现象说明 B_k 与 A 有很紧密的联系，因而需加以充分的重视。

贝叶斯定理给出了用逆概率 $P(A|B_i)$ 求原概率 $P(B_i|A)$ 的方法。假设用 A 代表咳嗽，B 代表重感冒，若判断咳嗽的人中有多少人患重感冒，相当于求 $P(B|A)$。由于咳嗽的人较多，因此需要做大量的统计工作。但是，要得到患重感冒的人中有多少人是咳嗽比较容易，因为所有咳嗽的人中只有一小部分人患重感冒，即患重感冒的人要比咳嗽的人少得多。

4.2.2 贝叶斯网络

贝叶斯网络是一种以随机变量为节点，以条件概率为节点间关系强度的有向无环图，其中图中的每个节点代表相应的随机变量，有向边描述相关节点或变量之间的某种依赖关系来刻画相关节点对该节点的影响，如图 4-1 所示。当有向弧由节点 A 指向节点 D 时，则称 A 是 D 的父节点；D 是 A 的子节点。

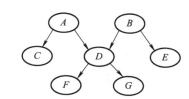

图 4-1 贝叶斯网络

贝叶斯网络基于条件独立假设，即给定其父节点集，每一个随机变量均独立于它的非子孙节点。节点之间的连接关系代表了贝叶斯网络的条件独立语义。贝叶斯网络的构造可分为如下三步进行：

1）确定建立网络模型所需的变量及其解释。确定模型的目标，即确定问题相关的解释；确定与问题有关的可能观测值，并确定其中值得建立模型的子集；将这些观测值组织成互不相容的而且穷尽所有状态的变量。但是这样做的结果不是唯一的，而且没有通用的解决方案，不过可以从决策分析和统计学得到一些指导原则。

2）建立一个表示条件独立的有向无环图。从原理上说，如何从 n 个变量中找出适合条件独立关系的顺序，是一个组合爆炸问题，即要比较 $n!$ 种变量顺序。但是，在现实问题中通常可以确定变量之间的因果关系，而且因果关系一般都对应于条件独立的断言。因此，可以从原因变量到结果变量画一个带箭头的弧来直观表示变量之间的因果关系。

3）指派局部概率分布 $P(X_i|P_i)$。其中，P_i 表示变量 X_i 的父节点集。在离散的情形，需要为每一个变量 X_i 的父节点集的各个状态指派一个概率分布。

以上各步可能需要交叉并反复进行，不是一次简单的顺序进行就可以完成。

由网络结构中蕴含的变量之间的条件独立关系和给定的局部条件概率分布，就可以利用贝叶斯推断技术，推断出变量的联合概率分布，进而可以推断出所要求解的任意条件概率或边缘概率。如果一个贝叶斯网络提供了足够的条件概率值，足以计算任何给定的联合概率，则称它是可计算的，即可推理的。

然而，当变量数目较大时，利用领域知识构造贝叶斯网络和给出局部概率分布往往是非常困难的，也往往是不准确的。因此，人们开始研究从数据中建立贝叶斯网络模型，并且用数据更新领域知识所确定的局部概率分布（先验参数分布），从而得到后验参数分布，然后再利用后验参数分布进行概率推断。利用数据由先验信息得到后验信息的过程称为贝叶斯网络的构建。

4.2.3　基于贝叶斯网络的概率推理

根据贝叶斯网络的结构特征和语义特征，对于网络中的一些已知节点（称为证据变量），利用这种概率网络就可以推算出网络中另外一些节点（称为查询变量）的概率，即实现概率推理。具体来讲，基于贝叶斯网络可以进行因果推理、诊断推理等。

这几种概率推理过程将涉及联合概率（即乘法公式）和条件独立关系等概念。

设一个贝叶斯网络中全体变量的集合为 $X = \{x_1, x_2, \cdots, x_n\}$。则这些变量的联合概率为

$$P(x_1, x_2, \cdots, x_n) = P(x_1)P(x_2 \mid x_1)P(x_3 \mid x_1, x_2) \cdots P(x_n \mid x_1, x_2, \cdots, x_{n-1})$$

$$= \prod_{i=1}^{n} P(x_i \mid x_1, x_2, \cdots, x_{i-1})$$

贝叶斯网络中任一节点与它的非祖先结点和非后代结点都是条件独立的。实际系统中，这些条件概率和边缘概率经常是很难求解的，为了简化系统复杂性和可实现性采用了一些数学上的简化和近似。本小节中，以简单的例子介绍因果推理（由上向下推理）和诊断推理（自底向上推理）的一般方法。

首先举例说明如何用贝叶斯网络表示不确定知识。

【例 4-1】　福尔摩斯先生居住在犯罪率高的地区，因此他安装了一个防盗警报器；他的邻居（华生医生和吉本夫人）在听到警报声时，会给他打电话告知；警报器说明书中写道，该警报器对地震很敏感，一不小心就会触发。

我们可以把这些知识表示为一个贝叶斯网络，如图 4-2 所示。

图 4-2　贝叶斯网络表示

为了便于叙述，将发生地震、发生盗窃、警报器报警、华生打电话和吉本打电话分别记为 E、B、A、W 和 G。并将这几个变量的条件概率用下面的概率表示式表示

$$P(E) = 0.002 \ , \quad P(\neg E) = 0.998 \ , \quad P(B) = 0.001 \ , \quad P(\neg B) = 0.999$$

$$P(A \mid E \cap B) = 0.95 \ , \quad P(A \mid \neg E \cap B) = 0.94$$

$$P(A \mid E \cap \neg B) = 0.29 \ , \quad P(A \mid \neg E \cap \neg B) = 0.001$$

$$P(W \mid A) = 0.9 \ , \quad P(W \mid \neg A) = 0.05 \ , \quad P(G \mid A) = 0.7 \ , \quad P(G \mid \neg A) = 0.01$$

1. 因果推理

因果推理是由原因到结果的推理，即已知网络中的祖先结点而计算后代结点的条件概率。这种推理是一种自上而下的推理。

【例 4-2】　以图 4-2 所示的贝叶斯网络为例：计算警报器报警，同时华生医生和吉本夫人均打电话，但未发生盗窃且未发生地震的概率。

解： 由条件概率的定义，有

$$
\begin{aligned}
P(W \cap G \cap A \cap \neg B \cap \neg E) &= P(W \mid A)P(G \mid A)P(A \mid \neg B \cap \neg E)P(\neg B)P(\neg E) \\
&= 0.9 \times 0.7 \times 0.001 \times 0.999 \times 0.998 \\
&= 0.00062
\end{aligned}
$$

因此，当警报器报警，同时华生医生和吉本夫人均打电话，但未发生盗窃且未发生地震的概率为 0.062%。

由这个例子可得出因果推理的一种思路和方法：

1）对于所求的询问节点的条件概率，用所给证据节点和询问节点的所有父节点的联合概率进行重新表达。

2）对所得表达式进行适当变形，直到其中的所有概率值都可以从问题贝叶斯网络的各种条件概率中得到。

3）将相关概率值代入概率表达式进行计算即得所求询问节点的条件概率。

2. 诊断推理

诊断推理就是由结果到原因的推理，即已知网络中的后代节点而计算祖先节点的条件概率。这种推理是一种自下而上的推理。

诊断推理的一般思路和方法是，先利用贝叶斯公式将诊断推理问题转化为因果推理问题，再用因果推理的结果导出诊断推理的结果。

【例 4-3】　下面仍以图 4-2 所示的贝叶斯网络为例，假设已知报警器报警，计算发生盗窃的后验概率，从而介绍诊断推理。即在贝叶斯网络中，从一个子节点计算父节点的条件概率。

解： 由贝叶斯公式，有

$$P(B \mid A) = \frac{P(A \mid B)P(B)}{P(A)}$$

由因果推理，有

$$
\begin{aligned}
P(A \mid B) &= P(A \mid B \cap E)P(E) + P(A \mid B \cap \neg E)P(\neg E) \\
&= 0.95 \times 0.002 + 0.94 \times 0.998
\end{aligned}
$$

$$= 0.0019 + 0.93812$$
$$= 0.94002$$

从而有

$$P(B \mid A) = \frac{0.94002 \times 0.001}{P(A)}$$

同理，由因果推理，有

$$P(A \mid \neg B) = P(A \mid \neg B \cap E)P(E) + P(A \mid \neg B \cap \neg E)P(\neg E)$$
$$= 0.29 \times 0.002 + 0.001 \times 0.998$$
$$= 0.0019 + 0.93812$$
$$= 0.001578$$

从而有

$$P(\neg B \mid A) = \frac{P(A \mid \neg B)P(\neg B)}{P(A)} = \frac{0.001578 \times 0.999}{P(A)}$$

由于 $P(B \mid A) + P(\neg B \mid A) = 1$，可得

$$\frac{0.94002 \times 0.001}{P(A)} + \frac{0.001578 \times 0.999}{P(A)} = 1$$

即可得

$$P(A) = 0.002516442$$

因此，有

$$P(B \mid A) = \frac{0.94002 \times 0.001}{0.002516442} \approx 0.37355$$

即已知报警器报警，那么发生盗窃的概率为 0.37355。

4.2.4 证据理论（D–S Theory）

证据理论又称为 Dempster–Shafer 理论或信任函数理论。证据理论是经典概率论的一种扩充形式，它产生于 20 世纪 60 年代。在其原始的表达式中，Dempster 把证据的信任函数与概率的上下值相联系，从而提供了一个构造不确定推理模型的一般框架。20 世纪 70 年代中期，Shafer 对 Dempster 的理论进行了扩充，并在此基础上形成了处理不确定信息的证据理论（D–S Theory）。

1. 基本概念

（1）识别框架

识别框架就是所考察判断的事物或对象的集合，记为 Ω。例如，下面的两个集合都是识别框架： $\Omega_1 = \{80, 90, 100\}$， $\Omega_2 = \{\text{red}, \text{yellow}, \text{blue}\}$。

识别框架的子集构成求解问题的各种解答。证据理论就是通过定义在这些子集上的几种信任度函数，来计算识别框架中诸子集为真的可信度。例如，在医疗诊断中，病人所有可能的疾病集合构成识别框架，证据理论就从该病人的种种症状出发，计算病人患某类疾病（含多种病症并发）的可信程度。

（2）基本概率分配函数

定义 4.6　给定识别框架 Ω ，$A \in 2^{\Omega}$ ，称 $m(A):2^{\Omega} \to [0,1]$ 是 2^{Ω} 上的一个基本概率分配函数，它满足：

1）$m(\varnothing) = 0$ 。

2）$\sum\limits_{A \subseteq \Omega} m(A) = 1$ 。

设 $\Omega=\{a,b,c\}$ ，其基本概率分配函数为 $m(\{a\}) = 0.4$ ，$m(\{a,b\}) = 0$ ，$m(\{a,c\}) = 0.4$ ，$m(\{a,b,c\}) = 0.2$ ，$m(\{b\}) = 0$ ，$m(\{b,c\}) = 0$ ，$m(\{c\}) = 0$ 。

可以看出，基本概率分配函数值并非概率。例如，$m(\{a\}) + m(\{b\}) + m(\{c\}) = 0.4 \neq 1$ 。

基本概率分配函数值一般由专家主观给出，一般是某种可信度。因此，概率分配函数也被称为可信度分配函数。

（3）信任函数

定义 4.7　给定识别框架 Ω ，$\forall A \in 2^{\Omega}$ ，则

$$Bel(A) = \sum_{B \subseteq A} m(B)$$

称为 2^{Ω} 上的信任函数。

信任函数表示对 A 为真的信任程度。所以，它就是证据理论的信任函数。信任函数也称为下限函数。

可以证明，信任函数有如下性质：

1）$Bel(\varnothing) = 0$ ，$Bel(\Omega) = 1$ 且对于 2^{Ω} 中的任意元素 A ，有 $0 \leqslant Bel(A) \leqslant 1$ 。

2）信任函数为递增函数。即若 $A_1 \subseteq A_2 \subseteq \Omega$ 则 $Bel(A_1) \leqslant Bel(A_2)$ 。

3）$Bel(A) + Bel(A') \leqslant 1$ （ A' 为 A 的补集）。

（4）似真函数

定义 4.8　$Pl(A) = 1 - Bel(A')$（$A \in 2^{\Omega}$ ，A' 为 A 的补集）称为 A 的似真函数，函数值称为似真度。

似真函数又称为上限函数，它表示对 A 非假的信任程度。

（5）信任区间

定义 4.9　设 $Bel(A)$ 和 $Pl(A)$ 分别表示 A 的信任度和似真度，称二元组 $[Bel(A),Pl(A)]$ 为 A 的一个信任区间。

信任区间刻画了对 A 所持信任程度的上下限。如：

1）$[1,1]$ 表示 A 为真（ $Bel(A) = Pl(A) = 1$ ）。

2）$[0,0]$ 表示 A 为假（ $Bel(A) = Pl(A) = 0$ ）。

3）[0,1]表示对 A 完全无知。因为 $Bel(A)=0$，说明对 A 不信任；而 $Bel(A')=1-Pl(A)=0$，说明对 A' 也不信任。

4）[0.5，0.5]表示 A 是否为真是完全不确定的。

5）[0.25，0.85]表示对 A 为真信任的程度为 0.25；由 $Bel(A)=1-0.85=0.15$ 表示对 A' 也有一定程度的信任。

由上面的讨论可知，$Pl(A)-Bel(A)$ 表示对 A 不知道的程度，即既非对 A 信任又非不信任的那部分。

似真函数 Pl 具有下述性质：

1）$Pl(A)=\sum\limits_{A\cap B\neq\varnothing}m(B)$。

2）$Pl(A)+Pl(A')\geqslant1$。

3）$Pl(A)\geqslant Bel(A)$。

这里，性质 1）指出似真函数也可以由基本概率分配函数构造，性质 2）指出 A 的似真度与 A' 的似真度之和不小于 1，性质 3）指出 A 的似真度一定不小于 A 的信任度。

（6）Dempster 组合规则

设 $m_1(A)$ 和 $m_2(A)$（$A\in2^\Omega$）是识别框架中基于不同证据的两个基本概率分配函数，则将两者可按下面的 Dempster 组合规则合并：$m(A)=\sum\limits_{B\cap C=A}m_1(B)m_2(C)$。

该表达式一般称为 m_1 和 m_2 的正交和，并记为 $m=m_1\oplus m_2$。实际上，组合后的 $m(A)$ 满足 $\sum\limits_{A\subseteq\Omega}m(A)=1$。

实际上，上述组合规则在某些情况下会有问题。考察两个不同的基本概率分配函数 m_1 和 m_2，若存在集合 B 和 C，$B\cap C=\varnothing$，且 $m_1(B)>0$，$m_2(C)>0$，这时使用 Dempster 组合规则将导出 $m(\varnothing)=\sum\limits_{B\cap C=\varnothing}m_1(B)m_2(C)>0$。

这与概率分配函数的定义相冲突。则需将 Dempster 组合规则进行如下修正

$$m(A)=\begin{cases}0,A=\varnothing\\K\sum\limits_{B\cap C=A}m_1(B)m_2(C),A=\varnothing\end{cases}$$

式中，K 为规范数，且 $K=\left(1-\sum\limits_{B\cap C=\varnothing}m_1(B)m_2(C)\right)^{-1}$。

引入规范数 K 可以使 $m(A)$ 仍然满足 $\sum\limits_{A\subseteq\Omega}m(A)=1$。如果所有集合的交集均为空集，则出现 $K=\infty$，显然，Dempster 组合规则在这种情况下将失去意义。

实际上，组合规则可推广到多个不同的基本概率分配函数的情形。

2. 基于证据理论的不确定性推理

基于证据理论的不确定性推理，大体可分为以下步骤：

1）建立问题的识别框架。

2）给幂集 2^{Ω} 定义基本概率分配函数。

3）计算关注的子集 $A \in 2^{\Omega}$（即 Ω 的子集）的信任度函数值 $Bel(A)$ 和似真函数值 $Pl(A)$。

4）由 $Bel(A)$ 和 $Pl(A)$ 得出结论。

其中 2）的基本概率分配函数可由经验给出，或者由随机性规则和事实的信度度量计算求得。下面通过实例再做详细说明。

【例 4-4】　设有规则（括号中的数字表示规则前提对结论的支持程度）：

假设某宗谋杀案有三个犯罪嫌疑人 Peter、Paul 和 Mary 组成了本例的一个识别框架

$$\Omega = \{\text{Peter}, \text{Paul}, \text{Mary}\}$$

又有两位目击证人 (W_1, W_2) 提供的证据以两个不同的基本概率分配函数表示：$m_1(\text{Peter})=0.98$，$m_1(\text{Paul})=0.01$，$m_1(\text{Mary})=0.00$，$m_1(\text{Peter,Paul,Mary})=0.01$；$m_2(\text{Peter})=0.00$，$m_2(\text{Paul})=0.01$，$m_1(\text{Mary})=0.98$，$m_2(\text{Peter,Paul,Mary})=0.01$。

分析计算两位目击证人提供证据合成的结果。

解： 第一步：计算归一化常数

$$
\begin{aligned}
K &= 1 - \sum_{B \cap C = \varnothing} m_1(B) m_2(C) \\
&= 1 - [\, m_1(\text{Peter}) m_2(\text{Paul}) + m_1(\text{Peter}) m_2(\text{Mary}) + m_1(\text{Paul}) m_2(\text{Mary})] \\
&= 1 - [\, 0.98 \times 0.01 + 0.98 \times 0.98 + 0.01 \times 0.98] \\
&= 0.02
\end{aligned}
$$

第二步：计算合成后的概率分配函数

$$
\begin{aligned}
m_1 \oplus m_2(\{\text{Peter}\}) &= \frac{1}{K} m_1(\{\text{Peter}\}) m_2(\{\text{Peter}, \text{Paul}, \text{Mary}\}) \\
&= \frac{1}{0.02} \times 0.98 \times 0.01 \\
&= 0.49
\end{aligned}
$$

$$
\begin{aligned}
m_1 \oplus m_2(\{\text{Paul}\}) &= \frac{1}{K} \left[\begin{array}{l} m_1(\{\text{Paul}\}) m_2(\{\text{Paul}\}) + m_1(\{\text{Paul}\}) m_2(\{\text{Peter}, \text{Paul}, \text{Mary}\}) \\ + m_1(\{\text{Peter}, \text{Paul}, \text{Mary}\}) m_2(\{\text{Paul}\}) \end{array} \right] \\
&= \frac{1}{0.02} [0.01 \times 0.01 + 0.01 \times 0.01 + 0.01 \times 0.01] \\
&= 0.015
\end{aligned}
$$

$$
\begin{aligned}
m_1 \oplus m_2(\{\text{Mary}\}) &= \frac{1}{K} m_1(\{\text{Peter}, \text{Paul}, \text{Mary}\}) m_2(\{\text{Mary}\}) \\
&= \frac{1}{0.02} \times 0.01 \times 0.98 \\
&= 0.49
\end{aligned}
$$

$$m_1 \oplus m_2(\{\text{Peter, Paul, Mary}\}) = \frac{1}{K} m_1(\{\text{Peter, Paul, Mary}\}) m_2(\{\text{Peter, Paul, Mary}\})$$

$$= \frac{1}{0.02} \times 0.01 \times 0.01$$

$$= 0.005$$

那么，由信任函数的定义得

$$Bel(\{\text{Peter}\}) = m_1 \oplus m_2(\{\text{Peter}\}) = 0.49$$

$$Bel(\{\text{Paul}\}) = m_1 \oplus m_2(\{\text{Paul}\}) = 0.015$$

$$Bel(\{\text{Mary}\}) = m_1 \oplus m_2(\{\text{Mary}\}) = 0.49$$

$$Bel(\{\text{Peter, Paul, Mary}\}) = m_1 \oplus m_2(\{\text{Peter, Paul, Mary}\}) = 0.005$$

综上所述，"Peter 是罪犯"为真的信任度为 0.49，"Paul 是罪犯"为真的信任度为 0.015，"Mary 是罪犯"为真的信任度为 0.49，"Peter、Paul 与 Mary 均是罪犯"为真的信任度为 0.005。

4.3　模糊推理

模糊推理是一种不精确的推理，是通过模糊规则将给定输入转化为输出的过程。模糊推理是基于行为的仿生推理方法，主要用来解决带有模糊现象的复杂推理问题。由于模糊现象的普遍存在，模糊推理被广泛应用。

4.3.1　模糊理论基础

"模糊"是人类感知万物、获取知识、思维推理、决策实施的重要特征。"模糊"比"清晰"所拥有的信息容量更大，内涵更丰富，更符合客观世界。为了用数学方法描述和处理自然界出现的不精确、不完整的信息，如人类语言信息和图像信息，1965 年美国著名学者加利福尼亚大学教授扎德（L.A.Zadeh）发表了题为 *Fuzzy Set* 的论文，首先提出了模糊理论。

1. 模糊集合

模糊集合（Fuzzy Set）是经典集合的扩充。下面首先介绍集合论中的几个名词。

1）论域：所讨论的全体对象称为论域。一般用 E、F 等大写字母表示论域。

2）元素：论域中的对象。一般常用 a、b、c、x、y、z 等小写字母表示元素。

3）集合：论域中具有某种相同属性的确定的、可以彼此区别的元素的全体，常用 A、B、C、X、Y、Z 等表示集合，如 $A = \{a \mid f(a) > 0\}$。

在经典集合中，元素 a 和集合 A 的关系只有两种：a 属于 A 或 a 不属于 A，即只有"真"和"假"两个真值。

例如，若定义 18 岁以上的人为"成年人"集合，则一位超过 18 岁的人属于"成年人"集合，而另外一位不足 18 岁的人，哪怕只差一天也不属于该集合。

经典集合只能描述确定性的概念，而不能描述现实世界中模糊的概念。例如，"天气

70

很热"等概念。模糊逻辑模仿人类的智慧，引入隶属度的概念，描述介于"真"与"假"中间的过程。

模糊集合中每一个元素被赋予一个介于 0 和 1 之间的实数，描述其元素属于一个集合的强度，该实数称为元素属于一个模糊集合的隶属度。模糊集合中所有元素的隶属度全体构成集合的隶属函数。

模糊集合是经典集合的推广。实际上，经典集合是模糊集合中隶属度只取 0 或 1 的特例。与经典集合表示不同的是，模糊集合中不仅要列出属于这个集合的元素，而且要注明这个元素属于这个集合的隶属度。

当论域中元素数目有限时，模糊集合 A 的数学描述为 $A = \{(x, \mu_A(x)), x \in X\}$ ， $\mu_A(x)$ 为元素 x 属于模糊集 A 的隶属度， X 是元素 x 的论域。

隶属函数的确定过程，本质上说应该是客观的，但每个人对于同一个模糊概念的认识理解又有差异。因此，隶属函数的确定又带有主观性。实际上，引进隶属度后，将人们认识事物的模糊性转化为确定隶属函数的主观性。隶属函数一般根据经验或统计进行确定，也可由专家给出。对于同一个模糊概念，不同的人会建立不完全相同的隶属函数，尽管形式不完全相同，只要能反映同一模糊概念，在解决和处理实际模糊信息的问题中仍然殊途同归。常见的隶属函数有高斯函数、三角函数等。

2. 模糊关系及运算

在模糊集合论中，模糊关系占有重要地位。模糊关系是普通关系的推广。普通关系描述两个集合中的元素之间是否有关联。模糊关系则描述两个模糊集合中的元素之间的关联程度。当论域为有限时，可以采用模糊矩阵表示模糊关系。

首先给出模糊关系的定义。设 A、B 为两个模糊集合，在模糊数学中，模糊关系可用叉积（Cartesian Product）表示。在模糊逻辑中，这种叉积常用最小算子运算，即 $\mu_{A \times B}(a,b) = \min\{\mu_A(a), \mu_B(b)\}$ 。

若 A 与 B 为离散模糊集，其隶属函数分别为

$$\boldsymbol{\mu}_A = [\mu_A(a_1), \mu_A(a_2), \cdots, \mu_A(a_n)]$$

$$\boldsymbol{\mu}_B = [\mu_B(b_1), \mu_B(b_2), \cdots, \mu_B(b_n)]$$

则其叉积运算为 $\mu_{A \times B}(a,b) = \boldsymbol{\mu}_A^{\mathrm{T}} \circ \boldsymbol{\mu}_B$ ， $\circ$ 为模糊向量乘积。

上述定义的模糊关系，又称为二元模糊关系。通常所谓的模糊关系 $\boldsymbol{S}$ ，一般是指二元模糊关系。

设模糊关系 $\boldsymbol{P} \in A \times B$ ， $\boldsymbol{Q} \in B \times C$ ，则模糊关系 $\boldsymbol{S} \in A \times C$ 称为模糊关系 $\boldsymbol{P}$ 与 $\boldsymbol{Q}$ 的合成。模糊关系的合成实际上就是模糊矩阵的叉乘。模糊矩阵的合成可以由多种计算方法得到，如下列常用的两种计算方法：

1）最大 – 最小合成法：写出矩阵乘积 $\boldsymbol{P} \circ \boldsymbol{Q}$ 中的每个元素，然后将其中的乘积运算用取小运算代替，求和运算用取大运算代替。

2）最大 – 代数积合成法：写出矩阵乘积 $\boldsymbol{P} \circ \boldsymbol{Q}$ 中的每个元素，然后将其中的求和运算

用取大运算代替，而乘积运算不变。

下面举例说明模糊关系的具体合成方法。

【例 4-5】 已知模糊集合 A、B 和 C 分别为 $A = \{a_1, a_2, a_3, a_4\}$ ， $B = \{b_1, b_2, b_3\}$ ， $C = \{c_1, c_2\}$ ，令 $Q \in A \times B$ 、 $R \in B \times C$ 、 $S \in A \times C$ ，且

$$Q = \begin{bmatrix} 0.5 & 0.6 & 0.3 \\ 0.7 & 0.4 & 1.0 \\ 0.0 & 0.8 & 0.0 \\ 1.0 & 0.2 & 0.9 \end{bmatrix}, \quad R = \begin{bmatrix} 0.1 & 1.0 \\ 0.8 & 0.3 \\ 0.5 & 0.2 \end{bmatrix}$$

求模糊关系 Q 和模糊关系 R 的合成 S 。

解：最大 – 最小合成法：

$$S = Q \circ R = \begin{bmatrix} 0.5 & 0.6 & 0.3 \\ 0.7 & 0.4 & 1.0 \\ 0.0 & 0.8 & 0.0 \\ 1.0 & 0.2 & 0.9 \end{bmatrix} \circ \begin{bmatrix} 0.1 & 1.0 \\ 0.8 & 0.3 \\ 0.5 & 0.2 \end{bmatrix}$$

$$= \begin{bmatrix} (0.5 \cap 0.1) \cup (0.6 \cap 0.8) \cup (0.3 \cap 0.5) & (0.5 \cap 1.0) \cup (0.6 \cap 0.3) \cup (0.3 \cap 0.2) \\ (0.7 \cap 0.1) \cup (0.4 \cap 0.8) \cup (1.0 \cap 0.5) & (0.7 \cap 1.0) \cup (0.4 \cap 0.3) \cup (1.0 \cap 0.2) \\ (0.0 \cap 0.1) \cup (0.8 \cap 0.8) \cup (0.0 \cap 0.5) & (0.0 \cap 1.0) \cup (0.8 \cap 0.3) \cup (0.0 \cap 0.2) \\ (1.0 \cap 0.1) \cup (0.2 \cap 0.8) \cup (0.9 \cap 0.5) & (1.0 \cap 0.1) \cup (0.2 \cap 0.3) \cup (0.9 \cap 0.2) \end{bmatrix}$$

$$= \begin{bmatrix} 0.6 & 0.5 \\ 0.5 & 0.7 \\ 0.8 & 0.3 \\ 0.5 & 0.2 \end{bmatrix}$$

最大 – 代数积合成法：

$$S = Q \circ R = \begin{bmatrix} 0.5 & 0.6 & 0.3 \\ 0.7 & 0.4 & 1.0 \\ 0.0 & 0.8 & 0.0 \\ 1.0 & 0.2 & 0.9 \end{bmatrix} \circ \begin{bmatrix} 0.1 & 1.0 \\ 0.8 & 0.3 \\ 0.5 & 0.2 \end{bmatrix}$$

$$= \begin{bmatrix} (0.5 \times 0.1) \cup (0.6 \times 0.8) \cup (0.3 \times 0.5) & (0.5 \times 1.0) \cup (0.6 \times 0.3) \cup (0.3 \times 0.2) \\ (0.7 \times 0.1) \cup (0.4 \times 0.8) \cup (1.0 \times 0.5) & (0.7 \times 1.0) \cup (0.4 \times 0.3) \cup (1.0 \times 0.2) \\ (0.0 \times 0.1) \cup (0.8 \times 0.8) \cup (0.0 \times 0.5) & (0.0 \times 1.0) \cup (0.8 \times 0.3) \cup (0.0 \times 0.2) \\ (1.0 \times 0.1) \cup (0.2 \times 0.8) \cup (0.9 \times 0.5) & (1.0 \times 0.1) \cup (0.2 \times 0.3) \cup (0.9 \times 0.2) \end{bmatrix}$$

$$= \begin{bmatrix} 0.48 & 0.5 \\ 0.5 & 0.2 \\ 0.64 & 0.24 \\ 0.45 & 0.18 \end{bmatrix}$$

4.3.2　模糊假言推理

当明确控制规则中蕴涵的模糊关系之后，根据模糊关系和输入情况来确定输出情况，即为模糊假言推理。模糊推理规则实际是一种模糊变换，是以模糊集合论为基础描述工具，对以一般集合论为基础描述工具的数理逻辑进行扩展，它将输入论域的模糊集变换到输出论域的模糊集，进而做出推理，是不确定性推理的一种。

1. 模糊规则的表示

想要表示模糊规则首先需要了解两个基本概念。

定义 4.10　对应于自然语言中的一个词或者一个短语、句子，即称为语言变量。它的取值就是模糊集合。

语言变量由一个五元组 $(u, T(u), U, G, M)$ 表达。其中，u 为变量名，U 是 u 的论域，$T(u)$ 是语言变量取值的集合，而每个取值都是论域为 U 的模糊集合，G 为语法规则，M 为语义规则，用以产生各模糊集合的隶属度函数。

需要注意的是，这个五元组只是对语言中可研究对象的描述，对于不同领域的不同具体问题，定义语言变量的标准不尽相同。

定义 4.11　用于对模糊集进行修饰的语言称为语言算子。

语言算子的作用类似于自然语言中的"可能""大约""比较""很"等，表示可能性、近似性和程度。

实际上，"如果 – 则"规则是模糊规则的一般形式。基础的"如果 – 则"规则表述如下：

$$\text{If } x \text{ is } A \text{ then } y \text{ is } B. \text{（若 } x \text{ 是 } A \text{，那么 } y \text{ 是 } B \text{。）}$$

其中，设 A 的论域是 U，B 的论域是 V，A 与 B 均是语言变量的具体取值，即模糊集，x 与 y 是变量名。

规则中的"If x is A"又称前件，"y is B"又称后件。"如果张三比较胖则运动量比较大"中，x 是"张三"，y 为"运动量"，"比较胖"和"比较大"分别为 x 和 y 的取值之一。

2. 简单模糊推理

模糊推理关键有两步：第一步是由模糊规则导出的模糊关系矩阵 $\boldsymbol{R}$，第二步是模糊关系的合成运算。在第一步中求 $\boldsymbol{R}$ 的公式的依据是把模糊规则 $A \to B$ 作为确定规则 $A \to B$ 的推广，并且利用逻辑等价式

$$A \to B = \neg A \cup B = (\neg A \cup B) \cap (\neg A \cup A) = A \cap B \cup \neg A$$

再运用给出的模糊集合的交、并、补运算而得出来的。

至于第二步的模糊关系合成法则，完全是人为给出。若已知输入为 A，则输出为 B；若现在已知输入为 A'，则输出 B' 可用合成规则求取

$$B' = A' \circ \boldsymbol{R}$$

式中，R 为 A 到 B 的模糊关系。

【例 4-6】 已知输入的模糊集合 A 和输出的模糊集合 B 分别为

$$A = 1.0 / a_1 + 0.8 / a_2 + 0.5 / a_3 + 0.0 / a_4$$

$$B = 0.7 / b_1 + 1.0 / b_2 + 0.5 / b_3 + 0.2 / b_4$$

那么，利用 A 到 B 的模糊关系 R，当输入为

$$A' = 0.4 / a_1 + 0.7 / a_2 + 0.5 / a_3 + 0.6 / a_4$$

计算输出 B'。

解： $R = A \times B = \mu_A^T \circ \mu_B = \begin{bmatrix} 1.0 \\ 0.8 \\ 0.5 \\ 0.0 \end{bmatrix} \circ \begin{bmatrix} 0.7 & 1.0 & 0.5 & 0.2 \end{bmatrix}$

$$= \begin{bmatrix} 1.0 \cap 0.7 & 1.0 \cap 1.0 & 1.0 \cap 0.5 & 1.0 \cap 0.2 \\ 0.8 \cap 0.7 & 0.8 \cap 1.0 & 0.8 \cap 0.5 & 0.8 \cap 0.2 \\ 0.5 \cap 0.7 & 0.5 \cap 1.0 & 0.5 \cap 0.5 & 0.5 \cap 0.2 \\ 0.0 \cap 0.7 & 0.0 \cap 1.0 & 0.0 \cap 0.5 & 0.0 \cap 0.2 \end{bmatrix}$$

$$= \begin{bmatrix} 0.7 & 1.0 & 0.5 & 0.2 \\ 0.7 & 0.8 & 0.5 & 0.2 \\ 0.5 & 0.5 & 0.5 & 0.2 \\ 0.0 & 0.0 & 0.0 & 0.0 \end{bmatrix}$$

应用以上的规则，采用公式 $\mu_B' = \mu_A' \circ R$ 进行计算，有

$$\mu_B' = \mu_A' \circ R = \begin{bmatrix} 0.4 & 0.7 & 0.5 & 0.6 \end{bmatrix} \circ \begin{bmatrix} 0.7 & 1.0 & 0.5 & 0.2 \\ 0.7 & 0.8 & 0.5 & 0.2 \\ 0.5 & 0.5 & 0.5 & 0.2 \\ 0.0 & 0.0 & 0.0 & 0.0 \end{bmatrix}$$

$$= \begin{bmatrix} (0.4 \cap 0.7) \cup (0.7 \cap 1.0) \cup (0.5 \cap 0.5) \cup (0.6 \cap 0.2), \\ (0.4 \cap 0.7) \cup (0.7 \cap 0.8) \cup (0.5 \cap 0.5) \cup (0.6 \cap 0.2), \\ (0.4 \cap 0.5) \cup (0.7 \cap 0.5) \cup (0.5 \cap 0.5) \cup (0.6 \cap 0.2), \\ (0.4 \cap 0.0) \cup (0.7 \cap 0.0) \cup (0.5 \cap 0.0) \cup (0.6 \cap 0.0) \end{bmatrix}$$

$$= \begin{bmatrix} 0.7 & 0.7 & 0.5 & 0.0 \end{bmatrix}$$

$$B' = 0.7 / b_1 + 0.7 / b_2 + 0.5 / b_3 + 0.0 / b_4$$

🔧 **本章小结**

不确定性推理方法是一种建立在不确定性的初始证据基础上，利用不确定性知识的推

理方法得到具有一定程度的不确定性且合理的结论。本章首先介绍了不确定性的表示与量化方法，然后利用概率理论给出基于贝叶斯网络的概率推理方法，其中重点介绍因果推理方法与诊断推理方法，接下来构建了处理不确定性推理的证据理论，最后提出模糊推理方法来解决带有模糊现象的复杂推理问题。

思考题与习题

4-1 本章中介绍的不确定性推理可以分为哪几种类型？各个不确定性推理方法的特点是什么？

4-2 试用贝叶斯网络表示某设备（如电视剧、汽车）的故障诊断方面的知识，并进行相应的因果推理和诊断推理。

4-3 设有以下知识：

$$R_1 : \text{IF } E_1 \text{ THEN } E_2 \quad (0.6)$$

$$R_2 : \text{IF } E_2 \text{ AND } E_3 \text{ THEN } E_4 \quad (0.8)$$

$$R_3 : \text{IF } E_4 \text{ THEN } H \quad (0.7)$$

$$R_4 : \text{IF } E_5 \text{ THEN } H \quad (0.9)$$

且已知 $CF(E_1) = 0.5$，$CF(E_3) = 0.6$，$CF(E_5) = 0.4$，结论 H 的初始可信度未知。计算 H 的可信度 $CF(H)$。

4-4 设有样本空间 $D = \{a, b, c, d\}$，M_1、M_2 为定义在 2^D 上的概率分布函数：

M_1：$M_1(\{b, c, d\}) = 0.7$，$M_1(\{a, b, c, d\}) = 0.3$，$M_1$ 的其余基本概率数均为 0

M_2：$M_1(\{a, b\}) = 0.6$，$M_2(\{a, b, c, d\}) = 0.4$，$M_2$ 的其余基本概率数均为 0

求它们的正交和 $M = M_1 \oplus M_2$。

4-5 设有两个模糊关系

$$A = \begin{bmatrix} 0.5 & 0.6 & 0.3 \\ 0.7 & 0.2 & 0.5 \\ 0.3 & 0.5 & 0.2 \end{bmatrix}, \quad B = \begin{bmatrix} 0.8 & 0.4 \\ 0.6 & 0.2 \\ 0.9 & 0.4 \end{bmatrix}$$

求两个模糊关系的合成 $A \circ B$。

4-6 设有三个模糊关系

$$R_1 = \begin{bmatrix} 0.1 & 0.2 & 0.3 \\ 0.0 & 0.2 & 0.5 \\ 0.3 & 0.5 & 1.0 \end{bmatrix}, \quad R_2 = \begin{bmatrix} 0.6 & 0.6 & 0.0 \\ 0.0 & 0.6 & 0.1 \\ 0.0 & 0.1 & 0.0 \end{bmatrix}, \quad R_3 = \begin{bmatrix} 1.0 & 0.0 & 0.7 \\ 0.0 & 1.0 & 0.0 \\ 0.7 & 0.1 & 1.0 \end{bmatrix}$$

求模糊关系的合成 $R_1 \circ R_2 \circ R_3$。

第 5 章　无信息的盲目搜索

导读

　　搜索是一种通用的问题求解技术，一直是人工智能的核心研究领域。基于搜索技术求解问题时，通常是先将待解问题转化为某种可搜索的"问题空间"（Problem Space），然后在该空间中寻找解。对于规模较大的问题，显式的枚举表示不适合描述问题，需要采用隐式的形式化问题模型。不同类型的问题需要不同的方法予以形式化，"问题空间"可以是状态空间（State Space）、方案空间（Solution Space）等不同类型的空间。

　　状态空间是一种常用的形式化问题模型，在状态空间搜索过程中只按照预先规定的搜索控制策略、不采用任何中间信息的搜索技术称为无信息的盲目搜索。

本章知识点

- 问题的表示与求解
- 回溯搜索的实现
- 深度优先搜索和宽度优先搜索
- 爬山法、模拟退火搜索和遗传算法搜索

5.1　问题表示与求解

　　问题求解时，有效的表示和求解策略是至关重要的。问题表示是问题求解的第一步，其目的是将现实世界的问题转化为计算机可以处理的形式。在问题求解领域，盲目搜索（Blind Search）或称无信息搜索，是一种基本的探索策略，它不依赖于问题域的任何特定信息。在盲目搜索中，问题的状态空间通常以图的形式表示，这种表示方法允许我们以结构化的方式探索问题的所有可能状态。

5.1.1　问题的状态空间表示

　　状态空间表示法以状态（State）和操作（Operator）为基础来表示与求解问题，其求解目标是在状态空间搜索一个操作序列。状态是为描述某类不同事物间的差别而引入的一组最少变量的有序集合，表示为 $Q=[q_0, q_1, \cdots, q_n]$，式中每个元素 q_i 称为状态变量，给定每个分量的一组值就能够得到一个具体的状态。操作也称算符，对应过程型知识，即状态转换规则，是将问题从一个状态变为另一种状态的手段。它可以是一个机械步骤、一个运算、一条规则或一个过程。操作可理解为状态集合上的一个函数，它描述了状态之间的关系，通常表示为 $F=\{f_1, f_2, \cdots, f_n\}$。

问题的状态空间是一个表示该问题的全部可能状态及其关系的集合，包含问题初始状态集合 Q_s、操作符集合 F 及目标状态集合 Q_g，因此状态空间可用三元组表示为 $<Q_s, F, Q_g>$。状态空间也可以用一个赋值的有向图来表示，该有向图称为状态空间图。在状态空间图中包含了操作和状态之间的转换关系，节点表示问题的状态，有向边（弧）表示操作。如果某条弧从节点 n_i 指向 n_j，那么称节点 n_j 为 n_i 的后继或后裔，n_i 为 n_j 的父辈或祖先，如图 5-1 所示。某个节点序列（$n_{i,1}, n_{i,2}, \cdots, n_{i,k}$），当 $j=2, 3, \cdots, k$ 时，如果每一个 $n_{i,j-1}$ 都有一个后继节点 $n_{i,j}$ 存在，那么就把这个节点序列称作从节点 $n_{i,1}$ 到 $n_{i,k}$ 的长度为 k 的路径，如图 5-2 所示。如果从节点 n_i 到节点 n_j 存在有一条路径，那么就称节点 n_j 是从节点 n_i 可达到的节点，或者称 n_j 节点为节点 n_i 的后裔。

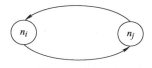
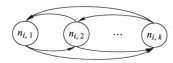

图 5-1　有向图　　　　图 5-2　从节点 $n_{i,1}$ 到 $n_{i,k}$ 的长度为 k 的路径示意图

利用状态空间表示形式化建模一个问题，首先需要定义状态，将问题中的已知条件看成状态空间中初始状态，将问题中要求达到的目标看成状态空间中目标状态，然后构建状态空间。将问题中其他可能发生的情况看成状态空间的任一状态，构建一个包含所有可能状态的状态空间，这些状态代表了问题解决过程中的各种可能情况。

【例 5-1】　十五数码问题。

在一个 4×4 的 16 宫格棋盘上，摆放有 15 个将牌，每一个分别刻有 $1 \sim 15$ 中的某一个数。棋盘中留有一个空格，允许其周围的某一个将牌向空格移动，这样通过移动将牌就可以改变将牌的布局。所要求解的问题是：给定一种初始布局（初始状态）和一个目标布局（目标状态）如图 5-3 所示，问如何移动将牌实现从初始状态到目标状态的转变。

11	9	4	15
1	3		12
7	5	8	6
13	2	10	14

初始状态

1	2	3	4
5	6	7	8
9	10	11	12
13	14	15	

目标状态

图 5-3　4×4 的 16 宫格棋盘

由图 5-4 可以看出，初始布局有四种可能的操作，分别是移动 3、4、12 和 8。对于移动 4 得到的布局，有两种可能的操作，分别是移动 9 和 15，以此类推，形成十五数码问题的状态空间图。

【例 5-2】　最短路径问题。

一名推销员要去若干个城市推销商品，图 5-5 所示为城市间的关系。推销员从某个城

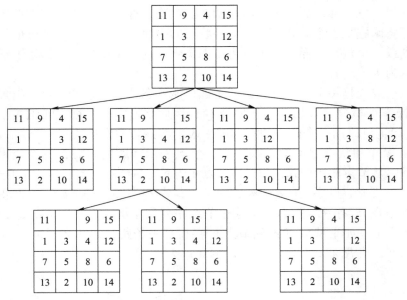

图 5-4　十五数码问题的部分状态空间图

市出发，经过所有城市后，回到出发地。问题：应如何选择行进路线，使总的行程最短。推销员从 A 出发，可能到达 B、C、D 或者 E。到达 C 后，又可能到达 D 或 E，以此类推，图 5-6 所示为推销员的状态空间图。由图 5-6 可知，推销员应选择的最短路径为 ACDEBA。

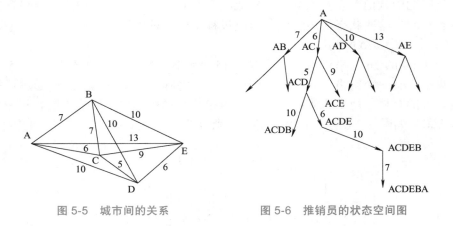

图 5-5　城市间的关系　　　　图 5-6　推销员的状态空间图

5.1.2　基于搜索的问题求解

问题求解（Problem-Solving）是人工智能中研究得较早而且比较成熟的一个领域，早期目的是研究针对某一类问题的计算技术，这些问题通常不存在已知的求解算法或已知的求解方法非常复杂，而使用人工智能都能较好地求解。人们在分析和研究了人运用智能求解问题的过程之后，发现人在求解问题时采用的是试探性的搜索方法。为模拟这些试探性的问题求解过程而发展的一种技术就称为搜索。在现实世界中，许多实际问题的求解都是采用试探搜索方法来实现的。搜索算法广义来说是探索特定问题对应解的一种算法。根据搜索问题的不同性质，求解方法不尽相同。

基于问题的状态空间表示，采用状态空间法进行搜索问题求解，许多涉及智力的问题求解可看作在状态空间中的搜索。状态空间搜索从某个初始状态开始，设法在状态空间寻找一条路径，由初始状态出发，能够沿着这条路径达到目标状态。对于某些问题，找到到达目标的任一路径是不够的，还必须找到按某个指标度量的最优路径。状态空间法的基本步骤是：

1）根据问题定义相应的状态空间，确定状态的一般表示，状态空间含有相关对象各种可能的排列。当然，这里仅仅是定义这个空间，而不必（有时也不可能）枚举出该状态空间的所有状态，但由此可以得出问题的初始状态、目标状态，并能够给出所有其他状态的一般表示。

2）规定一组操作（算子），能够作用于一个状态后过渡到另一个状态。

3）决定一种搜索策略，使其能够从初始状态出发，沿某个路径达到目标状态。

状态空间法通过定义状态、构建状态空间、规定状态转移规则和确定搜索策略，应用规则和相应的控制策略遍历或搜索问题空间，直到找出从开始状态到目标状态的某个路径。搜索作为该方法的基础技术，其效率和有效性直接影响问题求解的成功与否。状态空间搜索时一般需要两个数据结构，即 OPEN 表和 CLOSED 表。OPEN 表存放待扩展的节点，对于不同的搜索策略，OPEN 表中节点的排放顺序不同；CLOSED 表存储已经扩展的节点。需要注意的是，对于 OPEN 表和 CLOSED 记录的节点，其父节点信息也同时记录在表中，以方便在搜索过程中向前回溯。

【例 5-3】　水壶问题。

给定两个水壶，一个能装 4 加仑水，一个能装 3 加仑水。水壶上没有任何度量标记。有一水龙头可用来往壶中灌水。问题是怎样在能装 4 加仑的水壶里恰好只装 2 加仑水。

用状态空间法，该问题求解的过程为：

（1）定义状态空间

对问题进行抽象，用数偶（X，Y）表示任一状态，状态空间表示为 $\{(X,Y)|0 \leqslant X \leqslant 4, 0 \leqslant Y \leqslant 3\}$，其中，X 表示 4 加仑水壶中所装的水量，Y 表示 3 加仑水壶中所装的水量。该问题的初始状态为（0，0），目标状态为（2，？），"？"表示满足状态定义条件的一个不确定数值，即水壶所装的水量不做规定。

（2）确定一组操作

用来求解该问题的算子可用如下 10 条规则来描述。

R1：（X，Y|X<4）→（4，Y）4 加仑水壶不满时，将其装满。

R2：（X，Y|Y<3）→（X，3）3 加仑水壶不满时，将其装满。

R3：（X，Y|X>0）→（X-D，Y）从 4 加仑水壶里倒出一些水。

R4：（X，Y|Y>0）→（X，Y-D）从 3 加仑水壶里倒出一些水。

R5：（X，Y|X>0）→（0，Y）把 4 加仑水壶中的水全部倒出。

R6：（X，Y|Y>0）→（X，0）把 3 加仑水壶中的水全部倒出。

R7：（X，Y|X+Y≥4^Y>0）→（4，Y-（4-X））把 3 加仑水壶中的水往 4 加仑水壶里倒，直至 4 加仑水壶装满为止。

R8：（X，Y|X+Y ≥ 3^X>0）→（X–（3–Y），3） 把 4 加仑水壶中的水往 3 加仑水壶里倒，直至 3 加仑水壶装满为止。

R9：（X，Y|X+Y ≤ 4^Y>0）→（X+Y，0） 把 3 加仑水壶中的水全部倒进 4 加仑水壶里。

R10：（X，Y|X+Y ≤ 3^X>0）→（0，X+Y） 把 4 加仑水壶中的水全部倒进 3 加仑水壶里。

（3）选择一种搜索策略

为求解水壶问题，除上面给出的问题描述和算子外，还应该选择一种策略用于控制搜索，该策略为一个简单的循环控制结构：选择其左部匹配当前状态的某条规则，并按照该规则右部的描述对此状态作适当改变，然后检查改变后的状态是否为某一目标状态，若不是，则继续该循环。这样搜索下去，直到出现（2，？）状态为止，从（0，0）到（2，？）的路径上所用的操作序列即为所求的解。图 5-7 是水壶问题的部分搜索图。

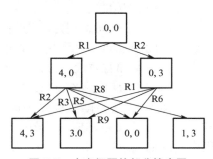

图 5-7　水壶问题的部分搜索图

表 5-1 就是通过搜索得到的该问题的解（即搜索路径）之一。

表 5-1　水壶问题搜索的解

4 加仑水壶中含水加仑数	3 加仑水壶中含水加仑数	所应用的规则
0	0	初始状态
0	3	R2
3	0	R9
3	3	R2
4	2	R7
0	2	R5
2	0	R9

以上例子的状态空间比较小，搜索策略可以采用耗尽式搜索。那么对于一般的问题空间，如何决定搜索策略？选择最适合于某一特定问题的搜索方法，需要对问题的几个关键指标或特征加以分析。一般要考虑：

1）问题可分解成为一组独立的、更小、更容易解决的子问题吗？

2）当结果表明解题步骤不合适时，能忽略或撤回该步骤吗？

3）问题的全域可预测吗？

4）在未与所有其他可能解作比较之前，能说当前的解是最好的吗？

5）用于求解问题的知识库是相容的吗？

6）问题的关键指标有哪些？和问题求解目标的关系是什么？

7）求解问题一定需要大量知识吗？或者说，有大量知识的时候，搜索应加以限制吗？

8）在求解问题的过程中，需要人机交互吗？

5.1.3 搜索算法的评价指标

在深入讨论搜索算法之前，有必要先明确搜索算法的评价标准，以便比较不同搜索策略的性能差异。常见的评价标准有如下四个：

1）完备性。当问题存在解时，用来描述一个搜索算法能否在有限的步骤内找到问题的解。具体来说，完备性关注的是算法的全面性和无遗漏性。如果一个搜索算法是完备的，那么它将不会遗漏任何可能的解。对于有限状态空间的问题，完备性通常可以通过穷举所有可能的状态来实现。然而，在实际应用中，尤其是在状态空间非常大或无限的情况下，完备性可能难以保证，因为搜索的时间和资源可能是有限的。在这种情况下，算法可能需要采用启发式或其他策略来引导搜索过程，以提高找到解的概率。

2）最优性。搜索算法是否能保证找到的第一个解是最优解。在很多问题中，可能存在多个解，而最优性关注的是算法是否能够找到这些解中的最佳或最劣的一个（根据问题的定义）。例如，在路径规划问题中，最优性可能意味着找到最短路径；在资源分配问题中，可能意味着找到资源消耗最少的分配方案。最优性要求算法不仅能找到解，而且这个解在所有可能的解中是最佳的。在某些情况下，如旅行商问题（TSP），可以通过特定的算法如动态规划或分支限界法来保证找到最优解。但在其他情况下，如 NPC（NP 完全问题），找到最优解可能非常困难或不可行，这时通常会采用近似算法来寻找次优解。

3）时间复杂度。找到一个解所需的时间。算法的时间复杂度与算法涉及的基本操作的执行次数成正比。

4）空间复杂度。衡量算法在执行过程中临时占用的存储空间大小，包括所有辅助变量、常数项以及输入数据本身所占用的空间。

完备性和最优性刻画了算法找到解的能力以及所求的解的质量，时间复杂度和空间复杂度衡量了算法的资源消耗，它们通常用符号 O 来描述。具体而言，搜索算法的复杂度可能和以下这些变量有关：分支因子 b，即搜索树中每个节点最大的分支数目；最浅的目标节点深度 d，即搜索树中最早出现的目标节点所在层数；搜索树中路径的最大可能长度 m；状态空间的大小 n。

在实际应用中，完备性和最优性往往是相互制衡的。一个完备的搜索可能会非常慢，因为它需要检查所有可能的解。而为了提高效率，可能会牺牲完备性，采用启发式方法来快速找到一个好的解，但这可能不保证是最优解。通常需要根据问题的特性和资源限制来综合考虑时间复杂度和空间复杂度。例如，在数据量巨大的情况下，可能需要优先考虑时间复杂度较低的算法；而在内存资源受限的情况下，则可能需要选择空间复杂度较低的算法。因此，在设计搜索算法时，需要根据问题的特点和求解的需求来平衡这些指标。

5.2 状态空间的搜索

状态空间搜索过程中，任一状态可能适用多条规则，优先选择哪一条规则是由搜索策略决定的。回溯搜索策略允许回到已经搜索过的状态继续搜索；深度优先策略从最近一次应用规则产生的状态继续搜索；宽度优先搜索策略对当前状态应用全部适用规则。

5.2.1 回溯搜索的实现

回溯（Backtracking）是系统地尝试穿越状态空间的所有路径的一种技术，可以在面向堆栈的递归环境中自然地实现。回溯搜索从起始状态出发并沿一条路径前进，要么到达目标，要么到达一个"死端"。如果到达目标，算法退出搜索并返回解路径。如果到达的是一个"死端"，算法回溯到路径上未扩展的最近兄弟节点，并沿这个分支继续下去，如下面的递归规则所述：

如果当前状态 S 不满足目标描述的要求，那么便产生它的第一个孩子 S_{child1}，并对这个节点递归地应用回溯过程。如果回溯没有在以 S_{child1} 为根的子图上发现目标节点，那么便对它的兄弟 S_{child2} 应用递归过程。继续上面的过程直到一个孩子的某个后代是目标节点或已经搜索了所有的孩子。如果 S 的孩子没有一个可以通向目标，那么回溯便"无功而返"到 S 的双亲，并在那里对 S 的兄弟应用以上过程，以此类推。

这种算法不断搜索直到找到一个目标或穷举了状态空间。图 5-8 显示了应用回溯算法到一个假想状态空间的情况。虚箭头代表搜索方向，数字指示结点被访问的顺序。下面定义一种回溯算法，我们使用三个列表来记录状态空间中的节点：

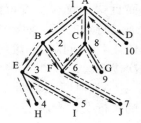

图 5-8 对假想状态空间的回溯搜索

SL：状态列表，列出当前正在试验路径的状态，如果发现了目标，那么 SL 便包含了解路径上状态的有序列表。

NSL：新状态列表，含有等待评估的节点，也就是其后代还没有被产生和搜索的节点。

DE：用来记录"死端"，列出已经发现其后代不包含目标的状态，如果再次遇到这些状态，它们会被检测为是 DE 中的元素并立刻不再考虑。

在定义可用于一般情况（图而不是树）的回溯算法时，必须探测任何状态的多次出现以便不会再次进入这种状态而导致（无限的）循环。这是通过检验每个新产生状态是否是这三个列表中的成员来实现的，如果新的状态属于这些列表中的任一个，那么它已经被访问过并可以被忽略。

在回溯中，当前正被考虑的状态称为当前状态 CS，它总是等于最近加入 SL 中的状态，因此代表了当前正被探索解路径的"前线"。然后向 CS 应用推理规则、博弈中的移动或其他合适的问题求解操作符，这样便得到一系列新的有序状态（也就是 CS 的孩子）。这些状态中的第一个状态被用作新的当前状态，其余的状态被依次放入 NSL 供以后分析。新的当前状态被加入 SL 并继续搜索。如果 CS 没有孩子，那么算法会将它从 SL 中删除（这便是算法的"回溯"），然后分析它的前驱的其他孩子。

如果对图 5-8 应用回溯算法，那么其过程如下：

初始化：SL=[A]；NSL=[A]；DE=[]；CS=A；

迭代后	CS	SL	NSL	DE
0	A	[A]	[A]	[]
1	B	[B A]	[B C D A]	[]
2	E	[E B A]	[E F B C D A]	[]
3	H	[H E B A]	[H I E F B C D A]	[]
4	–	[I E B A]	[I E F B C D A]	[H]
5	F	[F B A]	[F B C D A]	[E I H]
6	J	[J F B A]	[J F B C D A]	[E I H]
7	C	[C A]	[C D A]	[B F J E I H]
8	G	[G C A]	[G C D A]	[B F J E I H]

正如上面所呈现的，回溯是一种搜索状态空间图的算法。随后将要介绍的图搜索算法（包括深度优先搜索、宽度优先搜索）都使用了回溯搜索策略的基本思想，这些思想包括：①未处理状态列表（NSL）的使用允许算法可以返回（回溯）到这些状态中的任一个状态。②"bad"状态列表（DE）防止算法重试无用的路径。③如果发现了目标，就返回当前解路径的节点列表（SL）。④显式检查新的状态是否是这些列表的成员以防止死循环。

基于回溯搜索策略的搜索过程只记录从初始状态到目标状态的路径，与之不同的是，记录搜索过程中全部状态的搜索称为图搜索。图搜索算法继承了回溯搜索的核心思想，并在此基础上提供了更多的灵活性，能够有效地处理各种复杂的搜索问题，以下介绍的深度优先搜索、宽度优先搜索都属于图搜索策略。

5.2.2　深度优先搜索

深度优先搜索（Depth–First Search, DFS）首先扩展最新产生的（即最深的）某个节点。其基本思想为：从初始节点开始，在其子节点中选择一个节点进行考察。若不是目标节点，则在该子节点的子节点中选择一个节点进行考察，如此一直向下搜索。在深度优先搜索中，如果当前节点不是目标节点且已经探索完其所有未访问的子节点，搜索将回溯到该节点的父节点。一旦回溯到父节点，算法会继续探索父节点其他未访问的子节点，这一过程也可以称为回溯搜索。上述原理对树中每一节点都是递归实现的，实现该递归过程比较简单的一种方法是采用栈，因此深度优先搜索是把节点 n 的子节点放入 OPEN 表的前端。

对于给定的问题，如何进行深度（宽度）优先搜索？本文定义一个四元组 <nodes, arc, goal, current>，以此来表示状态空间。其中，nodes 表示当前搜索空间中现有状态的集合；arc 表示可应用于当前状态的操作符，把当前状态转换为另一个状态；goal 表示需要到达的状态，是 nodes 中的一个状态；current 表示现在生成的用于和目标状态比较的状态。

基于栈实现的深度优先搜索算法表示如下：

Procedure Depth-First-Search

Begin

将初始节点压入栈，并设置栈顶指针；

While 栈不空 **do**

Begin

弹出栈顶元素；

If 栈顶元素 =goal **Then** 成功返回并结束；

Else 以任意次序将栈顶元素的孩子压入栈中；

End While

End

【例 5-4】 八数码问题的深度优先搜索策略。

如图 5-9 所示为八数码问题的深度优先搜索策略，初始状态下 8 存在移动的可能性，移动后，继续移动的可能性为 6，以此类推，于是从图中可以看出搜索过程为②、③、④标识所示。当遍历失败后，返回上一次的可能性，继续进行遍历，如标识所示。依此类推进行遍历，如⑥、⑦、⑧等标识所示，从而得到最终目标。

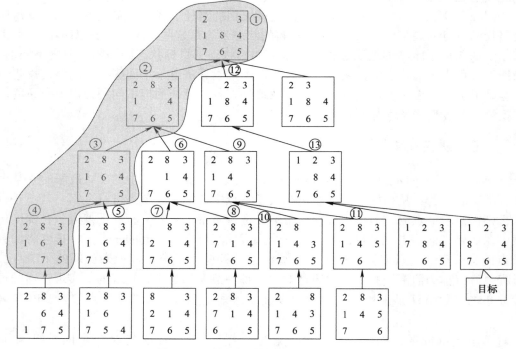

图 5-9 八数码问题的深度优先搜索策略

假设搜索过程中在树的 d 层最左边的位置找到了目标，则检查的节点数为 $d+1$；如果是在树的 d 层的最右边找到了目标，则检查的节点包括了树中所有的节点。深度优先搜索保存从根到叶的单条路径，包括在这条路径上每个节点的未扩展的兄弟节点，保存在内存中节点的数量包括到达深度 d 时所有未扩展的节点以及正在被考虑的节点。假设在每个层次上都有 $b-1$ 个未扩展的节点，总的搜索空间内存需要量为 $d(b-1)+1$。因此，深度优先搜索的空间复杂度为 $O(bd)$。

对于一些问题，其状态空间搜索深度可能为无限深或者可能要比某个可接受的解序列的已知深度上限还要深。如果不幸选择了一个错误的路径，则深度优先搜索会一直搜索下去，而不会回到正确的路径上。最坏情况时，深度优先搜索要么陷入无限的循环而不能给出一个答案，要么搜索空间等同于穷举，得到一个路径很长而且不是最优的答案。为了避免搜索过程沿着无穷的路径搜索下去，往往会给出一个节点扩展的最大深度限制 d。任何节点如果达到了深度 d 时，就把它作为没有后继节点进行处理，然后开始对另一个分支进行搜索，这就是有界深度优先搜索策略。

在有界深度优先搜索策略算法中，深度限制 d_m 是一个很重要的参数。当问题有解，且解的路径长度小于或等于 d_m 时，则搜索过程一定能够找到解。但是当 d_m 的值取得太小，解的路径长度大于 d_m 时，则搜索过程就找不到解，即这时搜索过程是不完备的；当 d_m 太大时，搜索过程会产生过多的无用节点，既浪费了计算机资源，又降低了搜索效率。所以，有界深度搜索的主要问题是深度限制值 d_m 的选取。该值也被称为状态空间的直径，如果该值设置得比较合适，则会得到比较有效的有界深度搜索。但是对于很多问题，并不知道该值到底为多少，直到该问题求解完成了，才可以确定出深度限制 d_m。为了解决上述问题，可采用如下的改进方法：先任意给定一个较小的数作为 d_m，然后按有界深度算法搜索，若在此深度限制内找到了解，则算法结束；若在此限制内没有找到问题的解，则增大深度限制 d_m 继续搜索。

5.2.3　宽度优先搜索

宽度优先搜索（Breadth-First Search, BFS）也称广度优先搜索，即沿着树的宽度遍历树的节点，其基本思想为：从初始节点开始，逐层地对节点进行扩展并考察它是否为目标节点，在第 n 层的节点没有全部扩展并考察之前，不对第 $n+1$ 层的节点进行扩展，直到最深的层次。宽度优先搜索可以很容易地用队列实现，OPEN 表中的节点总是按进入的先后顺序排列，先进入的节点排在前面，后进入的节点排在后面。

采用队列结构，宽度优先算法可以表示如下：

Procedure Breadth-First-Search
　Begin
　　将初始节点放入队列；
　　Repeat
　　　取队列最前面的元素为 current；
　　　If current=goal **Then** 成功返回并结束；
　　　Else do
　　　　Begin
　　　　　If current 有孩子 **Then** 将 current 的孩子以任意次序添加到队列的尾部；
　　　　End

Until 队列为空；
End

【例 5-5】 八数码问题的宽度优先搜索策略。

如图 5-10 所示为八数码问题的宽度优先搜索策略，初始状态下 8、2、3 存在移动的可能性，于是从图中可以看出搜索过程为②、③、④标识所示。以此类推进行遍历，如⑤、⑥、⑦、⑧等标识所示。以此得到最终目标。

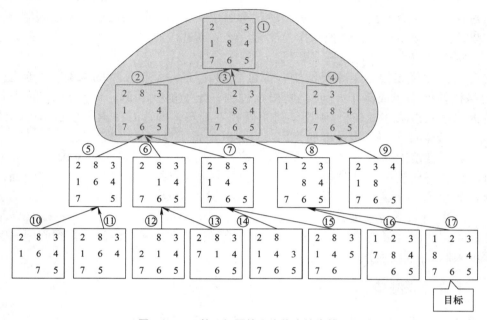

图 5-10 八数码问题的宽度优先搜索策略

假设一棵树每个节点的分支系数都为 b，最大深度为 d。则树的根节点在第一层会产生 b 个节点，第二层就会有 b^2 个节点，第 d 层就会有 b^d 个节点。对于 d 层，目标节点可能是第一个状态，也可能是最后一个状态，故而平均需要访问的 d 层节点数目为 $(1+b^d)/2$。根节点扩展后，队列中有 b 个节点。第一层的最左边节点扩展后，队列中有 2^{b-1} 个节点。而当检查 d 层最左边的节点是否为目标节点时，在队列中的节点数目最多为 b^d。该算法的空间复杂度和队列长度有关，在最坏的情况下约为指数级 $O(b^d)$。

宽度优先搜索策略的特点为：目标节点如果存在，用宽度优先搜索算法总可以找到目标节点，而且是 d 最小（即最短路径）的节点。但是，由于宽度优先搜索具有盲目性，当目标节点距离初始节点较远时（即 d 较大时）会产生很多无用的节点，搜索效率较低。

5.3 高级搜索

高级搜索策略的选择应基于问题的特性、解空间的结构、可用的计算资源以及所需的解的质量。局部搜索适合快速启发式求解，而全局搜索适合寻找更优或全局最优解。理解每种搜索策略的原理和适用场景对于设计有效的问题求解算法至关重要，本节主要介绍三种高级搜索策略。局部搜索的高效性和模拟退火的概率逃逸机制，以及遗传算法的模拟进化策略，共同构成了解决广泛问题的强大工具集，这些算法不仅在理论上具有重要意义，而且在实际应用中也展现出了巨大的潜力和价值。

5.3.1　局部搜索算法

局部搜索算法从一个当前状态出发，移动到与之相邻的状态，搜索的路径通常是不保留的。其优点是：①它们只用很少的内存，通常需要的存储量是一个常数。②它们通常能在不适合系统化算法的很大或无限的（连续的）状态空间中找到合理的解。

除了找到目标，局部搜索算法对于解决纯粹的最优化问题是很有用的，其目标是根据一个目标函数找到最佳状态。许多最优化问题不适合"标准的"搜索模型。例如，自然界提供了一个目标函数——繁殖适应性 – 达尔文的进化论可以被视为优化的尝试，但是这个问题没有"目标测试"和"路径耗散"。为了更好地理解局部搜索，类比地考虑一个地形图。地形图既有"位置"（用状态定义），又有"高度"（由启发式耗散函数或目标函数的值定义）。如果高度对应于耗散，那么目标则是找到最低谷，即一个全局最小值；如果高度对应于目标函数，那么目标则是找到最高峰，即一个全局最大值（当然可以通过插入一个负号使两者相互转换）。局部搜索算法就像对地形图的探索，如果存在解，那么完备的局部搜索算法总能找到解，最优的局部搜索算法总能找到全局最小值 / 最大值。

爬山法（Hill–Climbing）利用启发信息选择当前状态的下一个状态，是对深度优先搜索的改进。它像在地形图上登高一样，一直向值增加的方向持续移动，将会在到达一个"峰顶"时终止，并且在相邻状态中没有比它更高的值。在这种方法中，使用某种贪心算法来决定在搜索空间中向哪个方向搜索。由于爬山法总是选择往局部最优的方向搜索，所以可能会有"无解"的风险，而且找到的解不一定是最优解，但是它比深度优先搜索的效率要高很多。该算法不维护搜索树，当前节点的数据结构只需要记录当前状态和它的目标函数值，爬山法不会预测与当前状态不直接相邻的那些状态的值。这就像健忘的人在大雾中试图登珠穆朗玛峰一样。爬山法的具体算法如下：

Procedure Hill-Climbing

  Begin

    当前状态初始化为问题的初始状态，current ← Initial-state(problem)；

    Loop

      找到当前状态的具有最高价值的后继状态 successor；

      neighbor ← successor；

      If Value(neighbor) $\leqslant$ Value(current) **Then** 返回当前状态 current；

      Else current ← neighbor；

    End loop　// 循环直到找到局部最大值

  End

利用八皇后问题说明爬山法算法。八皇后问题指在 8×8 棋盘上要求放下 8 个皇后，要求没有一个皇后能够攻击其他皇后，即要求在任何一行、一列或主、次对角线上都不存在两个或两个以上的皇后。

局部搜索算法通常使用完全状态形式化，即每个状态都表示为在棋盘上放 8 个皇后，每列一个。后继函数返回的是移动一个皇后到和它同一列的另一个方格中的所有可能的状态，因此每个状态有 8（8 个皇后）×7（每个皇后可以移动到所在列的其余 7 个位置）=56 个后继。启发式耗散函数 h 是可以彼此攻击的皇后对的数量，不管中间是否有障碍。该函数的全局最小值是 0，仅在找到完美解时才能得到这个值。图 5-11a 显示了一个 h=17 的状态。图中还显示了它的所有后继的值（即每一列上的数字代表该列皇后移动到此位置时，能够互相攻击的皇后对的数量 h），最好的后继是 h=12。如果最好的后继多于一个，爬山法算法通常在最佳后继的集合中随机选择一个进行扩展。

18	12	14	13	13	12	14	14
14	16	13	15	12	14	12	16
14	12	18	13	15	12	14	14
15	14	14	Q	13	14	13	16
Q	14	17	15	Q	14	16	16
17	Q	16	18	15	Q	15	Q
18	14	Q	15	15	14	Q	16
14	14	13	17	12	14	12	18

a) h=17

b) h=1

图 5-11　八皇后问题的爬山法搜索示意图

爬山法有时称为贪婪局部搜索，因为它只是选择邻居状态中最好的一个，而事先不考虑之后的下一步。尽管贪婪算法是盲目的，但往往是有效的。爬山法能很快朝着解的方向进展，因为它通常很容易改变一个坏的状态。例如，从图 5-11a 中的状态，它只需要 5 步就能到达图 5-11b 中的状态，它的 h=1，这基本上很接近于解了。可是，爬山法经常会遇到下面的问题：

1）局部极大值。局部极大值是一个比它的每个邻居状态都高的峰顶，但是比全局最大值要低。爬山法算法到达局部极大值附近就会被拉向峰顶，然后被卡在局部极大值处无处可走。更具体地，图 5-11b 中的状态事实上是一个局部极大值（即耗散 h 的局部极小值）；不管移动哪个皇后，得到的情况都会比原来差。

2）山脊。山脊造成的是一系列的局部极大值，贪婪算法处理这种情况是很难的。

3）平顶区。平顶区是在状态空间地形图上估价函数值呈现平坦特性的区域。它可能是一个平坦的局部极大值区域，其中不存在明显的上升路径，或者是一个山肩区域，从山肩出发，理论上仍有可能找到向上攀登的路径。然而，爬山法搜索可能难以从这种平坦区域中找到逃离高原的路径。

在各种情况下，爬山法算法都会达到无法取得进展的状态。从一个随机生成的八皇后问题的状态开始，最陡上升的爬山法 86% 的情况下会被卡住，只有 14% 的问题实例能求解。这个算法速度很快，成功找到最优解的平均步数是 4 步，被卡住的平均步数是 3 步，对于包含 8^8 个状态的状态空间，这已经是不错的结果了。前面描述的算法中，如果到达一个平顶区，最佳后继的状态值和当前状态值相等时将会停止。如果平顶区其实是山肩，继续前进（即侧向移动）通常是一种好方法。注意，如果在没有上山移动的情况下总是允许侧向移动，那么当到达一个平坦的局部极大值而不是山肩的时候，算法会陷入无限循环。一种常规的解决办法是设置允许连续侧向移动的次数限制。例如，在八皇后问题中允许最多连续侧向移动 100 次，这使问题实例的解决率从 14% 提高到了 94%。成功的代价是：算法对于每个成功搜索实例的平均步数为大约 21 步，每个失败实例的平均步数为大约 64 步。

针对爬山法的不足，有许多变化的形式。例如，随机爬山法，它在上山移动中随机地选择下一步，选择的概率随着上山移动的陡峭程度而变化。这种算法通常比最陡上升算法的收敛速度慢不少，但是在某些状态空间地形图上能找到更好的解。再如，首选爬山法，它在随机爬山法的基础上，随机地生成后继节点直到生成一个优于当前节点的后继。这个算法在有很多后继节点的情况下有很好的效果。到现在为止所描述的爬山法算法还是不完备的，它们经常会在目标存在的情况下因为被局部极大值卡住而找不到目标。一种改进方法是随机重新开始的爬山法，它通过随机生成初始状态来进行一系列的爬山法搜索，找到目标时停止搜索。这个算法是完备的概率接近于 1，原因是它最终会生成一个目标状态作为初始状态。如果每次爬山法搜索成功的概率为 p，那么需要重新开始搜索的期望次数为 $1/p$。对于不允许侧向移动的八皇后问题实例，$p \approx 0.14$，因此大概需要 7 次迭代就能找到目标（6 次失败，1 次成功）。所需步数的期望值为一次成功迭代的搜索步数加上失败的搜索步数与（$1-p$）$/p$ 的乘积，大约是 22 步。如果允许侧向移动，则平均需要迭代约 $1/0.94 \approx 1.06$ 次，平均步数为 $1 \times 21 + 0.06/0.94 \times 64 \approx 25$ 步。对于八皇后问题，随机重新开始的爬山法是非常有效的，甚至对于三百万个皇后，这个方法可以在一分钟内找到解。

爬山法算法成功与否在很大程度上取决于状态空间地形图的形状。如果在地形图中几乎没有局部极大值和平顶区，随机重新开始的爬山法将会很快地找到好的解。当然，许多实际问题的地形图存在着大量的局部极值。NP 难题通常有指数级数量的局部极大值。尽管如此，经过少数随机重新开始的搜索之后还是能找到一个合理的、较好的局部极大值。

5.3.2　模拟退火搜索

模拟退火（Simulated Annealing，SA）算法的思想最早是由 Metropolis 等（1953 年）提出的。1983 年，Kirkpatrick 等将其用于组合优化。模拟退火算法是基于 Monte Carlo 迭代求解策略的一种随机寻优算法，其出发点是基于物理中固体物质的退火过程与一般组合优化问题之间的相似性。物质在加热的时候，粒子间的布朗运动增强，到达一定强度后，固体物质转化为液态，这个时候再进行退火，粒子热运动减弱，并逐渐趋于有序，最后达到稳定。

模拟退火的解不像局部搜索算法那样，最后的结果依赖初始点，它引入了一个接受概率 p。如果新点的目标函数更好，则 $p=1$，表示选取新点；否则，接受概率 p 是当前点、新点的目标函数以及另一个控制参数“温度”T 的函数。也就是说，模拟退火没有像局部搜索那样每次都贪婪地寻找比现在好的点，目标函数差一些的点也有可能接受进来。随着算法的执行，系统温度 T 逐渐降低，最后终止于不再有可接受变化的低温。

1. 模拟退火搜索的基本思想

模拟退火算法最早是针对组合优化提出的，其目的在于：①为具有 NP 复杂性的问题提供有效的近似求解算法。②克服优化过程陷入局部极小。③克服初值依赖性。模拟退火算法的基本思想来自物理退火过程，因此首先简单介绍物理退火过程。简单而言，物理退火过程由以下三部分组成：

1）加温过程。其目的是增强粒子的热运动，使其偏离平衡位置。当温度足够高时，固体将熔解为液体，从而消除系统原先可能存在的非均匀态，使随后进行的冷却过程以某一平衡态为起点，熔解过程与系统的熵增过程相联系，系统能量也随温度的升高而增大。

2）等温过程。物理学的知识告诉我们，对于与周围环境交换热量而温度不变的封闭系统，系统状态的自发变化总是朝自由能减少的方向进行。当自由能达到最小时，系统达到平衡态。

3）冷却过程。其目的是使粒子的热运动减弱并渐趋有序，系统能量逐渐下降，从而得到低能的晶体结构。

表 5-2 归纳了基于 Metropolis 接受准则的最优化过程与物理退火过程的相似性。

表 5-2　最优化过程与物理退火过程对比

局部搜索	物理退火	局部搜索	物理退火
解	粒子状态	Metropolis 抽样过程	等温过程
最优解	能量最低态	控制参数的下降	冷却
设定初温	熔解过程	目标函数	能量

固体在恒定温度下达到热平衡的过程可以用 Monte Carlo 方法加以模拟，虽然该方法简单，但必须大量采样才能得到比较精确的结果，因而计算量很大。鉴于物理系统倾向于能量较低的状态，而热运动又是妨碍它准确落到最低态的原因，采样时着重取那些有重要贡献的状态则可较快达到较好的结果。因此，Metropolis 等在 1953 年提出了重要性采样法，即以概率接受新状态。具体而言，在温度 t，由当前状态 i 产生新状态，两者的能量分别为 E_i 和 E_j，若 $E_j<E_i$，则接受新状态 j 为当前状态；否则，若概率 $p_r=\exp[-(E_j-E_i)/kt]$ 大于 [0，1] 区间内的随机数则仍旧接受新状态 j 为当前状态，若不成立则保留状态 i 为当前状态，其中 k 为 Boltzmann 常数。当这种过程多次重复，即经过大量迁移后，系统将趋于能量较低的平衡态，各状态的概率分布将趋于某种正则分布，如 Gibbs 正则分布。同时，我们也可以看到这种重要性采样过程在高温下可接受与当前状态能量差较大的新状态，而在低温下基本只接受与当前能量差较小的新状态，这与不同温度下热运动的影响完全一致，而且当温度趋于零时，就不能接受比当前状态能量高的新状态。这种接受准则通常称为 Metropolis 准则，它的计算量相对 Monte Carlo 方法要显著减少。基于 Metropolis 准则的优化过程，可避免搜索过程陷入局部极小，并最终趋于问题的全局最优解，如图 5-12 所示。

图 5-12　Metropolis 准则示意图

2. 模拟退火算法

1983 年，Kirkpatrick 等意识到组合优化与物理退火的相似性，并受到 Metropolis 准则的启迪，提出了模拟退火（SA）算法。SA

算法是基于 Monte Carlo 迭代求解策略的一种随机寻优算法，其出发点是基于物理退火过程与组合优化之间的相似性，由某一较高初温开始，利用具有概率突跳特性的 Metropolis 抽样策略在解空间中进行随机搜索，伴随温度的不断下降重复抽样过程，最终得到问题的全局最优解。

标准模拟退火算法的一般步骤可描述如下：

Procedure Simulated-Annealing
  Begin
    给定初温 $t=t_0$，随机产生初始状态 s_0；
    $s=s_0$，$k=0$；
    Repeat
      Repeat
        产生新状态 s_j=Generate(s)；
        If min{1，exp[-($C(s_j)$-$C(s)$)/t]} $\geqslant$ random[0，1] **Then** $s=s_j$；
      Until 满足 Metropolis 抽样稳定准则；
      退温 t_{k+1}=update(t_k)，并令 $k=k+1$；
    Until 满足算法终止准则；
    输出算法搜索结果；
  End

从算法结构可知，状态产生函数、状态接受函数、温度更新函数、Metropolis 抽样稳定准则和算法终止准则（简称三函数两准则）以及初始温度是直接影响算法优化结果的主要环节。模拟退火算法的实验性能具有质量高、初值鲁棒性强、通用易实现的优点。但是，为寻到最优解，算法通常要求较高的初温、较慢的降温速率、较低的终止温度以及各温度下足够多次的抽样，因而模拟退火算法往往优化过程较长，这也是 SA 算法最大的缺点。

在确保一定要求的优化质量基础上，提高模拟退火算法的搜索效率（时间性能），是对 SA 算法进行改进的主要内容。可行的方案包括：①设计合适的状态产生函数，使其根据搜索进程的需要表现出状态的全空间分散性或局部区域性。②设计高效的退火历程。③避免状态的迂回搜索。④采用并行搜索结构。⑤为避免陷入局部极小，改进对温度的控制方式。⑥选择合适的初始状态。⑦设计合适的算法终止准则。

此外，对模拟退火算法的改进，也可通过增加某些环节而实现。主要的改进方式包括：①增加升温或重升温过程。②增加记忆功能。③增加补充搜索过程。④对每一当前状态，采用多次搜索策略，以概率接受区域内的最优状态，而非标准 SA 的单次比较方式。⑤结合其他搜索机制的算法，如遗传算法、混沌搜索等。⑥上述各方法的综合应用。

就模拟退火算法而言，由于算法初始和结束阶段与整个算法进程具有一定的独立性，抽样过程与退火过程也具有一定的独立性，因此，模拟退火算法比较容易实现并行化，可行的方案包括操作并行性、进程并行性、空间并行性。

3. 模拟退火算法关键参数和操作的设计

从算法流程上看，模拟退火算法包括三函数两准则，即状态产生函数、状态接受函数、温度更新函数、内循环终止准则和外循环终止准则，这些环节的设计将决定 SA 算法的优化性能。此外，初温的选择对 SA 算法性能也有很大影响。

理论上，SA 算法的参数只有满足算法的收敛条件，才能保证实现的算法依概率 1 收敛到全局最优解。然而，SA 算法的某些收敛条件无法严格实现，即使某些收敛条件可以实现，也常常会因为实际应用的效果不理想而不被采用。因此，至今 SA 算法的参数选择依然是一个难题，通常只能依据一定的启发式准则或大量的实验加以选取。

（1）状态产生函数

设计状态产生函数（邻域函数）的出发点应该是尽可能保证产生的候选解遍布全部解空间。通常，状态产生函数由两部分组成，即产生候选解的方式和候选解产生的概率分布。前者决定由当前解产生候选解的方式，后者决定在当前解产生的候选解中选择不同解的概率。候选解的产生方式由问题的性质决定，通常在当前状态的邻域结构内以一定概率方式产生，而邻域函数和概率方式可以有多种形式，其中概率分布可以是均匀分布、正态分布、指数分布、柯西分布等。

（2）状态接受函数

状态接受函数一般以概率的方式给出，不同接受函数的差别主要在于接受概率的形式不同。设计状态接受概率，应该遵循以下原则：①在固定温度下，接受使目标函数值下降的候选解的概率要大于使目标函数值上升的候选解的概率。②随着温度的下降，接受使目标函数值上升的解的概率要逐渐减小。③当温度趋于零时，只能接受目标函数值下降的解。

状态接受函数的引入是 SA 算法实现全局搜索的最关键的因素，但实验表明，状态接受函数的具体形式对算法性能的影响不显著。因此，SA 算法中通常采用 $\min[1, \exp(-\Delta C/t)]$ 作为状态接受函数。

（3）初始温度

初始温度 t、温度更新函数、内循环终止准则和外循环终止准则通常被称为退火历程（Annealing Schedule）。实验表明，初温越大，获得高质量解的概率越高，但花费的计算时间将增加。因此，初温的确定应折中考虑优化质量和优化效率，常用方法包括：①均匀抽样一组状态，以各状态目标值的方差为初温。②随机产生一组状态，确定两两状态间的最大目标值差 $|\Delta max|$，然后依据差值，利用一定的函数确定初温。譬如 $t_0 = -\Delta max/\ln P_r$，其中 P_r 为初始接受概率。若取 P_r 接近 1，且初始随机产生的状态能够一定程度上表征整个状态空间时，算法将以几乎等同的概率接受任意状态，完全不受极小解的限制。③利用经验公式给出。

（4）温度更新函数

温度更新函数，即温度的下降方式，用于在外循环中修改温度值。在非时齐 SA 算法收敛性理论中，更新函数可采用函数 $t_n = \alpha/\log(n+n_o)$，其中 n_o 为一个正的常数。由于温度与退温时间的对数函数成反比，所以温度下降的速度很慢。当 α 取值较大时，温度下降到比较小的值需要很长的计算时间。快速 SA 算法采用更新函数 $t_n = \beta/(1+n)$，与前式相比，温度下降速度加快了。但需要强调的是，单纯温度下降速度加快并不能保证算法以较快的速度收敛到全局最优，温度下降的速率必须与状态产生函数相匹配。

在时齐 SA 算法收敛性理论中，要求温度最终趋于零，但对温度的下降速度没有任何限制，但这并不意味着可以使温度下降得很快，因为在收敛条件中要求各温度下产生的候选解数目无穷大，显然这在实际应用时是无法实现的。通常，各温度下产生候选解越多，温度下降的速度可以越快。目前，常用的温度更新函数为指数退温，即 $t_{n+1} = \lambda_{t_n}$。其中，$0<\lambda<1$ 且大小可以不断变化。

（5）内循环终止准则

内循环终止准则或称 Metropolis 抽样稳定准则，用于决定在各温度下产生候选解的数目。在非时齐 SA 算法理论中，由于在每个温度下只产生一个或少量候选解，所以不存在选择内循环终止准则的问题。而在时齐 SA 算法理论中，收敛性条件要求在每个温度下产生候选解数目趋于无穷大，以使相应的马氏链达到平稳概率分布，显然在实际应用算法时这是无法实现的。常用的抽样稳定准则包括：①检验目标函数的均值是否稳定。②连续若干步的目标值变化较小。③按一定的步数抽样。

（6）外循环终止准则

外循环终止准则，即算法终止准则，用于决定算法何时结束。在实践中，设置一个合适的温度终值 t_e 是一种常用的方法。虽然理论上 SA 算法要求 t_e 趋于零以确保收敛，但这在实际操作中是不实际的。因此，通常采用以下方法来确定终止条件：①设置终止温度的阈值。②设置外循环迭代次数。③算法搜索到的最优值连续若干步保持不变。④检验系统熵是否稳定。

由于算法的一些环节无法在实际设计算法时实现，因此 SA 算法往往得不到全局最优解，或算法结果存在波动性。许多学者试图给出选择"最佳"SA 算法参数的理论依据，但所得结论与实际应用还有一定距离，特别是对连续变量函数的优化问题。目前，SA 算法参数的选择仍依赖于一些启发式准则和待求问题的性质。SA 算法的通用性很强，算法易于实现，但要真正取得质量和可靠性高、初值鲁棒性好的效果，克服计算时间较长、效率较低的缺点，并适用于规模较大的问题，尚需进行大量的研究工作。

5.3.3　遗传算法搜索

遗传算法（Genetic Algorithms，GA）是随机剪枝搜索（一种通过随机选择和剪除那些不太可能引导到最优解的搜索路径来提高搜索效率的搜索方法）的一个变化形式，20世纪 60 年代末到 70 年代初由美国密歇根大学的 John Holland 等人研究形成了一个较完整的理论和方法，从试图解释自然系统中生物的复杂适应过程入手，模拟生物进化的机制来构造人工系统的模型。

遗传算法以一种群体中的所有个体为对象，并利用随机化技术对一个被编码的参数空间进行高效搜索。其中，选择、交叉和变异构成了遗传算法的遗传操作；参数编码、初始群体的设定、适应度函数的设计、遗传操作设计、控制参数设定五个要素组成了遗传算法的核心内容。作为一种新的全局优化搜索算法，遗传算法以其简单通用、健壮性强、适于并行处理以及高效、实用等显著特点，在各个领域得到了广泛应用，取得了良好效果，并逐渐成为重要的智能算法之一。

1. 遗传算法的基本思想

遗传算法通过模拟自然选择过程来寻找问题的最优解。它从一个包含多个潜在解的种群开始，每个解被称为一个个体。这些个体通过染色体的形式编码，染色体是一系列基因的集合，基因则代表了解的各个特征。在遗传算法中，每个基因的具体组合（基因型）决

93

定个体形状的外部特性（表现型）。为了将问题的表现型映射为可以处理的基因型，需要进行编码工作，通常简化为二进制或其他编码方式。初始种群建立后，算法根据个体的适应度（即解的优劣程度）进行选择，以确定哪些个体将参与下一代的生成。在每一代中，通过应用遗传算子，包括交叉（组合两个个体的染色体以产生新的解）和变异（随机改变染色体中的某些基因以增加解的多样性），产生出代表新解集的种群。这个过程模仿了自然界中的繁殖和突变，目的是逐渐产生更适应问题要求的解。随着代数的增加，种群中的个体逐渐演化，适应度更高的解被保留下来，而适应度较低的解被淘汰。最终，经过多代的迭代和优化，算法在当前种群中识别出最优个体，这个个体代表了对问题的近似最优解。通过解码过程，将最优个体的染色体转换回原始问题空间中的解。

随着问题种类的多样化和问题规模的不断扩大，我们迫切需要一种能够在有限资源下有效解决搜索和优化问题的通用策略。遗传算法正是这样一种策略，它以其强大的优化能力，通过模拟自然界中的选择和遗传机制，为解决各类复杂问题提供了有效的途径。但遗传算法不同于传统的搜索和优化方法，其主要区别如下：

1）自组织、自适应学习。应用遗传算法求解问题时，在编码方案、适应度函数及遗传算子确定后，算法将利用进化过程中获得的信息自行组织搜索。由于基于自然的选择策略为"适者生存，不适应者被淘汰"，因而适应度大的个体具有较高的生存概率。通常，适应度大的个体具有更适应环境的基因结构，再通过基因重组和基因突变等遗传操作，就可能产生更适应环境的后代。进化算法的这种自组织、自适应特征，使它同时具有能根据环境变化来自动发现环境的特性和规律的能力。自然选择消除了算法设计过程中的一个最大的障碍，即需要事先描述问题的全部特点，并要说明针对问题的不同特点算法应采取的措施。因此，基于遗传算法的自组织、自适应学习特性，可以解决复杂的非结构化问题。

2）并行处理能力。遗传算法按并行方式搜索一个种群数目的点，而不是单点。它的并行性表现在两个方面。一是遗传算法是内在并行的（Inherent Parallelism），即遗传算法本身非常适合大规模并行。最简单的并行方式是让几百甚至数千台计算机各自进行独立种群的演化计算，运行过程中甚至不进行任何通信（独立的种群之间若有少量的通信一般会带来更好的结果），等到运算结束时才通信比较，选取最佳个体。这种并行处理方式对并行系统结构没有什么限制和要求，适合在目前所有的并行机或分布式系统上进行并行处理，而且对并行效率没有太大影响。二是遗传算法的内含并行性（Implicit Parallelism）。由于遗传算法采用种群的方式组织搜索，因而可同时搜索解空间内的多个区域，并相互交流信息。使用这种搜索方式，虽然每次只执行与种群规模 n 成比例的计算，但实质上已进行了大约 $O(n^3)$ 次有效搜索，这就使遗传算法能以较少的计算获得较大的收益。

3）编码的灵活性。遗传算法允许使用不同的编码方案来表示解，这为处理不同类型的问题提供了灵活性。遗传算法不需要求导或其他辅助知识，而只需要影响搜索方向的目标函数和相应的适应度函数。

4）近似解。它通常找到的是问题的近似最优解，而不是绝对最优解，这在许多实际应用中已经足够。遗传算法对给定问题可以产生许多的潜在解，最终选择可以由使用者确定。

5）易于实现。与其他复杂的优化算法相比，遗传算法的实现相对简单直观，强调概率转换规则，而不是确定的转换规则。这样遗传算法可以直接应用到许多实际问题中。

2. 遗传算法的基本操作

遗传算法包括三个基本操作：选择、交叉或基因重组、变异。这些基本操作又有许多不同的方法，下面逐一进行介绍。

（1）选择

选择是用来确定重组或交叉个体，以及被选个体将产生多少个子代个体。首先计算适应度：①按比例的适应度计算。②基于排序的适应度计算。

适应度计算之后是实际的选择，按照适应度进行父代个体的选择。可以挑选以下的算法：轮盘赌选择；随机遍历抽样；局部选择；截断选择；锦标赛选择。

（2）交叉或基因重组（Crossover/Recombination）

基因重组是结合来自父代交配种群中的信息产生新的个体。依据个体编码表示方法的不同，有如下算法：①实值重组，包括离散重组、中间重组、线性重组、扩展线性重组。②二进制交叉，包括单点交叉、多点交叉、均匀交叉、洗牌交叉、缩小代理交叉。

（3）变异（Mutation）

交叉之后子代经历的变异，实际上是子代基因按小概率扰动产生的变化。依据个体编码表示方法的不同，可以有实值变异、二进制变异两种算法。

下面结合一个简单的实例考察一下二进制编码的轮盘赌选择、单点交叉和变异操作。表 5-3 给出一组二进制基因码构成的个体组成的初始种群，适应度越大代表这个个体越好。

表 5-3 初始种群及其选择计算

个体	染色体	适应度	选择概率	累计概率
1	0001100000	8	0.086 957	0.086 957
2	0101111001	5	0.054 348	0.141 304
3	0000000101	2	0.021 739	0.163 043
4	1001110100	10	0.108 696	0.271 739
5	1010101010	7	0.076 087	0.347 826
6	1110010110	12	0.130 435	0.478 261
7	1001011011	5	0.054 348	0.532 609
8	1100000001	19	0.206 522	0.739 130
9	1001110100	10	0.108 696	0.847 826
10	0001010011	14	0.152 174	1.000 000

轮盘赌选择方法类似于博彩游戏中的轮盘赌。如图 5-13 所示，个体适应度按比例转化为选中概率，将轮盘分成 10 个扇区，因为要进行 10 次选择，所以产生 10 个 [0, 1] 之间的随机数，相当于转动 10 次轮盘，获得 10 次转盘停止时指针位置，当指针停止在某一扇区时，该扇区代表的个体即被选中。

假设产生随机数序列为 0.070 221、0.545 929、0.784 567、0.446 93、0.507 893、0.291 198、0.716 34、0.272 901、0.371 435、0.854 641，将该随机序列与计算获得的累计概率比较，则依次序号为 1、8、9、6、7、5、8、4、6、10 的个体被选中。显然适应

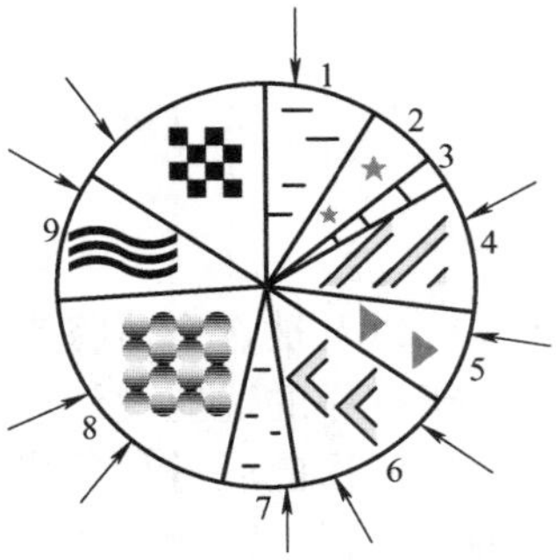

图 5-13　轮盘赌选择

度高的个体被选中的概率大，而且可能被选中；适应度低的个体很有可能被淘汰。在第一次生存竞争考验中，序号为 2 的个体（0101111001）和 3 的个体（0000000101）被淘汰，代之以适应度较高的个体 8 和 6，这个过程被称为再生（Reproduction）。再生之后的重要遗传操作是交叉，在生物学上称为杂交，可以视为生物进化之所在。以单点交叉（One-point Cross-over）为例，任意挑选经过选择操作后种群中两个个体作为交叉对象，即两个父个体经过染色体交换重组产生两个子个体，如图 5-14 所示。随机产生一个交叉点位置，父个体 1 和父个体 2 在交叉点位置之右的部分基因码互换，形成子个体 1 和子个体 2。类似地，完成其他个体的交叉操作。

| 父个体1 | 110000 | 0001 | | 110000 | 0011 | 子个体1 |
| 父个体2 | 000101 | 0011 | | 000101 | 0001 | 子个体2 |

图 5-14　单点交叉

如果只考虑交叉操作实现进化机制，在多数情况下是不行的，这与生物界近亲繁殖影响进化历程是类似的。因为，种群的个体数是有限的，经过若干代的交叉操作，会出现一个较好祖先的子个体逐渐充斥整个种群的现象，从而导致问题过早收敛（Premature Convergence）。因此，最终得到的个体可能无法确保为问题提供最优解。为了避免过早收敛，有必要在进化过程中加入具有新遗传基因的个体，解决办法之一是效法自然界生物变异。生物性状的变异实际上是控制该性状的基因码发生了突变，这对于保持生物多样性是非常重要的。模仿生物变异的遗传操作，对于二进制的基因码组成的个体种群，实现基因码的小概率翻转，即达到变异的目的。如图 5-15 所示，对于个体 1001110100 产生变异，以小概率决定第 4 个遗传因子翻转，即将 1 换为 0。

图 5-15　变异

一般而言，一个世代的简单进化过程就包括了基于适应度的选择和再生、交叉和变异操作。将上面的所有种群的遗传操作综合起来，初始种群的第一代进化过程如图 5-16 所示。初始种群经过选择操作适应度较高的 8 号和 6 号个体分别复制出两个，适应度较低的 2 号和 3 号遭到淘汰，接下来按一定概率选择了 4 对父个体分别完成交叉操作，在随机确

定的"|"位置实行单点交叉生成 4 对子个体。最后按小概率选中某个个体的基因码位置，产生变异。这样经过上述过程便形成了第一代的群体，以后一代一代的进化过程如此循环下去，每一代结束都产生新的种群。演化的代数主要取决于代表问题解的收敛状态，末代种群中最佳个体作为问题的最优近似解。

初始种群

0001100000	0101111001	0000000101	1001110100	1010101010
(8)	(5)	(2)	(10)	(7)
1110010110	1001011011	1100000001	1001110100	0001010011
(12)	(5)	(19)	(10)	(14)

选择、再生

0001|100000	111|0010110	110000|0001	1001110100	1010101|010
1110|010110	100|1011011	100111|0100	1100000001	0001010|011

交叉

0001010110	1110010110	1100000001	1001110100	1010101011
1110010000	1001011011	1001110100	1100000001	0001010010

变异

0001010110	1110010110	1100000001	1001110100	1010101011
1110010000	1001011011	1000110100	1100000001	0001010010

图 5-16　初始种群的第一代进化过程

遗传算法的进化模式如图 5-17 所示，搜索空间中个体演变为最优个体，其在高适应度上的增殖概率是按世代递增的，图中个体的色彩浓淡表示个体增殖的概率分布。

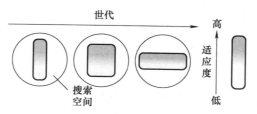

图 5-17　遗传算法的进化模式示意图

遗传算法的一般流程如图 5-18 所示，具体如下：

第 1 步：随机产生初始种群，个体数目一定，每个个体表示为染色体的基因编码。

第 2 步：计算个体的适应度，并判断其是否符合优化准则，若符合，输出最佳个体及其代表的最优解，并结束计算；否则转向第 3 步。

第 3 步：依据适应度选择再生个体，适应度高的个体被选中的概率高，适应度低的个

97

体可能被淘汰。

第 4 步：按照一定的交叉概率和交叉方法，生成新的个体。

第 5 步：按照一定的变异概率和变异方法，生成新的个体。

第 6 步：由交叉和变异产生新一代的种群，返回到第 2 步。

遗传算法中的优化准则，一般依据不同的问题有不同的确定方式。例如，可以采用以下的准则之一作为判断条件：①种群中个体的最大适应度超过预先设定值。②种群中个体的平均适应度超过预先设定值。③世代数超过预先设定值。

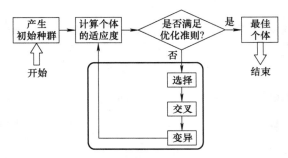

图 5-18　遗传算法的一般流程图

遗传算法的研究与应用需关注以下核心要素：

1）编码和初始群体的生成。遗传算法在进行搜索之前先定义表示解的基因型串结构数据，串结构数据的编码方式依赖于问题的性质。初始群体也应该选取适当，如果选取过小则杂交优势不明显，算法性能很差，选取太大则计算量太大。

2）检查算法收敛准则是否满足，控制算法是否结束。可以采用判断与最优解的适配度或者定一个迭代次数来达到。

3）适应性值评估检测和选择。适应性函数表明个体或解的优劣性，在程序的开始也应该评价适应性，便于以后比较。不同的问题，适应性函数的定义方式也不同。

4）交叉（也称杂交）。交叉操作是遗传算法中最主要的遗传操作。通过交叉操作可以得到新一代个体，新个体组合了其父辈个体的特性。交叉体现了信息交换的思想。可以选定一个点对染色体进行互换、插入、逆序等交叉，也可以随机选取几个点交叉。交叉概率如果太大，种群更新快，但是高适应性的个体很容易被淹没，概率小了搜索会停滞。

5）变异。变异首先在群体中随机选择一个个体，对于选中的个体以一定的概率随机地改变染色体中某个基因的值。同生物界一样，GA 中变异发生的概率很低。变异为新个体的产生提供了机会。变异可以防止有效基因的缺损造成的进化停滞。比较低的变异概率就已经可以让基因不断变更，太大了会陷入随机搜索。

遗传算法提供了一种求解复杂系统优化问题的通用框架，它不依赖于问题的具体领域，对问题的种类有很强的鲁棒性。

📑 本章小结

搜索问题求解始终是人工智能领域的一个核心挑战，其基本策略在于将问题转换为一个可搜索的空间，即"搜索空间"，随后在该空间内寻找满足条件的解。一般而言，一个问题由初始条件、目标状态和可行操作三个要素构成。根据问题的不同特性，可以将其转换为状态空间图、与或图等多种形式的搜索空间，而问题的解在这些空间中呈现出各自的特征。这种以试探为基础的搜索方法强调了算法的自主性和适应性，它们必须能够在没有明确指导的情况下，通过自我调整和优化来提高搜索效率。因此，设计高效的搜索算法不仅需要对问题本身有深刻的理解，还需要对搜索策略和空间结构有精心的规划和调整。通过本章的学习，读者首先可以系统全面地了解问题的状态空间表示、搜索问题的求解以及搜索算法的评价指标。在此基础上，为进一步系统地探索状态空间中的所有可能状态来寻找问题的解，本章首先介绍了回溯搜索、深度优先搜索与宽度优先搜索，最后着重介绍三种高级搜索策略，即局部搜索算法、模拟退火搜索以及遗传算法搜索。

思考题与习题

5-1　什么是状态空间？状态空间是怎样构成的？

5-2　请从搜索算法的四个评价指标角度出发，谈谈不同搜索算法的优劣。

5-3　深度优先搜索与宽度优先搜索有什么区别？比较深度优先搜索和宽度优先搜索在时间复杂度和空间复杂度上的差异。并举例说明它们在不同情境下的应用。

5-4　解释为什么宽度优先搜索可以找到最短路径，而深度优先搜索不能保证这一点。

5-5　比较遗传算法与其他优化算法（如模拟退火、局部搜索算法）的性能。

5-6　解释遗传算法中的选择（Selection）、交叉（Crossover）、变异（Mutation）操作是如何影响算法性能的。

5-7　旅行商问题描述如下：有一个旅行商，需要到 k 个城市去售货，每个城市只去一次，且知道任意两个城市之间的距离。计算一条从旅行商的驻地出发，经过每个城市，最后返回驻地的最短旅行路径。下面请分别采用模拟退火算法和遗传算法求解旅行商问题。

第 6 章　基于经验的启发式搜索

导读

　　无信息的盲目搜索方法按照事先规定策略进行搜索，搜索过程机械，具有较大的盲目性，生成的无用节点较多，搜索空间较大，因而效率不高。除了节点的深度信息之外，如果能够利用与问题相关的一些特征信息来预测目标节点的存在方向，并沿着该方向搜索，则有希望缩小搜索范围，提高搜索效率。利用节点的特征信息这些直观经验来引导搜索过程的一类方法称为启发式搜索。

本章知识点

- 启发信息与评价函数
- 状态空间的启发式搜索：最好优先搜索算法、分支限界法、最佳图搜索算法 A*
- 与或图的启发式搜索算法 AO*
- 博弈树的搜索

6.1　启发式搜索的基本思想

　　启发式搜索方法的基本思想是利用节点的特征信息引导搜索过程，任何一种启发式搜索算法在生成一个节点的全部子节点之前，都使用评价函数判断这个"生成"过程是否值得进行。评价函数为每个节点计算一个整数值，称为该节点的评价函数值。通常，评价函数的意义是代价时，评价函数值小的节点被认为是值得"生成"的。

6.1.1　启发信息与评价函数

　　在搜索过程中，关键的是在下一步选择哪个节点进行扩展[⊖]，选择的方法不同就形成了不同的搜索策略。如果在选择节点时能充分利用它与问题有关的特征信息估计出它对尽快找到目标节点的重要性，就能在搜索时选择重要性较高的节点，以便快速找到解或者最优解，称这样的过程为启发式搜索。"启发式"实际上是一种"大拇指准则"（Thumb Rules），即在大多数情况下是成功的，但不能保证一定成功的准则。

　　⊖　按照惯例，"扩展节点 n"的含义是"生成节点 n 的全部子节点"。

用来评估节点重要性的函数称为评价函数。评价函数 $f(n)$ 对从初始节点 S_0 出发，经过节点 n 到达目标节点 S_g 的路径代价进行估计。其一般形式为

$$f(n) = g(n) + h(n) \tag{6-1}$$

式中，$g(n)$ 表示从初始节点 S_0 到节点 n 的已获知的最小代价；$h(n)$ 表示从 n 到目标节点 S_g 的最优路径代价的估计值，它体现了问题的启发式信息。所以，$h(n)$ 被称为启发式函数。$g(n)$ 和 $h(n)$ 的定义都要依据当前处理的问题的特性，$h(n)$ 的定义更需要算法设计者的创造力。下面介绍在八数码问题上 $g(n)$ 和 $h(n)$ 的定义方法。

在八数码问题中，有一个 3×3 的棋盘，其中 8 个格子上放着带数字的卡片，1 个格子空白，每张卡片可以被移动到与它相邻的空白格子，求解的目标是将棋盘上卡片的初始格局通过一系列移动卡片的操作变换到目标格局。图 6-1 是八数码问题一个实例，其中 S_0 表示初始格局，S_g 表示目标格局。评价函数可以表示为

$$f(n) = g(n) + h(n) \tag{6-2}$$

式中，$g(n)$ 定义为节点 n 在搜索树中的深度；$h(n)$ 定义为节点 n 中不在目标状态中相应位置的数字卡片个数，$h(n)$ 包含了问题的启发式信息。可以看出，一般来说某节点 n 的 $h(n)$ 越大，即"不在目标位"的数字卡片个数越多，说明目标节点离节点 n 越远，进而可以认为"扩展"节点 n 就相对不重要。以八数码问题为例，在图 6-1 中，对于初始节点 S，由于 $g(S)=0$，$h(S)=5$，因此 $f(S)=5$。

图 6-1　八数码问题

$f(n)$ 由 $g(n)$ 和 $h(n)$ 两部分组成，启发式搜索算法可以使用 $f(n)$ 的不同组合，进而表现出不同的特性。例如，有的算法使用 $f(n)= g(n)$，有的算法使用 $f(n)=h(n)$，有的算法使用 $f(n)=g(n)+h(n)$。

6.1.2　启发式搜索策略

启发式搜索策略的目标是，通过优先考察最有希望出现在较短解路径上的节点，来显著提高搜索的有效性。启发式搜索是利用启发性信息进行指导的搜索。启发性信息就是有利于尽快找到问题之解的信息，按其用途可分为如下三种：

1）用于扩展节点的选择。即决定应先扩展哪一个节点，以免盲目地扩展。

2）用于生成节点的选择。即在扩展一个节点的过程中，用于决定将生成哪一个或哪几个后继节点，以免盲目地同时生成所有可能的节点。

3）用于删除节点的选择。即决定应该从搜索树中抛弃或修剪哪些节点，以免造成进一步的时空浪费。

需要指出的是，不存在适合所有问题的万能启发性信息，即不同的问题有不同的启发性信息。本章只讨论利用上述第一种启发性信息的状态空间的搜索方式，即决定哪个是下一步要扩展的节点。

下面分别介绍以启发式函数 $f(n)=h(n)$ 作为指导节点扩展的搜索算法，即贪婪最好优先搜索算法；以代价函数 $f(n)=g(n)$ 指导节点扩展的搜索算法，即分支限界法；以评价函数 $f(n)=g(n)+h(n)$ 作为指导节点扩展的搜索算法，即最佳图搜索算法 A*。

6.2 状态空间的启发式搜索

6.2.1 最好优先搜索算法

为了处理状态空间存在环的情况，最好优先搜索（Best-First Search，BFS）算法用 OPEN 表和 CLOSED 表记录状态空间中那些被访问过的所有状态。这两个表中的节点及它们关联的边构成了状态空间的一个子图，称为搜索图。OPEN 表存储的节点 n 的启发式函数值已经计算出来，但是 n 还没有被"扩展"。CLOSED 表存储的节点是已经被扩展的节点。该类算法每次迭代从 OPEN 表中取出一个较优的节点 n 进行扩展，将 n 的每个子节点根据情况放入 OPEN 表。算法循环直到发现目标节点或者 OPEN 表为空。算法中的每个节点带有一个父指针，该指针用于合成解路径。

最好优先搜索算法的具体描述如下：

Procedure Best-First Search

Begin

建立只含初始节点 S_0 的搜索图 G，计算 $f(S_0)$ 并将 S_0 放入 OPEN 表；

CLOSED 表初始化为空；

While OPEN 表不空 **Do**

Begin

选择 OPEN 表中 $f(n)$ 值最小的节点 n，将其从 OPEN 表删除并放入 CLOSED 表；

If n 是目标节点 **Then** 根据 n 的父指针返回从 S_0 到 n 的路径，算法停止。

Else

Begin

扩展节点 n；

If 结点 n 有子节点 **Then**

Begin

生成 n 的子节点 $\{m_i\}$，子节点加入到 G 中，并计算初始节点经由节点 n 到达 m_i 的评价函数值 $f(n \rightarrow m_i)$；

If $mi \notin$ OPEN and $m_i \notin$ CLOSED **Then** 将 m_i 的父指针指向 n，将 m_i 放入 OPEN 表；

If $m_i \in$ OPEN and $f(n \rightarrow m_i) \leqslant f(m_i)$ **Then** $f(m_i)= f(n \rightarrow m_i)$，将 m_i 的父指针更改为指向 n；

If $m_i \in$ CLOSED and $f(n \rightarrow m_i) \leqslant f(mi)$ **Then** $f(m_i)= f(n \rightarrow m_i)$，将 m_i 的父指针更改为指向 n，并且将 mi 从 CLOSED 表移到 OPEN 表；

按 f 值从小到大的次序，对 OPEN 表中的节点进行排序；

End

End

End

End

上述搜索算法生成一个明确的图 G（称为搜索图）和一个 G 的子集 T（称为搜索树），树 T 中的每一个节点也在图 G 中。搜索树是由节点的父指针来确定的。G 中的每一个节点（除了初始节点 S_0）都有一个指向 G 中一个父辈节点的指针。该父辈节点就是那个节点在 T 中的唯一父辈节点。算法中（3）、（4）步保证对每一个扩展的新节点，其父指针的指向是已经产生的路径中代价最小的。

如果将最好优先搜索算法中的 $f(n)$ 实例化为 $h(n)$，即为贪婪最好优先搜索（Greedy Best-First Search，GBFS）算法。可以看出，GBFS 算法在判断是否优先扩展一个节点 n 时仅以 n 的启发值为依据。节点 n 的启发值越小，表明从 n 到目标节点的代价越小，因而 GBFS 算法沿着 n 所在的分支搜索就越可能发现目标节点。因此，GBFS 算法一般可以较快地计算出问题的解。

以八数码问题为例，令启发函数 $h(x)$ 为结点 x 的棋局与目标棋局相比数码位置不同的个数，则搜索树如图 6-2 所示，图中结点旁边的数字为该结点启发函数的值。

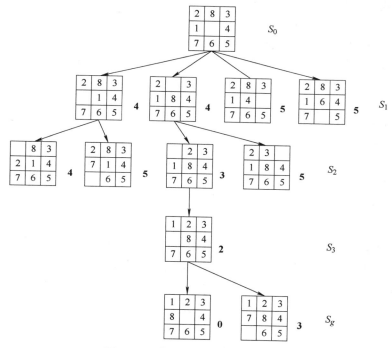

图 6-2　八数码问题的最好优先搜索

但是，GBFS 算法得出的解是否是最优的？考虑如下情况，OPEN 表中有两个节点 n 和 n'，其中 $g(n)=5$，$h(n)=0$，$g(n')=3$，$h(n')=1$，而且 n 和 n' 的 h 值分别是它们与目标节点的真实距离，在此情况下，GBFS 将扩展 n 而不是 n'。显然，经过 n 发现的解的代价高于经过 n' 发现的解的代价，所以 GBFS 返回的不是最优解。仔细分析 BFS 算法的流程可以发现，当 $f(n)=h(n)$ 时，其中的步骤（3）和（4）将不会对 n 的信息做改变。与 GBFS 算法相对，假如 BFS 算法中的 $f(n)$ 被实例化为 $f(n)=g(n)$，则得到宽度优先搜索算法。读者可以在图的最短路径问题上将 $g(n)$ 定义为源节点到 n 的路径长度，分析此命题的正确性。

6.2.2　分支限界法

　　分支限界法在文献中通常称为统一代价搜索（Uniform–Cost Search），该方法按照递增的代价，更精确地说，按照非递减代价制定路径。路径的估计代价 $f(n)=g(n)$，也等价地说，估计 $h(n)$ 处处都为 0。这种方法与广度优先搜索的相似性显而易见，即首先访问最靠近起始节点的节点。但是，使用分支限界法，代价值可以假设为任何正实数值。这两个搜索之间的主要区别是，最好优先搜索努力找到通往目标的某一路径，然而分支限界法努力找到一条最优路径。使用分支限界法时，一旦找到了一条通往目标的路径，这条路径很可能是最优的。为了确保这条找到的路径确实是最优的，分支限界法继续生成部分路径，直到每条路径的代价大于或等于所找到的路径的代价。普通的分支限界法的具体算法如下：

Procedure Branch-and-Bound Search
Begin
　　将根节点放入队列 Q；
　　Repeat
　　　　从队列中取出排序最靠前的路径的末端节点 N；
　　　　If N 是目标节点 **Then** 返回从根节点到 N 的路径并结束；
　　　　Else
　　　　Begin
　　　　　　If N 有子节点 **Then** 将 N 的子节点按一定顺序插入路径；
　　　　　　将队列 Q 中的路径按照路径长度由小到大的顺序排序；
　　　　End
　　Until 队列为空；
　　返回失败（队列为空且未找到目标节点）；
End

　　图 6-3 为用来说明从起始节点 A 到目标节点 G 的路径搜索算法的树（其中 G_1 和 G_2 均表示 G，H_1、H_2 同理）。因为分支限界法不采用启发式估计值，所以这些启发式估计值不包括在图中。

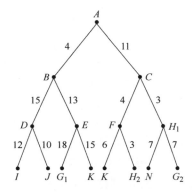

图 6-3　没有启发式估计值的搜索树

从根节点 A 开始，生成从根开始的路径，如图 6-4a 所示；因为 B 具有最小代价，所以被扩展，如图 6-4b 所示；在 3 个选择中，C 具有最小代价，因此被扩展，如图 6-4c 所示；节点 H_1 代价最低，因此被扩展，如图 6-4d 所示；发现了到 G_2 的路径，但为查看是否有路径到目标的距离更小，需扩展到其他分支，如图 6-4e 所示；F 节点具有最小代价，因此被扩展，如图 6-4f 所示；继续扩展的其余部分，如图 6-4g 所示。

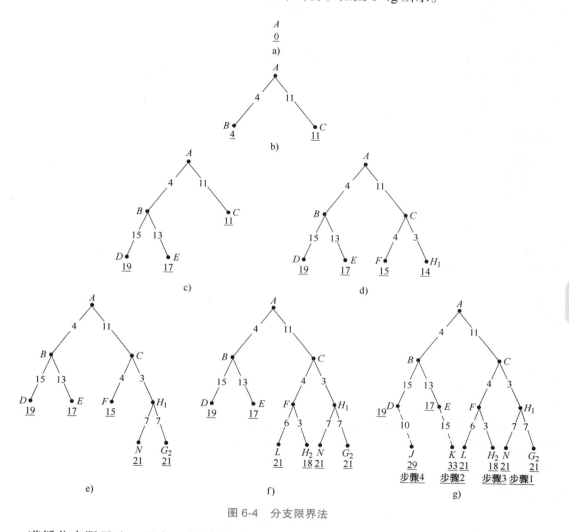

图 6-4　分支限界法

遵循分支限界法，寻求一条到达目标的最佳路径，如图 6-4 所示，我们观察到，节点按照递增的路径长度扩展，直到任何部分的路径的代价大于或等于到达目标的最短路径 21。图 6-4g 中的四个步骤如下：

步骤 1：由于当前节点 N 的代价已经为 21，因此路径延长后，到达目标节点 G 的代价总和必然超过 21，所以不对其进行路径延长。

步骤 2：下一条最短路径，$A \rightarrow B \rightarrow E$ 被延长了，但它的代价超过了当前最短路径 21，且还未到达目标节点 G，因此不再进行延长。

步骤 3：到节点 L 的代价已经为 21，因此不再被延长；由于节点 H_2 和 H_1 属于同一节点，且到达此节点的路径 $A \rightarrow C \rightarrow H_1$ 的代价小于 $A \rightarrow C \rightarrow F \rightarrow H_2$，因此 H_2 不再被延长。

步骤 4：下一条最短路径，$A \rightarrow B \rightarrow D$ 被延长了，当前代价是 29，超过了已找到的到达目标的最短路径的代价，因此不再进行延长。

图 6-4g 中，分支限界法得到的最短路径是 $A \rightarrow C \rightarrow H_1 \rightarrow G_2$，代价为 21。

图 6-5a 是五个城市交通路线图，A 城市是出发地，E 城市是目的地，两城市之间的交通费用（代价）如图中数字所示。试求从 A 到 E 最小费用的旅行路线。

画出如图 6-5b 所示的代价树。在代价树中，首先对 A 进行扩展，得到 C_1 和 B_1，由于 C_1 的代价小于 B_1 的代价，所以把 C_1 送入 CLOSED 表进行考察。对 C_1 扩展得到 D_1，由于 B_1 的代价小于 D_1，所以把 B_1 送入 CLOSED 表进行考察。扩展 B_1 得到 D_2 和 E_1，在 OPEN 表中的 D_1、D_2 和 E_1 三个节点中，它们的代价 $g(D_1)<g(D_2)<g(E_1)$，所以把 D_1 送入 CLOSED 表进行考察。扩展 D_1 得到 E_2 和 B_2，在 OPEN 表中 $g(E_2)=g(D_2)<g(B_2)<g(E_1)$，所以考察 E_2。E_2 是目标状态节点，所以采用分支限界法得到路径为 $ACBE$，这是一条最小费用路径。

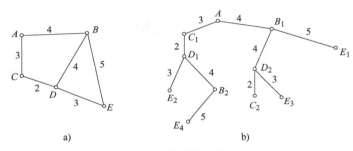

图 6-5 交通图及其代价树

6.2.3 最佳图搜索算法 A*

如果 BFS 算法中的 $f(n)$ 被实例化为 $f(n)=g(n)+h(n)$，则称为 A 算法。进一步细化，如果启发函数 h 满足对于任一节点 n，$h(n)$ 的值都不大于 n 到目标节点的最优代价，则称此类 A 算法为 A* 算法。A* 算法在一些条件下能够保证找到最优解即 A* 算法具有最优性。下面首先以八数码为例（图 6-6）介绍 A 算法的运行过程，然后介绍对 A* 算法最优性的分析。

A 算法运行的初始时刻，OPEN 表中只有初始节点，对其进行扩展得到图 6-6 中的第二层节点，将这些节点全部放入 OPEN 表。在第二次迭代过程中，A 算法选择 OPEN 表中具有最小 f 值为 1+3=4 的节点扩展，得到第三层的 3 个节点，并将它们放入 OPEN 表。在第三次迭代中，A 算法选择 OPEN 表中 f 值为 2+3=5 的节点进行扩展。在第四次迭代中，A 算法选择 OPEN 表中 f 值为 2+3=5 的另一个节点进行扩展。在第五次迭代中，A 算法选择 OPEN 表中 f 值为 3+2=5 的节点进行扩展。在第六次迭代中，A 算法选择 OPEN 表中 f 值为 4+1=5 的节点进行扩展。在第七次迭代中，A 算法选择 OPEN 表中 f 值为 5 + 0=5 的节点进行扩展。通过此例可以发现，A 算法相对于宽度优先搜索和深度优先搜索都具有优势。

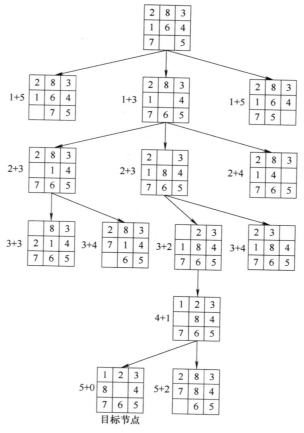

图 6-6 八数码问题的全局择优搜索树

但是，由于对启发函数 h 没有任何限制，A 算法不能保证找到最优解。经研究发现，A 算法在以下三个条件成立时能够保证得到最优解：

1）启发函数 h 对任一节点 n 都满足 h(n) 不大于 n 到目标的最优代价。

2）搜索空间中的每个节点具有有限个后继。

3）搜索空间中每个有向边的代价均为正值。

为了表明此类 A 算法的重要性，将此类 A 算法称为 A* 算法，称上述三个条件为 A* 算法的运行条件。

对 h 的限制可以更为正式地表述如下：令 h* 是能计算出任意节点到目标的最优代价的函数，称为"完美启发函数"。如果 $\forall n: h(n) \leqslant h^*(n)$，则称 h 为可采纳的启发函数 (Admissible Heuristic Function)，或者称 h 是可采纳的，或者简称为可纳的。此外，也引入函数 g*，它能计算从起始节点到任意节点的最优代价。定义评价函数：$f^*(n)=g^*(n)+h^*(n)$。这样 $f^*(n)$ 就是从起始节点出发经过节点到达目标节点的最佳路径的总代价。

把评价函数 f(n) 和 $f^*(n)$ 相比较，g(n) 是对 $g^*(n)$ 的估价，h(n) 是对 $h^*(n)$ 的估价。在这两个估价中，尽管 g(n) 容易计算，但它不一定就是从起始节点 S 到节点 n 的真正的最短路径的代价，很可能从初始节点 S 到节点 n 的真正最短路径还没有找到，所以一般都有

$g(n)>g^*(n)$。A* 算法中对 $g(n)$ 和 $h(n)$ 的限制如下：

1) $g(n)$ 是对 $g^*(n)$ 估计，且 $g(n)>0$。

2) $h(n)$ 是 $h^*(n)$ 的下限，即对任意节点 n 均有 $h(n) \leqslant h^*(n)$。

其中 $h(n) \leqslant h^*(n)$ 的限制十分重要，它保证 A* 算法能够找到最优解。

在图 6-1 所示的八数码问题中，尽管并不知道 $h^*(n)$ 具体为多少，但在定义 $h(n)=\omega(n)$ 时保证了 h 的可采纳性。这是因为 $\omega(n)$ 统计的是"不在目标状态中相应位置的数字卡片个数"，这相当于假定把不在目标位置的一个数字卡片移动到它的目标位置仅需一步，而实际情况下把一个数字卡片移到目标位置应该需要一步以上。所以 $\omega(n)$ 必然不大于 $h^*(n)$。应当指出，同一问题启发函数 $h(n)$ 可以有多种设计方法。在八数码问题中，还可以定义启发函数 $h(n)=p(n)$，其中 $p(n)$ 为节点 n 的每一数字卡片与其目标位置之间的欧几里得距离总和。显然有 $p(n) \leqslant h^*(n)$，相应的搜索过程也是 A* 算法。然而 $p(n)$ 比 $\omega(n)$ 有更强的启发性信息，因为由 $h(n)=p(n)$ 构造的启发式搜索树比 $h(n)=\omega(n)$ 构造的启发式搜索树节点数要少。这一结论在后面关于 A 算法特性的讨论中说明。

现在给出一些关于算法性质的定义，为了叙述方便，将一个算法记作 M。

完备性：如果存在解，则 M 一定能找到该解并停止，则称 M 是完备的。

可纳性：如果存在解，则 M 一定能够找到最优的解，则称 M 是可纳的。

优越性：一个算法 M_1 优越于另一个算法 M_2，指的是如果一个节点由 M_1 扩展，则它也会被 M_2 扩展，即 M_1 扩展的节点集是 M_2 扩展的节点集的子集。

最优性：在一组算法中如果 M 比其他算法都优越，则称 M 是最优的。

定理 6.1 说明了 A* 算法的完备性和可纳性。为了证明该定理，我们首先介绍引理 6.1。

引理 6.1 在 A* 算法停止之前的每次节点扩展前，在 OPEN 表上总是存在具有如下性质的节点 n^*：

1）n^* 位于一条解路径上。

2）A* 算法已得出从初始节点 S_0 到 n^* 的最优路径。

3）$f(n^*) \leqslant f^*(S_0)$。

证明：为证明此引理在 A* 算法的每次节点扩展前都成立，只需证明：①本引理在 A* 算法初始执行时成立。②若本引理在一个节点被扩展之前成立，则在该节点被扩展之后本引理同样成立。按照此思路，采用归纳法进行证明。为叙述方便，以下简称 A* 算法为 A*。

归纳基础：在 A* 算法第 1 次节点扩展前（即 S_0 被选择进行扩展之前），S_0 在 OPEN 表中，S_0 位于一条最优解路径上（因为所有的解路径都以 S_0 为起点），并且 A* 已得知从 S_0 到 n^* 的最优路径。此外，根据 f 的定义，有

$$f(S_0)=g(S_0)+h(S_0)=h(S_0) \leqslant h^*(S_0) \leqslant g^*(S_0)+h^*(S_0)=f^*(S_0) \tag{6-3}$$

因此，在第 1 次节点扩展前，S_0 就是满足引理结论的 n^*。

归纳步骤：假设引理在第 m 次（$m \geqslant 0$）结点扩展后成立，证明本引理在第 $m+1$ 次节点扩展后仍成立。

假定 A* 算法在扩展 m 个节点后，OPEN 表中存在一个节点 $n*$，A* 算法已知从 S_0 到 $n*$ 的最优路径。那么，若 $n*$ 在第 $m+1$ 次扩展中未被选择，则它在第 $m+1$ 次扩展后是满足引理要求的节点 $n*$，在此情况下引理得证。另一方面，若 $n*$ 在第 $m+1$ 次扩展时被选择，则 $n*$ 的每一个未在 OPEN 表和 CLOSED 表中出现的子节点都将被放入 OPEN 表，而且，这些新的子节点中必然存在一个节点（记为 n_p）位于最优解路径上（因为经过 $n*$ 的最优解路径必然在经过 $n*$ 后再经过 $n*$ 的某个子节点，所以 n_p 必然存在）。n_p 也满足性质 2），即 A* 已得出从 S_0 到 n_p 的最优路径，该路径记为 P_1：由到达 $n*$ 的最优路径再连接上 $n*$ 到 n_p 的有向边而组成。如果从 S_0 到达 n_p 的最优路径不同于 P_1，则 P_1 不构成最优解路径，从而与 $n*$ 在最优解路径上的假设相矛盾。因此，n_p 满足性质 1）和 2）。下面还需证明性质 3）在所有归纳步骤中成立，即证明性质 3）在 A* 停止前的 $0 \sim m$ 次扩展时都成立。

对于任一节点 $n*$（$n*$ 在最优解路径上，且 A* 算法已得出从 S_0 到 $n*$ 的最优路径，即 $g(n*)=g*(n*)$），它满足如下不等式

$$f(n*)=g(n*)+h(n*) \leqslant g*(n*)+h*(n*) \leqslant f*(n*) \leqslant f*(S_0) \tag{6-4}$$

因此，性质 3）成立。至此，本引理得证。

定理 6.1　若 A* 算法的运行条件成立，并且搜索空间中存在从初始节点 S_0 到目标节点的代价有穷的路径，则 A* 算法保证停止并得出 S_0 到目标节点的最优代价路径。

证明：在引理 6.1 的基础上，证明本定理。首先证明如果搜索空间存在目标节点，则 A* 必然停止，然后证明 A* 在停止时已找到最优解路径。

首先证明 A* 必然停止：假设它不停止，则它将不断扩展 OPEN 表中的节点。我们已假定搜索空间的分支因子（每个节点的平均子节点数目）为一个有穷值，且每条有向边的权值为正数。所以，随着 OPEN 表上的节点在搜索树中的深度增加，它们的 g 值将无限增长。这种增长必然导致 A* 在未来的一次节点扩展时 OPEN 表中所有节点的 g 值都大于 $f*(S_0)$，此情况与引理 6.1 矛盾。因此 A* 算法必然停止。

其次证明 A* 算法停止时已找到一条最优的解路径。A* 只有在 OPEN 表为空或者当前扩展的节点为目标节点时才停止。前一个停止条件在不存在目标节点的搜索空间上发生。而本定理要求搜索空间存在目标节点。因此 A* 必然在扩展一个目标节点时停止。那么，现在只需说明该目标节点是否是最优的。假设 A* 算法在停止时扩展的目标节点不是最优的，并记此节点为 n_{g2}，而最优目标节点为 n_{g1}。易知，在此情况下，$f*(n_{g2})>f*(S_0)$，$f*(n_{g1})=f*(S_0)$。此假设与引理 6.1 矛盾。因为引理 6.1 说明：在 A* 选择 n_{g2} 之前，OPEN 表上必然存在一个节点 $n*$ 满足 $f*(n*) \leqslant f*(S_0)$。由于 $f*(n*) \leqslant f*(S_0)$，所以 A* 在考察 n_{g2} 和 $n*$ 时必然选择 $n*$ 而不是 n_{g2}，这与假设选择了 n_{g2} 相矛盾。

至此，定理 6.1 得证。

从以上分析可见，启发函数 h 的性质影响 A* 算法的可纳性。实际上，h 还影响 A* 算法的节点扩展数目和实现细节。对于两个可纳的启发函数 h_1 和 h_2，如果对于任一节点 n 满足 $h_1(n) \leqslant h_2(n)$，则称 h_2 的信息量大于 h_1。当 A* 算法使用信息量大的启发函数时，其扩展的节点数目要少，表现出"优越性"。另外，如果启发函数具有"单调性"，则 A* 算法不必在重复访问一个节点时修改该节点的父指针。

6.3　与或图的启发式搜索

启发式搜索可以应用于与或图（AND–OR 图）的反向推理问题。与或图的反向推理过程可以表示一个问题归约过程。问题归约的基本思想是：在问题求解过程中，将一个大的问题变换成若干个子问题，再将这些子问题分解成更小的子问题，这样继续分解，直到所有的子问题都能被直接求解为止。问题归约方法之所以可行，是因为根据全部子问题的解就能构造出原问题的解。一般地，待求解的问题称为初始问题，能直接求解的问题称为本原问题。问题归约是不同于状态空间法的另一种问题描述和求解方法。

6.3.1　问题归约表示

首先以一个自动推理的例子介绍基于问题归约思想求解问题的过程。

【例 6-1】　给定如下一组命题公式，给出证明命题 r 成立的证明序列。

$$\{p, t, p \wedge t \to q, p \to m, s \to q, q \to r\} \tag{6-5}$$

解： 该问题解的证明序列为 p，t，$p \wedge t \to q$，$p \to m$，$s \to q$，$q \to r$。那么，如何得到这个解？可以采用正向的思考，也可以采用反向的思考。

正向思考过程通常如下：根据 p 和 $p \to m$ 可以得出 m 成立，根据 p，t 和 $p \wedge t \to q$ 得出 q 成立，根据 q 成立和 $q \to r$ 得出 r 成立。基于此过程，构造出证明序列。

反向思考过程通常如下：若要证明 r 成立，就必须利用能推导出 r 的蕴含式 $q \to r$；进而要证明 q 成立，可以利用蕴含式 $s \to q$ 或者 $p \wedge t \to q$；如果利用蕴含式 $s \to q$，则要证明 s 成立，但给出的公式集合中不含 s，而且也不含后件为 s 的蕴含式，所以此条路径不通；如果利用 $p \wedge t \to q$ 证明 q 成立，则要求 p 和 t 都成立，由于 p 和 t 都在给定的公式集中存在，所以无须继续证明。至此，能够构造出证明序列。

在此例中，反向思考的过程就是问题归约的思想。例如，将"证明 r 成立"的问题通过蕴含式 $q \to r$ 转化为"证明 q 成立"的问题；将"证明 q 成立"的问题通过 $p \wedge t \to q$ 转化为"证明 p 成立"与"证明 t 成立"两个问题；"证明 p 成立"的问题由于，在命题集合中存在而能被立即解决；同理，"证明 t 成立"的问题也能被立即解决。当然，我们在思考过程中也曾尝试过将"证明 q 成立"的问题通过 $s \to q$ 转化为"证明 s 成立"的问题，在发现"证明 s 成立"的问题无法解决后而终止这个方向的尝试。

正向思考和反向思考在效率上存在差别，但取决于具体的问题，没有绝对的优劣之分。例如，对于给定 $\{p, p \to q, p \to r, p \to s\}$，要证明 s 成立，则应用反向思考的效率高；对于给定 $\{p, t \to s, r \to s, p \to s\}$，要证明 s 成立，则应用正向思考的效率高。

下面介绍基于问题归约思想求解问题的基本概念和方法。从问题归约的角度，一个问题表示为三元组（S_0，O，P），其中：

初始问题 S_0，即要求解的问题。

本原问题集 P，其中的每一个问题是不用证明的，自然成立的（如公理、已知事实等）或已证明过的问题。

操作算子集 O，是一组变换规则，通过一个操作算子把一个问题化成若干个子问题。

这样，基于问题归约的求解方法就是由初始问题出发，运用操作算子生成一些子问题，对子问题再运用操作算子生成子问题的子问题，如此进行到产生的问题均为本原问题为止，则初始问题得解。

6.3.2 与或图及解图

我们用一种图表示问题归约为子问题的所有可能过程。例如，用图 6-7 表示例 6-1，其中，方块节点表示问题，节点之间的有向边表示源节点对应的问题可分解为目标节点对应的问题。例如，有向弧 $<r, q>$ 表示 r 对应的问题可以分解为 q 对应的问题。在该图中，q 是一个特殊的节点，q 指向 p 和 t 的有向边是一条特殊的边。q 指向 p 和 t 的两条有向边被一个圆弧连接，用于表示 q 被分解（归约）为 p 与 t：只有当 p 和 t 对应的问题都被解决时，q 才能被解决。圆弧连接的有向边看作一个整体，有向边 $<q, m>$ 看作另一个整体，这两个整体表示可以将 q 按照前一个整体进行分解，或者将 q 按照后一个整体进行分解。

将图 6-7 抽象为一种称为超图（Hypergrah）的结构，用二元组（N, H）表示，其中：

N 为节点的有穷集合。

H 为超边（Hyperarce）的集合；一个超边表示为 $<s, D>$，其中 $s \in N$，称 s 为该超边的源节点，$D \subseteq N$，称 D 为该超边的目标节点集。超边也称为"k 连接符"（K-Connector），其中 $k=|D|$。

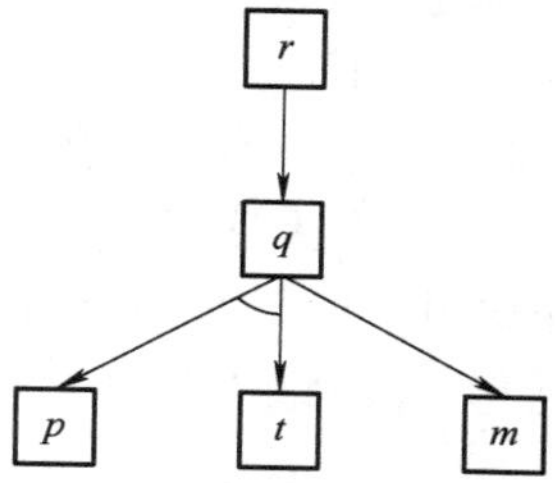

例如，图 6-7 的超图表示为：（N_1, H_1），$N_1=\{r, q, p, t, m\}$，$H =\{<r, \{q\}>, <q, \{p, t\}>, <q, \{m\}>\}$，其中：

图 6-7 问题归约的图形化表示

超边 $<r, \{q\}>$ 称作"1 连接符"，超边 $<q, \{p, t\}>$ 称作"2 连接符"。可以看出，普通的图可以用超图的数学形式表示，因此，普通图是超图的特例。

从问题归约的角度看，超图可以表示问题以及问题的分解方法。此外，为了表示本原问题集合、初始问题，需要再增加两个元组。我们称此类图为与或图（AND-OR 图），它的四元组表示为（N, n_0, H, T），其中：

1）N 是节点集合，其中每个节点对应一个唯一的问题。

2）$n_0 \in N$，对应于初始问题。

3）H 是超边的集合，其中每个超边 $<s, D>$ 表示节点 s 对应的问题的一个可行的分解方法。若 $|D|=1$，则该超边称为"或弧"，同时称 D 中节点为 s 的"或子节点"（OR-Node），也称它为 s 的"或后继"（OR-Descendents）；若 $|D|>1$，则该超边称为"与弧"，同时称 D 中节点为 s 的"与子节点"（AND-Node），也称它们为 s 的"与后继"（AND-Descendents）。

4）T 是 N 的子集，其中每个节点对应的问题都为本原问题，T 中的节点也称为叶节点。

与或图（N, n_0, H, T）的每个以 n_0 为根节点的子图可以表示一种对初始问题逐步分解的过程。例如，图 6-8a、b 分别是图 6-7 的两个不同的子图，其中图 6-8a 所表示的分解过程能够解决初始问题，称这样的图为与或图（图 6-7）的解图，而图 6-8b 所表示的分解过程不能解决原始问题。如果能设计一种算法，它能从一个与或图中找出性质如图 6-8a

的解图，则该算法就找到了解决初始问题的一个分解过程。下面首先提供一些概念用于区分这两种子图，然后讨论用于搜索解图的算法。

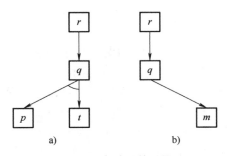

图 6-8 与或图的子图

下面首先给出可解节点（Solved Nodes）和不可解节点（Unsolvable Nodes）的概念，然后定义解图。假定与或图的子图中每个节点至多有一个 k 连接符，其中的一个可解节点递归地定义如下：

1）叶节点是可解节点。

2）一个节点是可解的，当且仅当以它为源节点的某一条 k 连接符可解。

3）一个 k 连接符可解，当且仅当该连接符的每个目标节点都可解。

将不是叶节点的节点简称为非叶节点，并递归定义不可解节点如下：

1）无后继的非叶节点是不可解的。

2）一个节点是不可解的，当且仅当以它为源节点的所有 k 连接符都不可解。

3）一个 k 连接符是不可解的，当且仅当该连接符存在一个不可解的目标节点。

导致初始节点可解的那些可解节点及相关超边组成的子图称为该与或图的解图。

一个归约问题的与或图可能有多个解图与之对应，那么，其中哪个解图更优？为了评价解图的优劣，根据归约问题为每个本原问题赋予相应的权重，为每个操作算子赋予相应的权重，由这些权重来表示相应的费用。操作算子的权重一般用于表达根据子节点的解构造出父节点的解的费用。父节点的费用定义为相应的操作算子的费用与子结点费用之和。一个解图的费用定义为该图中初始节点的费用。基于以上的概念，计算一个归约问题的最优解的问题对应于计算该问题的与或图的一个费用最小的解图的问题。称具有最小费用的解图为最优解图。由于与或图的规模巨大，仍然采用一边扩展与或图一边进行搜索的方法。为了将搜索过程引向能发现最优解图的超边，一般使用启发函数估算每个节点的真实费用，搜索方向总是偏向于启发函数值较低的节点。

假设任一节点 n 到目标集 S_g 的费用估计为 $h(n)$，则节点 n 的费用计算方法如下：

1) 如果 $n \in S_g$，则 $h(n)=0$，否则 $h(n)$ 是以 n 为源节点的 k 连接符的费用的最小值。

2) 一个 m 连接符 $<n, \{n_1, n_2, \cdots, n_m\}>$ 的费用为 $h(n)=m+h(n_1)+h(n_2)+h(n_m)$。

6.3.3 AO* 算法

为了在与或图中找到最优解图，需要一个类似于 A* 的算法，Nilsson 因而提出了 AO* 算法，它和 A* 算法是不同的，主要有以下两个区别。

区别 1：AO* 算法能考虑"与弧"的费用，而 A* 算法不能。

为了弄清为什么 A* 算法不足以搜索与或图，可以考察如图 6-9a 所示的与或图。扩展顶点 A 产生两个子节点集合，一个为节点 B，另一个由节点 C、D 组成。在每个节点旁边的数表示该节点的 f 值。为简单起见，假定对应于 k 连接符的操作算子的费用为 k。若采用 A* 算法考察节点并从中挑选一个带最低 f 值的节点扩展，则要挑选 C。但根据现有信息，最好去搜索穿过 B 的那条路径，因为扩展 C 也得扩展 D，其总耗费为 9，即（f(D)+f(C)+2）；而穿过 B 的耗费为 6。问题在于下一步要扩展节点的选择不仅依赖于该节点的 f 值，而且取决于该节点是否属于从初始节点出发的当前最短路径的一部分。对此，如图 6-9b 所示的与或图更加清楚。按 A* 算法，最有希望的节点是 G，其 f 值为 3。G 节点是 C 的后继，C 也是 B、C、D 中最有希望的节点，其总耗费为 9。但 C 不是当前最优路径的一部分，因为用 C 需用 D，而 D 的耗费为 27。因此不应扩展 G，而应考虑 E 和 F。

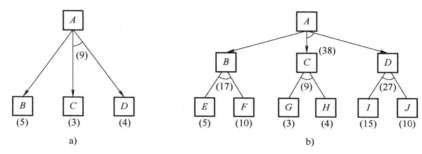

图 6-9　与或图

由此可见，为了保证搜索到一个最优解图，在搜索与或图时，每步需做以下三件事：

1）遍历图，从初始节点开始，沿当前最优路径，记录在此路径上未扩展的节点集。

2）从这些未扩展的节点中选择一个进行扩展。将其后继节点加入图中，计算每个后继节点的 f 值（只需计算 h，不计算 g）。

3）改变最新扩展节点的 f 估值，以反映由其后继节点提供的新信息。将这种改变向上回传至整个图，在往后回传时，对每一个节点判断其后继路径中哪一条路径最有希望并将它标记为目前最优路径的一部分。这种图的往上回传并修正费用估计的工作在 A* 算法中是不必要的，因为 A* 只需考察未扩展节点。但现在必须考察已扩展节点以便挑选目前的最优路径。

图 6-10 所示的搜索过程说明 AO* 算法需要以下四步：

第一步：A 是唯一节点，因此它在目前最优路径的末端。

第二步：扩展 A 后得到节点 {B, C} 和 D，因为扩展 {B, C} 的费用为 9 即 3+4+2，得出 A 的费用为 6，所以把到 D 的路径标记为出自 A 的最有希望的路径（被标记的路径在图中用箭头指出）。

第三步：沿着最有希望的路径扩展 D，得到 {E, F}，得出 D 的费用估计为 10，故将 D 的 f 值修改为 10。往上退一层发现，A 到节点集 {B, C} 的耗费为 9，所以，从 A 到 {B, C} 是当前最有希望的路径，因此，撤销对 <A, {D}> 的标记，而对 <A, {B, C}> 进行标记。

第四步：扩展节点 B，得节点 G、H，且它们的费用分别为 5、7。向上回传 f 值后，

B 的 f 值改为 6（因为 G 的弧最佳）。继续向上一层回传，A 到节点集 $\{B，C\}$ 的费用更新为 12，即 6+4+2。因此，D 的路径再次成为更好的路径，所以取消 $<A，\{B，C\}>$ 的标记，再次标记 $<A，\{D\}>$。

最后求得 A 的费用为：$f(A)=\min\{12，4+4+2+1\}=11$。

从以上分析可以看出，与或图的搜索算法由两个过程组成：

1）自顶向下，沿着最优路径产生后继节点，判断节点是否可解。

2）自底向上，传播节点是否可解，做估值修正，重新选择最优路径。

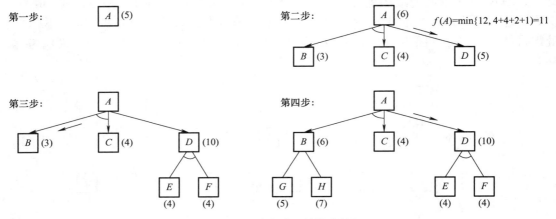

图 6-10　一个与或图的搜索过程

区别 2：如果有些路径通往的节点是其他路径上的"与"节点扩展出来的节点，那么不能像"或"节点那样只考虑从节点到节点的个别路径，有时候路径长一些可能会更好。

考虑如图 6-11a 所示的例子。图中节点已按生成它们的顺序给了序号。现假定下一步要扩展节点 10，其后继节点之一为节点 5，扩展后的结果如图 6-11b 所示。到节点 5 的新路径比通过 3 到 5 的先前路径长。但因为若要经由节点 3 而通向节点 5，还必须扩展节点 4，而节点 4 是不可解节点，所以经由节点 10 而通向节点 5 的路径更好。

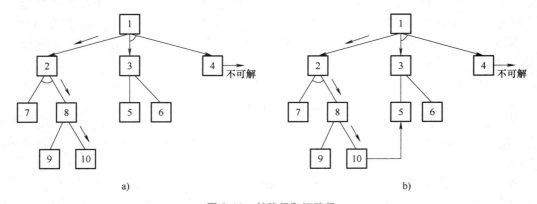

图 6-11　长路径和短路径

AO* 算法仅求解不含回路的与或图。做这种限制是因为可解的归约问题不应存在回路。回路代表了一条循环推理链。例如，在证明数学定理时会出现图 6-12 所示的问题，即：能证 Y 就能证 X；同时，能证 X 就能证 Y。而基于这样的回路无法构造出 X 或者 Y 的证明。因此，AO* 算法检测并忽略回路，具体的做法为：当生成节点 A 的一个后继节点 B 并发现 B 已在图中时，就检查 B 是不是 A 的祖先；仅当 B 不是 A 的祖先时才把最近发现的到 B 的路径加到图中。

图 6-12　循环推理

　　下面介绍 AO* 算法的主要思想。在 A* 算法中用了两张表：OPEN 表和 CLOSED 表。AO* 算法只用一个结构 G，它表达了至今已明显生成的部分搜索图。图中每一节点向下指向其直接后继节点，向上指向其直接前趋节点。图中节点 h 值估计了从该节点至一组可解节点的路径的费用。AO* 算法还使用一个称为 FUTILITY 的值。若一个解的估计费用大于 FUTILITY，则放弃搜索该路径。FUTILITY 相当于一个阈值，它使得大于费用 FUTILITY 的任一解即使存在也因为代价大而无法被选择。具体的 AO* 算法如下所示：

Procedure AO*
Begin
　　设 G 仅由代表初始问题的节点 n_0 构成，计算 $h(n_0)$；
　　Repeat
　　　　从图 G 中挑选一个未扩展的节点作为当前节点 n；
　　　　对 n 进行扩展，生成 n 的后继节点集 Suc；
　　　　If n 没有后继节点 **Then** 令 $h(n)$=FUTILITY，标记 n 为不可解节点；
　　　　Else
　　　　For 后继节点集 Suc 中所有不是节点 n 的祖先的节点 s，**Do**
　　　　　　将 s 加到图 G 中；
　　　　　　若 s 是一个叶节点，则标记 s 为 SOLVED，并令 $h(s)$=0；
　　　　　　若 s 是非叶节点，则计算它的 h 值；
　　　　End For
　　　　初始化节点集 C 为 $\{n\}$；
　　　　Repeat
　　　　　　从 C 中挑选一个节点 c，该节点的后裔均不在 C 中，并令 $C=C-\{c\}$；
　　　　　　计算以 c 为源节点的每条 k 连接符的费用，所有 k 连接符费用的最小值为 $h(c)$；
　　　　　　标记最小费用的 k 连接符为始于 c 的最佳路径；
　　　　　　If c 的某个 k 连接符关联的子节点是 SOLVED **Then** 标记 c 为 SOLVED；
　　　　　　If c 标记为 SOLVED 或 $h(c)$ 有修改 **Then** 将 c 的所有祖先加到 C 中；
　　　　Until C 为空；
　　Until n_0 标为 SOLVED（求解成功），或 $h(n_0)$ 大于 FUTILITY（无解）。
End

由此可以看出，AO* 算法主要由两个循环组成。外循环是自顶向下地进行图的扩展，它根据标记得到最佳的局部解图，挑选一个非叶节点进行扩展，并对它的后继节点计算 h 值和进行标记更新。内循环是自底向上的操作，主要进行修改费用值、标记 k 连接符和标记 SOLVED 操作，它修改被扩展节点的费用值，对以该节点为源节点的 k 连接符进行标记，并修改该节点祖先节点的费用值。步骤（4）中的考察的节点 c 在 G 中的子孙都不在 C 中，以保证修改过程是自底向上的。

下面结合图 6-13 说明 AO* 算法。开始时，在算法的步骤（3）处可知：$C=\{A\}$，在步骤（4）的①步可知：$c=A$。由于有 A 到 $\{B，C\}$ 的 k 连接符，根据该连接符知 c 的费用为：$2+h(B)+h(C)=9$；另外有 A 到 $\{D\}$ 的 k 连接符，根据该连接符知 c 的费用为：$1+h(D)=6$，所以 A 的费用为 6，将 $<A，\{D\}>$ 进行标记。这样，在下一次循环的步骤（1）处，可得 $n=D$，扩展 D 后得 $Suc=\{E，F\}$，执行之后的步骤得到 D 的新费用为 10，向上回传，由于连接符 $<A，\{D\}>$ 的新费用大于连接符 $<A，\{B，C\}>$ 的费用，所以 A 的费用更新为连接符 $<A，\{B，C\}>$ 的费用 9，此外，撤销对 $<A，\{D\}>$ 的标记，同时对 $<A，\{B，C\}>$ 做标记。

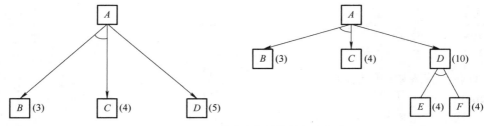

图 6-13　AO* 算法中耗费值的向上传递

6.4　博弈树的搜索

博弈一向被认为是富有挑战性的智力活动，如下棋、打牌、作战和游戏等。对博弈的研究不断为人工智能提出新的课题，可以说博弈是人工智能研究的起源和动力之一。博弈之所以是人们探索人工智能的一个很好的领域，一方面是因为博弈提供了一个可构造的任务领域，在这个领域中具有明确的胜利和失败；另一方面是因为博弈问题对人工智能研究提出了严峻的挑战，例如，如何表示博弈问题的状态、博弈过程和博弈知识等。

本节讨论的博弈是二人博弈、二人零和、全信息、非偶然博弈，博弈双方的利益是完全对立的。

1）对垒的双方 MAX 和 MIN 轮流采取行动，博弈的结果只能有三种情况：MAX 胜、MIN 败；MAX 败、MIN 胜；和局。如果记"胜利"为 +1 分，"失败"为 –1 分，"平局"为 0 分，则双方在博弈结束时的总分总是为"零"，称此类博弈为"零和"。

2）"全信息"是指对垒过程中，任何一方都了解当前的格局和过去的历史。

3）"非偶然"是指任何一方都根据当前的实际情况采取行动，选择对自己最有利而对对方最不利的对策，不存在"碰运气"（如掷骰子）的偶然因素。

具有以上特点的博弈游戏有一字棋、象棋和围棋等。另外一种博弈是机遇性博弈，是指不可预测性的博弈，如掷硬币游戏等。对于机遇性博弈，由于不具备完备信息，本节不

116

做讨论。

6.4.1 博弈树

先来看一个例子，假设有 7 枚钱币，任一选手只能将已分好的一堆钱币分成两堆个数不等的钱币，两位选手轮流进行，直到每一堆都只有一个或两个钱币不能再分为止，哪个选手遇到不能再分的情况，则为输。

用数字序列加上一个"说明"表示一个状态，其中数字表示不同堆中钱币的个数，"说明"表示下一步由谁来分，如（7，MIN）表示只有一个由 7 枚钱币组成的堆，由 MIN 来分，MIN 有三种可供选择的分法，即（6，1，MAX），（5，2，MAX），（4，3，MAX），其中 MAX 表示另一选手，不论哪一种方法，MAX 在它的基础上再做符合要求的划分，整个过程如图 6-14 所示。在图中已将双方可能的方案完全表示出来了，而且从中可以看出，无论 MIN 开始时怎么走法，MAX 总可以获胜，取胜的策略用双线箭头表示。

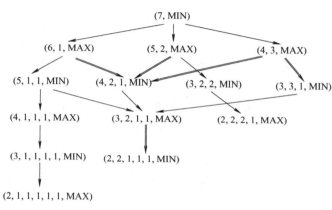

图 6-14　分钱币的博弈

在博弈过程中，任何一方都希望本方取得胜利。因此，当某一方当前有多个行动方案可选择时，他总是挑选对自己最有利而对对方最不利的行动方案。此时，如果站在 MAX 方的立场上，则可供 MAX 方选择的若干行动方案间是"或"关系，因为主动权在 MAX 方手里，他或选择这个行动方案，或选择另一个行动方案，完全由 MAX 方自己决定。当 MAX 方选取任一方案走了一步后，MIN 方也有若干个可供选择的行动方案，此时这些行动方案对 MAX 方来说是"与"关系，因为这时主动权在 MIN 方手里，这些可供选择的行动方案中的任何一个都可能被 MIN 方选中，MAX 方必须应付所有可能发生的情况。

这样，如果站在某一方（如 MAX 方，即 MAX 要取胜），把上述博弈过程用图表示出来，则得到的是一棵"与"关系和"或"关系组成的树。当这棵树描述的是博弈过程的时候，我们称其称为博弈树，它有如下特点：

1）博弈的初始格局是初始节点。

2）在博弈树中，"或"节点和"与"节点是逐层交替出现的。自己一方扩展的节点之间是"或"关系，对方扩展的节点之间是"与"关系。双方轮流地扩展节点。

3）所有自己一方获胜的终局都是本原问题，相应的结点是可解节点；所有使对方获胜的终局都认为是不可解节点。

在人工智能中可以采用搜索方法来求解博弈问题，下面就来讨论博弈中两种最基本的搜索方法。

6.4.2 极小 – 极大搜索过程

在二人博弈问题中，为了从众多可供选择的行动方案中选出一个对自己最为有利的行动方案，就需要对当前的情况以及将要发生的情况进行分析，可通过某搜索算法从中选出最优的走步。在博弈问题中，每一个格局可供选择的行动方案都有很多，因此会生成规模十分庞大的博弈树，如果试图通过直到终局的与或树搜索而得到最好的一步棋是不可能的，比如曾有人估计，西洋跳棋完整的博弈树约有 10^{40} 个节点。

最常使用的分析方法是极大 – 极小分析法。其基本思想如下：

1）设博弈的双方中一方为 MAX，另一方为 MIN。设计算法为其中的一方（如MAX）寻找一个最优行动方案。

2）为了找到当前的最优行动方案，需要对各个可能的方案所产生的后果进行比较。具体地说，就是要考虑每一方案实施后对方可能采取的所有行动，并计算可能的得分。

3）为计算得分，需要根据问题的特性信息定义一个评价函数，用来估算当前博弈树端节点的得分。此时估算出来的得分称为静态估值。

4）当末端节点的估值计算出来后，再推算出父节点的得分，推算的方法是：对"或"节点，选其子节点中一个最大的得分作为父节点的得分，这是为了使自己在可供选择的方案中选一个对自己最有利的方案；对"与"节点，选其子节点中一个最小的得分作为父节点的得分，这是为了立足于最坏的情况。这样计算出的父节点的得分称为倒推值。

5）如果一个行动方案能获得较大的倒推值，则它就是当前最好的行动方案。

极小 – 极大搜索流程如下所示：

Procedure MinMax-Search (*n*, depth)

// *n* 为节点，depth 为指定的搜索深度，己方是 MAX 的情况。

Begin

    If 当前节点 *n* 是终节点或 depth=0 **Then** 返回该节点的评估函数值；

    If *n* 是极小层节点

        Begin

        $\alpha := +\infty$ ；

          For *n* 的每个子节点

            $\alpha := \min(\alpha, \text{MinMax-Search} (\text{子节点}, \text{depth}-1))$;

        End

    Else

        Begin

        $\alpha := -\infty$ ；

        For *n* 的每个子节点

$$\alpha := \max(\alpha, \text{MinMax-Search (子节点 , depth}-1));$$
End
　　Return α ;
End

　　在博弈问题中，每一个格局可供选择的行动方案都有很多，试图利用完整的博弈树来进行极大–极小分析是困难的。可行的办法是只生成一定深度的博弈树，然后进行极大–极小分析，找出当前最好的行动方案。在此之后，再在已选定的分支上扩展一定深度，再选最好的行动方案。如此进行下去，直到取得胜败的结果为止，至于每次生成博弈树的深度，当然是越大越好，但由于受到计算机存储空间的限制，博弈树的深度需要根据实际情况确定。

　　图 6-15 所示是向前看两步，共四层的博弈树，用□表示 MAX，用○表示 MIN，节点上的数字表示对应的评价函数的值。在 MIN 处用圆弧连接，用来表示其子节点取估值最小的格局。

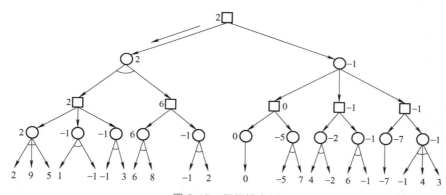

图 6-15　四层博弈树

　　图 6-15 中节点上的数字是评价函数的值，称其为静态值，在 MIN 处取最小值，在 MAX 处取最大值，最后 MAX 选择箭头方向的走步。

　　利用一字棋来具体说明一下极大–极小过程，不失一般性，设只进行两层，即每方只走一步（实际上，多看一步将增加大量的计算时间和存储空间），如图 6-16 所示。

　　评价函数 $e(p)$ 规定如下：

　　1）若格局 p 对任何一方都不是获胜的，则 $e(p)=$（所有空格都放上 MAX 的棋子后三子成一线的总数）–（所有空格都放上 MIN 的棋子后三子成一线的总数）。

　　2）若 p 是 MAX 获胜，则 $e(p)=+\infty$。

　　3）若 p 是 MIN 获胜，则 $e(p)=-\infty$。

　　因此，若 p 为

　　就有 $e(p)=6-4=2$，其中 × 表示 MAX 方，○表示 MIN 方。

　　在生成后继节点时，可以利用棋盘的对称性，省略了从对称上看是相同的格局。图 6-16 给出了 MAX 最初一步走法的搜索树，由于 × 放在中间位置有最大的倒推值，故

119

MAX 第一步就选择它。

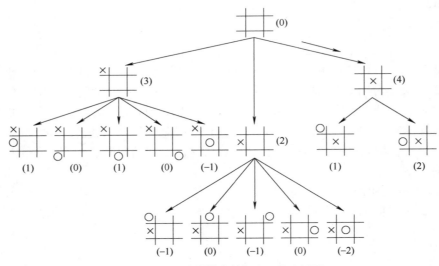

图 6-16　一字棋博弈的极大 – 极小过程

MAX 走了箭头指向的一步，如 MIN 将棋子走在 × 的上方，得到

下面 MAX 就从这个格局出发选择一步，做法与图 6-16 类似，直到某方取胜为止。

6.4.3　α–β 搜索过程

上面讨论的极大 – 极小过程先生成一棵博弈搜索树，而且会生成规定深度内的所有节点，然后再进行估值的倒推计算，这样使得生成博弈树和估计值的倒推计算两个过程完全分离，因此搜索效率较低。如果能边生成博弈树，边进行估值的计算，则可不必生成规定深度内的所有节点，以减少搜索的次数，这就是下面要讨论的 α–β 搜索过程。

α–β 搜索过程将生成后继节点和倒推值估计结合起来，及时剪掉一些无用分枝，以此来提高算法的效率。下面仍然用一字棋进行说明。现将图 6-16 左边所示的一部分重画在图 6-17 中。

前面的过程实际上类似于宽度优先搜索，将每层格局均生成，现在用深度优先搜索来处理，比如在节点 A 处，若已生成 5 个子节点，并且 A 处的倒推值等于 –1，将此下界叫作 MAX 节点 S 的 α 值，即 $\alpha \geqslant$ –1。现在轮到节点 B，产生它的第一后继节点 C，C 的静态值为 –1，可知 B 处的倒推值小于等于 –1，此为 MIN 节点 β 值的上界，即 B 处 $\beta \leqslant$ –1，这样 B 节点最终的倒推值可能小于 –1，但绝不可能大于 –1，因此，B 节点的其他后继节点的静态值不必计算，自然不必再生成，反正 B 绝不会比 A 好。所以通过倒推值的比较，就可以减少搜索的工作量。在图 6-17 中作为 MIN 节点 B 的 β 值小于等于 B 的前 MAX 节点 S 的 α 值，从而 B 的其他后继节点可以不必再生成。

图 6-17 表示了值小于等于父节点的 α 值时的情况，实际上当某个 MIN 节点的值不大

于它的前辈的 MAX 节点（不一定是父节点）的 α 值时，则 MIN 节点就可以停止向下搜索。

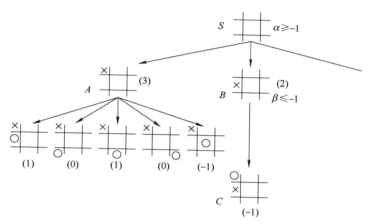

图 6-17　一字棋博弈的 $\alpha-\beta$ 搜索过程

同样，当某个节点的 α 值大于等于它的前辈 MIN 节点的 β 值时，则该 MAX 节点就可以停止向下搜索。

通过上面的讨论可以看出，$\alpha-\beta$ 搜索过程首先使搜索树的某一部分达到最大深度，这时计算出某些 MAX 节点的 α 值，或者是某些 MIN 节点的 β 值。随着搜索的继续，不断修改个别节点的 α 或 β 值。对任一节点，当其某一后继节点的最终值给定时，就可以确定该节点的 α 或 β 值。当该节点的其他后继节点的最终值给定时，就可以对该节点的 α 或 β 值进行修正。注意 α、β 值有如下规律：① MAX 节点的 α 值永不下降。② MIN 节点的 β 值永不增加。

因此可以利用上述规律进行剪枝，即停止对某个节点搜索。剪枝的规则表述如下：

1）若任何 MIN 节点的 β 值小于或等于任何它的前辈 MAX 节点的 α 值，则可停止该 MIN 节点之下的搜索，这个 MIN 节点的最终倒推值即为它已得到的值。该值与真正的极大 - 极小值的搜索结果的倒推值可能不相同，但是对起始节点而言，倒推值是相同的，使用它选择的走步也是相同的。

2）若任何 MAX 节点的 α 值大于或等于它的 MIN 先辈节点的 β 值，则可以停止该 MAX 节点之下的搜索，这个 MAX 节点处的倒推值即为它已得到的 α 值。

当满足规则 1）而减少了搜索时，我们说进行了 α 剪枝；而当满足规则 2）而减少了搜索时，我们说进行了 β 剪枝。保存 α 和 β 值，并且一旦可能就进行剪枝的操作通常称为 $\alpha-\beta$ 剪枝，整个过程称为 $\alpha-\beta$ 搜索过程。当初始节点的全体后继节点的最终倒推值全部给出时，上述过程便结束。在搜索深度相同的条件下，采用这个过程所获得的走步总跟简单的极大 - 极小过程的结果是相同的，区别只在于 $\alpha-\beta$ 搜索过程通常只用少得多的搜索便可以找到一个理想的走步。

图 6-18 给出了一个 $\alpha-\beta$ 搜索过程的应用例子。图中节点 A、B、C、D 处都进行了剪枝，剪枝处用两横杠标出。实际上，凡剪去的部分，搜索时是不生成的。

$\alpha-\beta$ 搜索过程的搜索效率与最先生成的节点的 α、β 值和最终倒推值之间的近似程度有关，初始节点最终倒推值将等于某个叶节点的静态估值。如果在进行深度优先搜索的过程中，第一次就碰到了这个节点，则剪枝数最大，搜索效率最高。

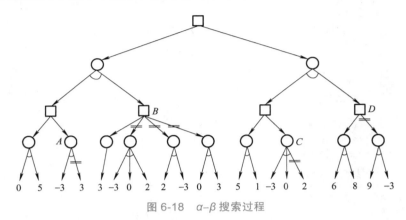

图 6-18　α–β 搜索过程

假设一棵树的深度为 d，且每个非叶节点的分支系数为 b。对于最佳情况，即 MIN 节点先扩展出最小估值的后继节点，MAX 节点先扩展出最大估值的后继节点。这种情况可使得修剪的枝数最大。设叶节点的最少个数为 N_d，则有

$$N_d = \begin{cases} 2b^{d/2} - 1, & d\text{为偶数} \\ b^{(d+1)/2} + b^{(d-1)^2} - 1, & d\text{为奇数} \end{cases} \tag{6-6}$$

这说明，在最佳情况下，α–β 搜索过程生成深度为 d 的叶节点数目大约相当于极大 – 极小过程所生成的深度为 $d/2$ 的博弈树的节点数。也就是说，为了得到最佳的走步，α–β 搜索过程只需要检测 $O(b^d/2)$ 个节点，而不是极大 – 极小过程的 $O(b^d)$。这样有效的分支系数是 $\sqrt{b}$，而不是 b。假设国际象棋可以有 35 种走步的选择，则现在可以有 6 种。从另一个角度看，在相同的代价下，α–β 搜索过程向前看的走步数是极大 – 极小过程向前看的走步数的两倍。

📖 本章小结

启发式图搜索策略是人工智能系统中最常用的控制策略，它利用问题领域拥有的启发性信息来引导搜索过程，达到减小搜索范围、降低问题复杂度的目的。本章详细讨论了问题求解中的一些重要的启发式搜索算法。分支限界法探索部分解，直到任何部分解的代价大于或等于到达目标的最短路径时停止搜索。A* 算法用于或图（OR 图），在状态空间中寻找目标，即从初始节点到目标节点的最优路径问题，它的复杂性与 $h(x)$ 的选取有关，一般情况下，A* 算法没有解决指数爆炸的问题。AO* 算法用于与或图（AND-OR 图），它通过评价函数 $f(x)=h(x)$ 来引导搜索过程，适用于分解之后得到的子问题不存在相互作用的情况。

另外，本章还介绍了博弈问题，这可以看作一种特殊的与或搜索问题。关于博弈问题介绍了博弈树、极大 – 极小方法和 α–β 搜索过程。

思考题与习题

6-1　什么是启发信息？什么是启发式搜索？

6-2　什么是评价函数？在评价函数中，$g(n)$ 和 $h(n)$ 各起什么作用？

6-3　分支限界法背后的思想是什么？

6-4　什么是最佳优先搜索？局部最佳优先搜索与全局最佳优先搜索有何异同？

6-5　什么是 A* 算法？它的评价函数是如何确定的？A* 与 A 算法的区别是什么？

6-6　一个农夫带着一只狼、一只羊和一筐菜，欲从河的左岸坐船到右岸，由于船太小，农夫每次只能带一样东西过河，并且，没有农夫看管的话，狼会吃羊，羊会吃菜。设计一个方案，使农夫可以无损失地渡过河。

6-7　设有如图 6-19 所示的博弈树，其中最下面的数字是假设的估值，请对该博弈树做如下工作：

1）计算各节点的倒推值。

2）利用 α-β 剪枝技术剪去不必要的分枝。

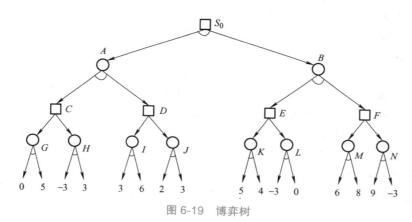

图 6-19　博弈树

第7章 机器学习

📖 导读

近年来，人工智能在自然语言处理、计算机视觉等诸多领域都获得了重要进展，特别是 ChatGPT（Chat Generative Pre-trained Transformer）的推出，让人类领略到了人工智能技术的巨大潜力，并成为人工智能发展的新引爆点，推动各国科技创新竞争进入新赛道。人工智能技术所取得的成就在很大程度上得益于目前机器学习（Machine Learning）理论和技术的进步。

机器学习是一门融合概率论、统计学、逼近论、凸分析、算法复杂度理论等多学科的交叉性学科，其最初的研究动机是为了让计算机系统具有人的学习能力以便实现人工智能。随着计算机技术不断向智能化和个性化迈进，特别是在数据收集和存储设备迅速发展的背景下，众多科技领域均积累了庞大的数据资源。如今，机器学习可通过大量数据分析或分析人类学习行为以获取新的知识和技能，并通过优化已有知识结构，持续提升计算机性能，进而实现智能化。

本章将详细介绍机器学习的基础知识和目前主流的机器学习策略，涵盖归纳学习、分析学习、无监督学习以及强化学习等多个方面。

📖 本章知识点

- ID3 决策树归纳算法
- 分析学习：类比推理和类比学习、基于解释的学习
- 无监督学习：聚类算法、主成分分析
- 强化学习：被动强化学习、主动强化学习

7.1 概述

机器学习是人工智能的核心研究课题之一，其主要研究通过解决机器的知识拥有量从而使机器具有智能的根本途径。任何人工智能系统特别是专家系统，在它拥有功能较强的自动化知识获取能力之前，都不会成为名副其实的强有力的智能系统。传统的手工式知识获取方法耗资耗时，已成为建造专家系统和其他知识系统的"瓶颈"问题。因此，机器

学习成为知识获取技术发展的主要方向。机器学习的应用领域极为广泛，涉及自然语言处理、计算机视觉、医疗诊断、金融预测等多个关键领域。

7.1.1　机器学习的定义

1983 年，西蒙对学习给出了精确定义，学习就是系统在不断重复的工作中对本身能力的增强或者改进，使得系统在下次执行同样或类似的任务时，会比现在做得更好或效率更高。由于涉及的领域可能极为广泛，学习者通常只能研究所有可能情形中的一小部分。因此，在有限的经验中，学习者必须有能力将所学知识进行泛化，并正确应用于领域中未曾遇到的数据。这一过程涉及归纳推理，是学习的核心所在。在大多数学习情境中，尽管存在多种算法选择，但由于可获取的数据有限，难以保证最佳的泛化效果。因此，学习者需要运用启发式泛化策略，即选择那些对未来学习更为有效的经验部分进行重点学习。

那么什么是机器学习呢？从字面上来理解，机器学习是研究如何使用机器来模拟人类学习活动的一门学科。从人工智能的角度出发则认为：机器学习是一门研究使用计算机获取新知识和技能，并能够识别现有知识的科学。人们探讨机器学习问题的目的主要是：在理论上，从认知科学的角度研究人类学习的根本机理；在工程上，开发具有学习能力的计算机系统。

7.1.2　机器学习的基本结构

机器学习可以视作一种具备明确目标的知识获取流程，它是一个有反馈的系统。在这一流程中，系统通过不断地汲取知识、累积经验以及发现规律，使性能逐步提升，从而实现系统的自我优化以及对环境的自适应能力。机器学习模型的基本结构如图 7-1 所示。

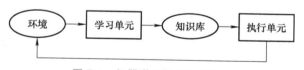

图 7-1　机器学习模型基本结构

下面对机器学习模型中的各个模块进行说明。

（1）环境

环境作为系统外部信息的源泉，涵盖了系统的工作对象及其所处的外界条件。以控制系统为例，环境具体表现为生产流程或受控设备。对于学习系统而言，环境扮演着至关重要的角色，不仅提供了获取知识所必需的各类素材和信息，而且其信息构造的质量水平直接影响着学习系统获取知识的能力。因此，在设计和优化学习系统时，必须充分重视并合理利用环境因素。

（2）学习单元

学习单元处理环境所提供的信息，其作用类似各种学习算法。它通过搜索环境来获取外部信息，并将这些信息与执行环节反馈的信息进行对比分析。鉴于环境提供的信息水平往往与执行环节所需的信息水平之间存在差异，学习单元需运用演绎、类比和归纳等推理策略，从这些差异中提炼出有关对象的知识，并将这些知识系统地存储在知识库中。

（3）知识库

知识库是专为存储学习单元所得知识的场所。在知识库中，常用的知识表示手段包括产生式规则、语义网络、特征向量、过程以及框架等多样化的方法。

（4）执行单元

执行单元致力解决系统所面临的现实问题，它运用知识库中的知识来解决各种问题，如问题求解、自然语言理解和定理证明等。同时，执行单元还负责对执行效果进行评估，并将评估结果反馈给系统，以便系统的进一步学习与提升。

评价执行单元的效果可采取两种方法。首先，可借助独立的知识库进行评价，例如，利用自动数学家（Automated Mathematician，AM）程序，通过启发式规则评估新学概念的重要性；其次，可依据外部环境作为客观执行标准，由系统判断执行单元是否按预期标准运行，并根据反馈信息评价学习单元所获得的知识。这两种方法共同构成了评估执行单元效果的基础。

7.1.3 机器学习的基本策略

学习是一项复杂的智能活动，它与推理过程密切相关。每个机器学习系统的学习单元都可以包含一种或者多种学习策略，用来解决特定领域的特定问题。不存在一种普适的、可以解决任何问题的学习算法。机器学习根据学习方法可分为演绎学习、归纳学习、分析学习（含类比学习、基于解释的学习）等；按照有无指导来分，可分为监督学习（或有导师学习）、无监督学习（或无导师学习）和强化学习（或增强学习）。

以上几种分类方法是相互联系和相互渗透的。例如，无论是监督学习还是无监督学习，一般都是归纳学习。本章稍后将提及的归纳学习中的示例学习、ID3决策树归纳算法、分析学习中的类比学习均为监督学习方法。

（1）演绎学习

演绎学习（Deductive Learning）是根据常规逻辑进行演绎推理的学习方法。各种逻辑演算和函数都是演绎学习。从已有的知识按照一些推理规则来推出新知识，它与数理逻辑中公理推导定理类似，是保真的学习方法。

（2）归纳学习

归纳学习（Inductive Learning）基于环境提供一系列正例和反例，通过归纳推理，旨在从提供的数据中产生一般概念的学习方法。归纳学习的目标是生成合理的能解释已知事实和预见新事实的一般性结论，其学习过程是一个泛化（Generalization）过程。

（3）类比学习

类比学习（Analogy Learning）是通过对相似事物进行比较而得到结果的学习方法。类比学习过程主要分为两步：首先归纳找出源问题和目标问题的公共性质，然后演绎推出从源问题到目标问题的映射，得出目标问题的新性质。所以，类比学习既有归纳过程又有演绎过程，是归纳学习和演绎学习的组合。

（4）基于解释的学习

基于解释的学习（Explain Learning）是一种分析学习方法。将大量的观察事例汇集在一个统一、简单的框架内，通过分析为什么实例是某个目标概念的例子，对分析过程（一个解释）加以推广，剔去与具体例子有关的成分，从而产生目标概念。

（5）监督学习

监督学习（Supervised Learning）是指在学习之前事先知道输入数据的标准输出，在学习的每一步都能明确地判定当前学习结果的对错或者计算出确切误差，用以指导下一步学习的方向。监督学习的学习过程就是不断地修正学习模型参数使其输出向标准输出不断逼近，直至达到稳定或者收敛为止。监督学习可用于解决分类、回归和预测等问题，其典型方法有人工神经网络 BP（反向传播）算法、ID3 决策树算法和支持向量机方法等。

（6）无监督学习

无监督学习（Unsupervised Learning）是指在学习之前没有（不知道）关于输入数据的标准输出，对学习结果的判定由学习模型自身设定的条件决定。无监督学习的学习过程一般是一个自组织的过程，学习模型不需要先验知识。无监督学习可用于解决聚类问题，其典型方法有自组织特征映射网络和 K– 均值算法等。

（7）强化学习（Reinforcement Learning）

强化学习是介于有监督学习和无监督学习之间的一种学习方法。强化学习模型不直接知道输入数据的标准输出，但可以通过与环境的试探性交互来确定和优化动作的选择。也就是说，强化学习模型可以从环境中接收某些反馈信息，这些反馈信息帮助学习模型决定其作用于环境的动作是需要奖励还是惩罚，然后学习模型根据这些判断调整其模型参数。强化学习在机器人控制、博弈和信息搜索等方面有重要应用，其典型方法有 Q 学习和时序差分算法等。

7.2　归纳学习

归纳推理是从特殊到一般的推理，它是一种"从事实建立理论的过程"，从主观上讲是一种主观地不充分置信的推理。例如，通过"麻雀会飞""鸽子会飞""燕子会飞"等观察事实，可能得出"有翅膀的动物会飞""长羽毛的动物会飞"等结论。这些结论一般情况下都是正确的，但当发现鸵鸟虽然有羽毛、有翅膀却不会飞时，会对之前的归纳产生怀疑。这表明之前的归纳结论并非绝对为真，只能在一定程度上相信其真实性。

归纳学习是应用归纳推理进行学习的一种方法。根据归纳学习有无教师指导，可把它分为示例学习和观察发现学习，前者属于监督学习，后者属于无监督学习。

7.2.1　归纳学习的模式和规则

除了数学归纳外，一般的归纳推理结论只是保假的，即如果归纳依据的前提错误，那么结论也错误，但即使前提正确，结论也未必正确。在同一组实例中，可以提出不同的理论来解释现象，因此，应根据某种标准选择最佳理论作为学习成果。人类知识的增长主要归功于归纳学习方法。尽管通过归纳得出的新知识不像演绎推理那样可靠，但它具有很强的可证伪性，对认知的发展和完善有着重要的启发作用。

1. 归纳学习的一般模式

给定：①观察陈述（事实）F，用于表达特定对象、状态和过程等的相关知识。②假定的初始归纳断言（可能为空）。③背景知识，用于定义有关观察陈述、候选归纳断言以及任何相关问题领域知识、假设和约束，其中包括能够刻画所求归纳断言的性质的优先准则。

求：归纳断言（假设）H，能永真蕴含或弱蕴含观察陈述，并满足背景知识。

假设 H 永真蕴含 F，说明 F 是 H 的逻辑推论，则有 $H|>F$（读作 H 特殊化为 F）或 $F|<H$（读作 F 一般化为 H）。这里，从 H 推导到 F 是演绎推理，因此是保真的；而从 F 推导出 H 是归纳推理，因此不是保真的，而是保假的，归纳学习系统的模型如图 7-2 所示。规划过程通过对实例空间的搜索完成实例选择，并将这些选中的活跃实例提交给解释过程。解释过程对实例加以适当转换，把活跃实例变换为规则空间中的特定概念，以引导规则空间的搜索。

图 7-2　归纳学习系统模型

2. 归纳学习的规则

在归纳推理过程中，需要引用一些归纳规则。这些规则分为选择性概括规则和构造性概括规则两类。令 D_1 和 D_2 分别为归纳前后的知识描述，则归纳是 $D_1 \Rightarrow D_2$。如果 D_2 中所有描述基本单元（如谓词子句的谓词）都是 D_1 中的，只是对 D_1 中基本单元有所取舍，或改变连接关系，那么就是选择性概括。如果 D_2 中有新的描述基本单元（如反映 D_1 各单元间的某种关系的新单元），那么就称为构造性概括。这两种概括规则的主要区别在于，后者能够构造新的描述符或属性。设 CTX、CTX_1 和 CTX_2 表示任意描述，K 表示结论，则有如下几条常用的选择性概括规则：

（1）取消部分条件

$$CTX \wedge S \rightarrow K \Rightarrow CTX \rightarrow K \tag{7-1}$$

式中，S 表示对事例的一种限制，这种限制可能是多余的，只是与具体事物某些无关的特性相关联，因此可以被移除。例如，在医疗诊断中，检查病人身体时，病人的穿着与问题无关，因此应该从对病人的描述中去除有关穿着的信息。这是一种常见的归纳准则。在这个背景下，把"$\Rightarrow$"理解为"等价于"。

（2）放松条件

$$CTX_1 \rightarrow K \Rightarrow (CTX_1 \vee CTX_2 \rightarrow K) \tag{7-2}$$

一个事例的原因可能不止一个，当出现新的原因时，应该把新原因包含进去。这条规则的一种特殊用法是扩展 CTX_1 的取值范围。如将一个描述单元项 $0 \leqslant t \leqslant 20$ 扩展为 $0 \leqslant t \leqslant 30$。

（3）沿概念树上溯

$$\left.\begin{array}{c} CTX \wedge [L=a] \to K \\ CTX \wedge [L=b] \to K \\ \vdots \\ CTX \wedge [L=i] \to K \end{array}\right| \Rightarrow CTX \wedge [L=S] \to K \qquad (7\text{-}3)$$

式中，L 是一种结构性的描述项；S 代表所有条件中的 L 值在概念分层树上最近的共同祖先。这是一种从个别推论总体的方法。例如，人很聪明，猴子比较聪明，猩猩也比较聪明，人、猴子和猩猩都是属于动物分类中的灵长目。因此，利用这种归纳方法可以推出结论：灵长目的动物都很聪明。

（4）形成闭合区域

$$\left.\begin{array}{c} CTX \wedge [L=a] \to K \\ CTX \wedge [L=b] \to K \end{array}\right| \Rightarrow CTX \wedge [L=S] \to K \qquad (7\text{-}4)$$

式中，L 是一个具有线性关系的描述项，a、b 是它的特殊值。这条规则实际上是一种选取极端情形，再根据极端情形下的特性来进行归纳的方法。例如，在温度为 8℃时，水不结冰，处于液态；在温度为 80℃时，水也不结冰，处于液态。由此可以推出：温度在 8 ～ 80℃之间时，水都不结冰，都处于液态。

（5）将常量转化成变量

$$F(A,Z) \wedge F(B,Z) \wedge \cdots \wedge F(I,Z) \to K \Rightarrow F(a,x) \wedge F(b,x) \wedge \cdots \wedge F(i,x) \to K \qquad (7\text{-}5)$$

式中，Z，A，B，$\cdots$，I 是常量；x，a，b，$\cdots$，i 是变量。这条规则是只从事例中提取各个描述项之间的某种相互关系，而忽略其他关系信息的方法。这种关系在规则中表现为一种同一关系，即 $F(A，Z)$ 中的 Z 与 $F(B，Z)$ 中的 Z 是同一事物。

7.2.2 归纳学习方法

1. 示例学习

示例学习（Learning from Example），又称实例学习，是一种通过环境中的多个与某一概念相关的示例，经归纳推理得出一般性概念的学习方法。在这种学习方式中，外部环境（教师）提供一组示例，包括正例和反例，它们都是一种特殊的知识，每个示例表达了仅适用于该例子的知识。示例学习的目标是从这些特殊知识中归纳出适用于更广泛范围的一般性知识，以覆盖所有的正例并排除所有反例。举例来说，如果用一批动物作为示例，并且告诉学习系统哪一个动物是"马"，哪一个动物不是。当示例足够多时，学习系统就能概括出关于"马"的概念模型，使自己能够识别马，并且能将马与其他动物区别开来。

表 7-1 给出肺炎与肺结核两种病的部分病例。每个病例都含有五种症状：发烧（无、低、中度、高），咳嗽（轻微、中度、剧烈）、X 光图像中所见阴影（点状、索条状、片状、空洞）、血沉（正常、快）、听诊（正常、干鸣音、水泡音）。

表 7-1 肺病实例

项目	病历号	症 状				
		发烧	咳嗽	X 光图像	血沉	听诊
肺炎	1	高	剧烈	片状	正常	水泡音
	2	中度	剧烈	片状	正常	水泡音
	3	低	轻微	点状	正常	干鸣音
	4	高	中度	片状	正常	水泡音
	5	中度	轻微	片状	正常	水泡音
肺结核	1	无	轻微	索条状	快	正常
	2	高	剧烈	空洞	快	干鸣音
	3	低	轻微	索条状	快	正常
	4	无	轻微	点状	快	干鸣音
	5	低	中度	片状	快	正常

通过示例学习，可以从病例中归纳产生如下的诊断规则：

1）血沉 = 正常 ∧（听诊 = 干鸣音 ∨ 水泡音）→诊断 = 肺炎。

2）血沉 = 快→诊断 = 肺结核。

2. 观察发现学习

观察发现学习（Learning from Observation and Discovery）又称为描述性概括，其目标是确定一个定律或理论的一般性描述，刻画观察集，指定某类对象的性质。观察发现学习可分为概念聚类与机器发现两种。前者用于对事例进行聚类，形成概念描述；后者用于发现规律，产生定律或规则。

（1）概念聚类

概念聚类的基本思想是把事例按照一定的方式和准则分组，如划分为不同的类或不同的层次等，使不同的组代表不同的概念，并且对每一个组进行特征概括，得到一个概念的语义符号描述。例如，对以下事例：

喜鹊、麻雀、布谷鸟、乌鸦、鸡、鸭、鹅、…

可根据它们是否家养分为如下两类：

鸟 ={ 喜鹊，麻雀，布谷鸟，乌鸦，…}

家禽 ={ 鸡，鸭，鹅，…}

这里，"鸟"和"家禽"就是由分类得到的新概念，而且根据相应动物的特征还可得知：

"鸟有羽毛、有翅膀、会飞、会叫、野生"

"家禽有羽毛、有翅膀、不会飞、会叫、家养"

如果把它们的共同特性抽取出来，就可进一步形成"鸟类"的概念。

（2）机器发现

机器发现是指从观察事例或经验数据中归纳出规律或规则的学习方法，也是最困难且最富创造性的一种学习。它又可分为经验发现与知识发现两种，前者是指从经验数据中发现规律和定律，后者是指从已观察的事例中发现新的知识。

7.2.3　ID3 决策树归纳算法

决策树学习是离散函数的一种树形表示，表达能力强，可以表示任意的离散函数，是一种重要的归纳学习方法。决策树中有决策节点和状态节点两种结点，由决策节点可引出若干树枝，每个树枝代表一个决策方案，每个方案树枝连接到一个新的节点，它既可以是一个新的决策节点，也可以是一个状态节点，每个状态节点表示一个具体的最终状态。在决策树中，状态节点对应着叶节点。对于分类问题而言，决策节点表示待分类的对象属性，每一个树枝表示它的一个可能取值，状态节点表示分类结果。

昆兰在 1979 年提出的 ID3 算法是一种典型的决策树算法，是通用的规则归纳算法。它采用自顶向下的贪婪搜索（Greedy Search）方法遍历可能的决策树空间，构造过程始于问题："哪个属性将在树的根节点进行测试？"为了回答这个问题，使用统计测试来确定每个实例属性单独分类训练样例的能力。最具分类能力的属性被选为树的根节点进行测试，然后为每个根节点属性的可能值生成一个分支，并将训练样例放入适当的分支下。然后，重复整个过程。

ID3（Examples，Target_attribute，Attributes），其中 Examples 即训练样例集，Target_attribute 是这棵树要预测的目标属性，Attributes 是除目标属性外供学习的决策树要测试的属性列表。

基本的决策树学习算法 ID3 算法流程如下：

Procedure ID3(Examples, Target_attribute, Attributes)

Begin

创建树的 Root（根）节点；

If Examples 中所有实例的 Target_attribute 值为正　**Then** 返回 label = + 的单节点树 Root；

If Examples 中所有实例的 Target_attribute 值为负　**Then** 返回 label = − 的单节点树 Root；

If Examples 为空 **Then**

返回单节点树 Root，label = Examples 中最普遍的 Target_attribute 值；

Else

　Begin

　　选择 Attributes 中分类能力最强的属性 A（通常是信息增益最高的属性）；

　　设置 Root 的决策属性为 A；

　　For 每个 A 的可能值 v_i　do

　　　在 Root 下添加一个分支，表示测试 A=v_i；

　　　令 Examples(v_i) 为 Examples 中满足 A 属性值为 v_i 的样本子集；

　　　If Examples(v_i) 为空 **Then**

　　　　在该分支下添加叶节点，label = Examples 中最普遍的 Target_attribute 值；

　　　Else

　　　　在该分支下添加子树 ID3(Examples(v_i), Target_attribute, Attributes−{A})；

　　End For

131

End

  Return Root；

End

  ID3 算法是一种自顶向下增长树的贪婪算法，在每个节点选取能最好地分类样例的属性。继续这个过程直到这棵树能完美分类训练样例，或所有的属性都已被使用过。

  那么，在决策树生成过程当中，应该以什么样的顺序来选取实例的属性进行扩展呢？可以从第一个属性开始，然后依次取第二个属性作为决策树的下一层扩展属性，如此下去，直到某一层所有窗口仅含同一类实例为止。一般来说，每一属性的重要性是不同的，那么如何选择具有最高信息增益即分类能力最好的属性呢？

  为了评估属性的重要性，昆兰根据检验每一属性所得到的信息量的多少给出了拓展属性的选取方法，信息量的多少与熵有关，因此可以通过求解信息熵判断属性重要性。

  1）自信息量 $I(a)$：设信源 X 发出符号 a 的概率为 $p(a)$，则 $I(a)$ 定义为

$$I(a) = -\log_2 p(a) \tag{7-6}$$

表示收信者在收到符号 a 之前对于 a 的不确定性，以及收到后获得的关于 a 的信息量。

  2）信息熵 $H(X)$：设信源 X 的概率分布为 $p(x)$，则 $H(X)$ 定义为

$$H(X) = -\sum_{i=1}^{n} p(x_i)\log_2 p(x_i) \tag{7-7}$$

表示信源 X 的整体的不确定性，反映了信源每发出一个符号所提供的平均信息量。

  3）条件熵 $H(X|Y)$：是随机变量 Y 已知的条件下随机变量 X 的不确定性，则 $H(X|Y)$ 定义为

$$H(X|Y) = -\sum_{i=1}^{n} p(y_i)H(x|y_i) \tag{7-8}$$

表示收信者在收到 Y 后对 X 的不确定性的估计。

  设给定正负实例的集合为 S，构成训练窗口。ID3 算法视 S 为一个离散信息系统，并用信息熵表示该系统的信息量。当决策有 k 个不同的输出时，S 的熵为

$$\text{Entropy}(S) = -\sum_{i=1}^{k} P_i \log_2 P_i \tag{7-9}$$

式中，P_i 表示第 i 类输出所占训练窗口中总的输出数量的比例。

  为了检测每个属性的重要性，可以通过属性的信息增益 Gain 来评估其重要性。对于属性 A，假设其值域为 $(v_1, v_2, \cdots, v_n)$，则训练实例 S 中属性 A 的信息增益 Gain 可以定义为

$$\begin{aligned}
\text{Gain}(S, A) &= \text{Entropy}(S) - \sum_{i=1}^{n} \frac{|S_i|}{|S|}\text{Entropy}(S_i) \\
&= \text{Entropy}(S) - \text{Entropy}(S|A_i) = H(X) - H(S|A_i)
\end{aligned} \tag{7-10}$$

式中，S_i 表示 S 中属性 A 的值为 v_i 的子集；$|S_i|$ 表示集合的势。

昆兰建议选取获得信息量最大的属性作为扩展属性，这一启发式规则又称最小熵原理。因为获得信息量最大，即信息增益 Gain 最大，等价于使其不确定性最小，即使得熵最小，即条件熵 $H(S|A_i)$ 为最小。因此，也可以以条件熵 $H(S|A_i)$ 为最小作为选择属性的重要标准。$H(S|A_i)$ 越小，说明 A_i 引入的信息越多，系统熵下降得越快。ID3 算法是一种贪婪搜索算法，即选择信息量最大的属性进行决策树分裂，计算中表现为使训练例子集的熵下降最快。

ID3 算法的优点是分类和测试速度快，特别适合大数据库的分类问题。其缺点是：决策树的知识表示不如规则那样易于理解；两棵决策树进行比较以判断它们是否等价的问题是子图匹配问题，是 NP 完全问题；不能处理未知属性值的情况；对噪声问题没有好的处理办法。

7.3 分析学习

归纳学习方法需要通过在大量训练样例中寻找经验化的规律来形成一般假设。然而，若训练数据不足时它会失败，无法达到一定的泛化精度。分析学习则使用先验知识扩大训练样例提供的信息，推导一般假设，降低了对数据量的要求。本节将探讨分析学习中的类比学习与基于解释的学习。

7.3.1 类比推理和类比学习

1. 类比推理

类比推理是从个别事例到个别事例的推理方法。它是根据认识的新情况（目标）和已知情况（源）在某些方面的相似性，推断出其他相关方面的推理形式。其一般模式为：

已知：	
S_1，T_1	（源 S_1 和目标 T_1）
$S_1 \cong T_1$	（源和目标相似）
$S_1 \gg S_2$	（源 S_1 和源 S_2 相关）
S_2	（已知源 S_2）
结论：T_2（其中 $T_2 \cong S_2$）	（类比结论 T_2）

即已知 S_1，T_1，$S_1 \cong T_1$，$S_1 \gg S_2$，可类比结论得出 T_2。

2. 类比学习

（1）类比学习的一般原理

类比（Analogy）是一种有效的推理方法，通过它可以清晰地表达不同对象之间的相似性。借助这种相似性进行推理后，人们能够领会或表达某些概念的深刻内涵。人类学习过程常常借助于类比推理进行。例如，学生在学习某个知识点时，先由老师演示例题，然后学生练习，通过对比找出相似性，并利用这种相似性进行推理找出相应的解题方法，这就是一种类比学习方法。一般来说，类比学习是通过比较源域和目标域来发现目标域中的新性质。

类比学习过程分为两步，首先归纳找出源域和目标域的公共性质，然后演绎地推出从源域到目标域映射，得出目标域的新性质。不难看出，类比学习过程既有归纳过程，又有演绎过程，所以类比学习是演绎学习和归纳学习的组合，是由一个系统已有某领域中类似的知识，来推测另一个领域里相关知识的过程。

（2）类比学习的表示

假设对象的知识是框架集来表示的，则类比学习可描述为把一个称为源框架的槽值传递给另一个称为目标框架的槽中，传递过程分为以下两步：

1）利用源框架产生若干候选槽，并将这些槽值送到目标框架中去。

2）利用目标框架中现有的信息来筛选上一步提取出来的相似性。

下面用一个实例来说明类比过程。

【例 7-1】 考虑比尔与消防车之间的相似关系，关于比尔和消防车的框架为：

比尔	是一个（ISA）	人
	性别	男
	活动级	
	音量	
	进取心	中等
消防车	是一个（ISA）	车辆
	颜色	红
	活动级	快
	音量	极高
	燃料效率	中等
	梯高	异或（长、短）

其中，消防车是源框架，比尔是目标框架，我们的目的是通过类比用源框架的信息来扩充目标框架的内容。为此，先推荐一组槽可传递槽值，这要用到如下的几条启发式规则：

① 选择那些用极值填写的槽。

② 选择那些已知为重要的槽。

③ 选择那些与源框架性质相似且不具有的槽。

④ 选择那些与源框架性质相似且不具有这种槽值的槽。

⑤ 使用源框架中的一切槽。

在类比学习相继使用这些规则，直到找到一组相似性为止，并进行相应的传递将以上规则应用于例 7-1 的结果为：

1）用规则①，活动级槽和音量级槽填有极值可以首先入选。

2）用规则②，因本例确认无重要的槽，所以无候选者。

3）用规则③，将选择梯高，因为该槽不会出现在其他类型的车辆中。

4）用规则④，颜色槽可选，因为其他车辆的颜色不是红色的。

若使用最后一条规则，则消防车的所有槽都入选。

（3）类比学习的求解

在从源框架选择的槽建立起一组可能的传送框架之后，必须用目标框架的知识加以筛选，使用这种知识的启发式规则如下：

① 选择那些在目标框架中尚未填入的槽。

② 选择那些出现在目标框架"典型"示例的槽。

③ 若第②步无可选者，则选择那些与目标框架有紧密关系的槽。

④ 若仍无可选者，则选择那些与目标框架类似的槽。

⑤ 若再无可选者，则选择那些与目标框架有紧密关系的槽类似的槽。

在例 7-1 中，应用上述规则可得：

1）应用规则①，将不删除任何推荐的槽。

2）应用规则②，将选择活动级槽和音量级槽，因为在关于人的框架中通常会出现这两个槽。以上的例子属于这种典型，这两个槽虽然没有值，它们还是放在比尔的框架中。

3）若有些典型的示例槽未被推荐，则规则④会选择这些在其他关于人的框架中会出现的槽。

4）如果活动级和音量级这两个槽为典型人的一部分，它们仍会被这些规则选上。由于有进取心这个槽，且已知它属于个人品德，所以其他的个人品质也应该入选。

5）若进取心对比尔是未知的，而对其他人是已知的，则其他的个人品质槽将入选。

以上过程结束时，描述比尔的框架为：

比尔	是一个（ISA）	人
	性别	男
	活动级	快
	音量	极高
	进取心	中等

可以看出类比学习过程也依赖于知识表示和推理技术，在类比学习过程中合理地使用这些技术，能够形成一种合理的、有效的学习方法。

7.3.2　基于解释的学习

通过解释实例、总结工作和训练的经验是学习的好方法，也是机器学习领域的焦点。归纳学习方法以数据为第一位，相应的研究成果较少考虑背景知识对学习的影响。而基于解释的学习则力图反映人工智能领域里基于知识的研究和发展趋势，将机器学习从归纳学习方法向分析学习方法的方向发展。

1. 基于解释的学习的一般框架

基于解释的学习一般包括下列三个步骤：

1）对训练实例进行分析与解释，以说明它是目标概念的实例。

2）对实例的结构进行概括性解释，建立该训练实例的一个解释结构以满足所学概念的定义；解释结构的各个叶节点应符合可操作性准则，且使这种解释比最初的例子适用于更大的一类例子。

3）从解释结构中识别出训练实例的特性，并从中得到更大一类例子的概括性描述，获取一般控制知识。

基于解释的学习的一般框架可以用一个四元组 <DT，TC，TE，OC> 来表示。

给定：

1）领域知识（由一组规则和事实组成的用于解释训练实例的知识库）DT（Domain Theory）。

2）目标概念（要学习的概念）描述 TC（Target Concept）。

3）训练实例（目标概念的一个实例）TE（Training Example）。

4）可操作性准则（说明概念描述应具有的形式化谓词公式）OC（Operationality Criterion）。

求解：

训练实例的一般化概括，使之满足：

1）目标概念的充分概括描述 TC。

2）可操作性准则 OC。

2. 基于解释的学习过程

基于解释的学习过程可分为以下两个步骤：

1）分析阶段：根据领域知识生成一棵证明树，解释为什么该实例是目标概念的一个实例。

2）基于解释的概括阶段：通过将实例证明树中的常量用变量进行替换，形成一棵基于解释的抽象树（简称 EBG 树），得到目标概念的一个充分条件。

【例 7-2】 下面以学习概念 cup（杯子）为例说明 EBG 的学习过程。

1）目标概念：cup。

2）高级描述：$cup(z)$。

3）领域知识：

$stable(x) \wedge liftable(x) \wedge drinkfrom(x) \rightarrow cup(x)$

$has(x, y) \wedge concavity(y) \wedge upward\text{-}pointing(y) \rightarrow drinkfrom(x)$

$bottom(x, y) \wedge flat(y) \rightarrow stable(x)$

$light\text{-}weight(x) \wedge graspable(x) \rightarrow liftable(x)$

$small(x) \wedge madefrom(plastic) \rightarrow light\text{-}weight(x)$

$has(x, y) \wedge handle(y) \rightarrow graspable(x)$

中文解释：stable，稳定的；liftable，便于拿起；drinkfrom，可用来喝饮料；concavity，凹空；light-weight，轻质；graspable，可握住；upward-pointing，向上指示；bottom，底；flat，平坦的；plastic，塑胶。

4）训练例子：

$Small(obj)$, $madefrom(obj, plastic)$, $has(obj, part_1)$, $handle(part_2)$, $has(obj, part_2)$, $concavity(part_2)$, $upward\text{-}pointing(part_2)$, $bottom(obj, b)$, $flat(b)$。

5）可操作性准则：目标概念必须以系统可识别的物理特征描述。

利用以上规则和事实，以 cup（obj）为目标作逆向推理，可以构造如图 7-3a 所示的解释结构，其叶节点满足可操作性准则。对解释进行概括，变常量为变量，便得到概括后的解释结构。将此结构中的所有叶节点作合取，就得到目标概念所应满足的一般性的充分条件，以产生式规则形式表示为

IF $small(V_3) \wedge madefrom(V_3, plastic) \wedge has(V_3, V_{10}) \wedge handle(V_{10}) \wedge has(V_3,$

V_{25}) $\wedge$ concavity(V_{25}) $\wedge$ upward–pointing(V_{25}) $\wedge$ bottom(V_3，V_{37}) $\wedge$ flat(V_{37})
THEN cup(V_3)···（图 7-3b）

学到这条规则就是 EBG 的目的。

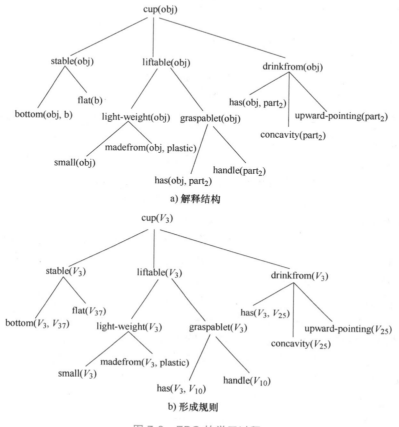

a) 解释结构

b) 形成规则

图 7-3　EBG 的学习过程

7.4　无监督学习

本章到目前为止讨论的很多学习算法都是监督学习的实现形式，如 ID3 算法、类比学习、基于解释的学习等。事实上，相比监督学习方法，无监督学习方法与人类的学习方式更接近。常用的无监督学习算法包括 K 均值聚类（K–means）、层次聚类（Hierarchical Clustering）等聚类算法；自编码器（Autoencoder）（8.5.1 节）、生成对抗网络（Generative Adversarial Nets，GAN）（8.5.4 节）等基于神经网络的算法，以及如期望最大算法（Expectation–Maximization Algorithm，EM）等隐变量学习模型。本节主要从聚类、特征降维等角度来介绍无监督学习，包括 K 均值聚类、主成分分析算法。

7.4.1　聚类算法

聚类是无监督学习中最重要的一类算法。在聚类算法中，训练样本的标记信息是未知的，将样本集分为若干互不相交的子集，即样本簇。聚类算法的目标是使同一簇的样本尽可能彼此相似，即具有较高的类内相似度（Intra–Cluster Similarity）；同时不同簇的样本尽可能不同，即簇间的相似度低。自机器学习诞生以来，研究者针对不同的问题提出了多种聚类方法，其中最为广泛使用的是 K 均值聚类算法。

K 均值聚类算法无论是思想还是实现都比较简单。对于给定样本集合，K 均值聚类算法的目标是使得聚类簇内的平方误差最小化，即

$$E = \sum_{i=1}^{K} \sum_{X \in C_i} \|X - \mu_i\|_2^2 \qquad (7\text{-}11)$$

式中，K 是人为制定的簇的数量；μ_i 是簇 C_i 的均值向量；X 是对应的样本特征向量。直观来看，这个误差刻画了簇内样本围绕均值向量的紧密程度，E 值越小则簇内样本相似度越高。K 均值聚类算法的求解通常采用贪心策略，通过迭代方法实现。算法首先随机选择 K 个向量作为初始均值向量，然后进行迭代过程，根据均值向量将样本划分到距离最近的均值向量所在的簇中，划分完成后更新均值向量直到迭代完成。

K 均值聚类算法时间复杂度接近于线性，适合挖掘大规模数据集。但是，由于损失函数是非凸函数，意味着不能保证取得的最小值是全局最小值。在通常的实际应用中，K 均值聚类算法达到的局部最优已经满足需求。如果局部最优无法满足性能需要，简单的方法是利用多个不同的初始值尝试获得更好的结果。

需要指出的是，K 均值聚类算法对参数的选择比较敏感，也就是说不同的初始位置或者类别数量的选择往往会导致完全不同的结果。对比图 7-4 和图 7-5 会发现，当设置不同的聚类参数 K 时，机器学习算法也会得到不同的结果。而很多情况下，由于无法事先预知样本的分布，最优参数的选择通常也非常困难，这就意味着算法得到的结果与预期会有很大不同，这时候往往需要通过设置不同的模型参数和初始位置来实现，从而给模型学习带来很大的不确定性。

a) K=2：颜色　　　　b) K=2：形状　　　　c) K=2：大小

图 7-4　基于 K 均值聚类算法的样本聚类（K=2）

a) K=4：颜色、形状　　　b) K=4：形状、尺寸　　　c) K=4：尺寸、颜色

图 7-5　基于 K 均值聚类算法的样本聚类（K=4）

7.4.2　主成分分析

主成分分析（Principle Components Analysis，PCA）是一种特征降维的方法，在消除数据噪声、冗余等方面有着广泛的应用。主成分分析也被称为 KL 变换（Karhunen-Loève Transform，KLT）、霍林特变换（Hotelling Transform）或者本征正交分解（Proper Orthogonal Decomposition，POD）等。

顾名思义，主成分分析即通过分析找到数据特征的主要成分，使用这些主要成分来代替原始数据。这样一方面可以加深对数据本身的理解（认识到数据的主要成分），另一方面，简化后的数据（主要成分）在用于下游的其他任务时，有着噪声少、易于处理计算的特点。主成分分析要求"降维后的结果要保持原始数据的原有结构"，例如，对于图像数据，要求保持视觉对象区域构成的空间分布；对于文本数据，要求保持单词之间的（共现）相似或不相似的特性。

假设有 n 个 d 维样本数据所构成的集合 $\boldsymbol{D}=\{\boldsymbol{x}_1, \boldsymbol{x}_2\cdots, \boldsymbol{x}_n\}$，其中 $\boldsymbol{x}_i(1 \leqslant i \leqslant n) \in \mathbf{R}^d$。集合 $\boldsymbol{D}$ 可以表示成一个 $n\times d$ 的矩阵 $\boldsymbol{X}$。假定数据每一维度的特征均值均为零（已经标准化）。主成分分析的目的是求取一个 $d\times l$ 的映射矩阵 $\boldsymbol{W}$。给定一个样本 $\boldsymbol{x}_i$，可将 $\boldsymbol{x}_i$ 从 d 维空间如下映射到 l 维空间：$(\boldsymbol{x}_i)_{1\times d}(\boldsymbol{W})_{d\times l}$。将所有降维后的数据用 $\boldsymbol{Y}$ 表示，有 $\boldsymbol{Y}=\boldsymbol{XW}$，其中 $\boldsymbol{Y} \in \mathbf{R}^{n\times l}$ 是降维后的结果，$\boldsymbol{X} \in \mathbf{R}^{n\times d}$ 是原始数据，$\boldsymbol{W} \in \mathbf{R}^{d\times l}$ 是映射矩阵。

降维后 n 个 l 维样本数据 $\boldsymbol{Y}$ 的方差为

$$
\begin{aligned}
\operatorname{var}(\boldsymbol{Y}) &= \frac{1}{n}\operatorname{tr}(\boldsymbol{Y}^{\mathrm{T}}\boldsymbol{Y})\\
&= \frac{1}{n}\operatorname{tr}(\boldsymbol{W}^{\mathrm{T}}\boldsymbol{X}^{\mathrm{T}}\boldsymbol{X}\boldsymbol{W})\\
&= \operatorname{tr}\left(\boldsymbol{W}^{\mathrm{T}}\frac{1}{n}\boldsymbol{X}^{\mathrm{T}}\boldsymbol{X}\boldsymbol{W}\right)
\end{aligned}
\tag{7-12}
$$

式中，tr 表示矩阵的迹（Trace），即一个方阵主对角线（从左上方到右下方的对角线）上各个元素的总和。降维前 n 个 d 维样本数据 $\boldsymbol{X}$ 的协方差矩阵记为

$$
\sum=\frac{1}{n}\boldsymbol{X}^{\mathrm{T}}\boldsymbol{X}
\tag{7-13}
$$

主成分分析的优化求解目标函数为

$$
\max_{\boldsymbol{W}} \operatorname{tr}(\boldsymbol{W}^{\mathrm{T}}\boldsymbol{\Sigma}\boldsymbol{W})
\tag{7-14}
$$

该优化求解目标需要满足的约束条件如下

$$
\boldsymbol{w}_i^{\mathrm{T}}\boldsymbol{w}_i = 1 \quad i \in \{1, 2, \cdots, l\}
\tag{7-15}
$$

这是带约束的最优化问题求解，可以通过拉格朗日乘子法将上述转化为无约束的最优化问题，拉格朗日函数如下：

$$
L(\boldsymbol{W}, \lambda) = \operatorname{tr}(\boldsymbol{W}^{\mathrm{T}}\boldsymbol{\Sigma}\boldsymbol{W}) - \sum_{i=1}^{l} \lambda_i(\boldsymbol{w}_i^{\mathrm{T}}\boldsymbol{w}_i - 1)
\tag{7-16}
$$

式中，λ_i（$1 \leqslant i \leqslant l$）为拉格朗日乘子；$w_i$ 为矩阵 W 的第 i 列。对上述拉格朗日函数中的变量 w_i 求偏导并令导数为零，有 $\Sigma w_i = \lambda_i w_i$。上式表明：每一个 w_i，均是 n 个 d 维样本数据 X 的协方差矩阵 Σ 的特征向量，λ_i 是这个特征向量所对应的特征值。

$$\Sigma w_i = \lambda_i w_i, \quad \text{且} \operatorname{tr}(W^{\mathrm{T}} \Sigma W) = \sum_{i=1}^{l} w_i^{\mathrm{T}} \Sigma w_i = \sum_{i=1}^{l} \lambda_i \qquad (7\text{-}17)$$

在主成分分析中，最优化的方差等于原始样本数据 X 的协方差矩阵 Σ 的特征根之和。

为了使方差最大，可以求出协方差矩阵 Σ 的特征向量和特征根，然后取前 l 个最大特征根所对应的特征向量组成映射矩阵 W 即可。

注意，每个特征向量 w_i 与原始数据 x_i 的维数是一样的，均为 d。下面为主成分分析算法伪代码：

Procedure Principal Component Analysis (Samples, Number of samples)
Begin

对每个样本数据 x_i 进行去中心化处理，$x_i = x_i - \mu$，其中 μ 为样本均值；

计算样本数据的协方差矩阵 $\sum = \dfrac{1}{n} X^{\mathrm{T}} X$；

对协方差矩阵 Σ 进行特征值分解，按照从大到小的顺序对特征值进行排序；

取前 l 个最大特征值对应的特征向量组成映射矩阵 W；

Return W；
End

7.5　强化学习

强化学习是智能体（Agent）在不断与其所处环境交互中进行学习的一种方法。在这种方法中，智能体通过"尝试与试错"和"探索与利用"等机制在所处状态采取行动，不断与环境交互，直至进入终止状态。学习信号以奖励形式出现，根据在终止状态所获得的奖惩来改进行动策略，智能体在与环境交互中取得最大化收益。这种学习方式既不是从已有数据出发，也不是依赖于已有知识的学习方式。

7.5.1　强化学习的一般模式

人类在日常生活中通过对环境进行探索和与环境进行交互而不断学习。例如，婴幼儿在学习走路时，在其跟跟跄跄向前走一步的过程中撞到了障碍物时会因感受到疼痛而哇哇大哭。通过这一次与环境交互的经验，婴幼儿以后走路时就会避免向有障碍物的方向前进。如果将这个过程进行抽象化，与环境交互而不断学习的过程可如下描述：婴幼儿通过动作（向前走一步）对环境产生影响；环境向其反馈状态的变化（撞到障碍物上）；婴幼儿评估当前动作得到收益（感受到疼痛）；婴幼儿会更新在前方有障碍物这个状态下所做出动作的过往策略（避免向有障碍物的方向前进）。

强化学习模仿了上述学习过程。为了解强化学习的第一步，先介绍学习过程中要使用的若干概念。

智能体（Agent）：智能体是强化学习算法的主体，它能够根据经验做出主观判断并执行动作，是整个智能系统的核心。

环境（Environment）：智能体以外的一切统称为环境，环境在与智能体的交互中，能被智能体所采取的动作影响，同时环境也能向智能体反馈状态和奖励。虽说智能体以外的一切都可视为环境，但在设计算法时常常会排除不相关的因素建立一个理想的环境模型来对算法功能进行模拟。

状态（State）：状态可以理解为智能体对环境的一种理解和编码，通常包含了对智能体所采取决策产生影响的信息。

动作（Action）：动作是智能体对环境产生影响的方式，这里说的动作常常指概念上的动作，如在设计机器人时还需考虑动作的执行机构。

策略（Policy）：策略是智能体在所处状态下去执行某个动作的依据，即给定一个状态，智能体可根据一个策略来选择应该采取的动作。

奖励（Reward）：奖励是智能体序贯式采取一系列动作后从环境获得的收益。注意奖励概念是现实中奖励和惩罚的统合，一般用正值来代表实际奖励，用负值来代表实际惩罚。

如图 7-6 所示，强化学习是智能体在与环境交互中去学习能帮助其获得最大化奖励这一策略的过程。在每一次迭代中，智能体根据当前策略选择一个动作，该动作影响了环境，导致环境发生了改变，智能体此时从环境得到状态变化和奖励反馈等信息，并根据这些反馈来更新其内部的策略。这一过程与人类从与环境交互中学习这一方式具有相似之处。

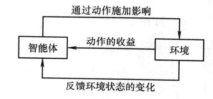

图 7-6　强化学习的一般模式

7.5.2　被动强化学习

我们从一个简单情形着手：具有少量动作和状态，且环境完全可观测，其中智能体已经有了能决定其动作的固定策略 $\pi(s)$。智能体将学习效用函数 $U^\pi(s)$ —— 从状态 s 出发，采用策略 π 所得到的期望总折扣奖励。这种学习方式为被动强化学习（Passive Reinforcement Learning）。

被动强化学习任务中，智能体并不知道转移模型 $P(s'|a, s)$ 即在状态 s 下采取动作 a 后到达状态 s' 的概率；同时它也不知道奖励函数 $R(s, a, s')$，即每次转移后的奖励。

图 7-7 为一个 4×3 世界，已知该环境下的最优策略和相应的效用。被动强化学习中，智能体使用策略 π 进行一系列尝试，在每一次试验中从起点状态 (1, 1) 出发，经历一系列状态转移，直到达到终止状态 (4, 2) 或 (4, 3)。它既能感知到当前的状态，也能感知到达到该状态的转移所获得的奖励，下面展示三个典型的尝试结果：

$$(1,1) \xrightarrow[\text{Up}]{-0.04} (1,2) \xrightarrow[\text{Up}]{-0.04} (1,3) \xrightarrow[\text{Right}]{-0.04} (1,2) \xrightarrow[\text{Up}]{-0.04} (1,3) \xrightarrow[\text{Right}]{-0.04} (2,3) \xrightarrow[\text{Right}]{-0.04} (3,3) \xrightarrow[\text{Right}]{+1} (4,3)$$

$$(1,1) \xrightarrow[\text{Up}]{-0.04} (1,2) \xrightarrow[\text{Up}]{-0.04} (1,3) \xrightarrow[\text{Right}]{-0.04} (2,3) \xrightarrow[\text{Right}]{-0.04} (3,3) \xrightarrow[\text{Right}]{-0.04} (3,2) \xrightarrow[\text{Up}]{-0.04} (3,3) \xrightarrow[\text{Right}]{+1} (4,3)$$

141

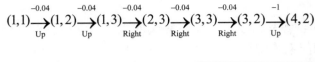

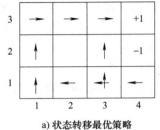

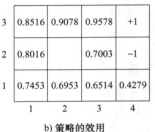

| a) 状态转移最优策略 | b) 策略的效用 |

图 7-7   4 × 3 世界环境下的最优策略和相应的效用

注意，我们在每个转移中都标注了到达下一个状态所采取的动作以及获得的奖励。目标是利用有关奖励的信息来学习每个非终止状态的效用期望 $U^\pi(s)$。其对应公式描述为

$$U^\pi(s) = E\left[\sum_{t=0}^{\infty} \gamma^t R(s_t, \pi(s_t), s_{t+1})\right] \tag{7-18}$$

式中，$R(s_t, \pi(s_t), s_{t+1})$ 为在状态 s_t 下执行策略 $\pi(s_t)$ 到达 s_{t+1} 所获得的奖励，折扣因子 $\gamma=1$。

1. 直接效用估计

直接效用估计（Direct Utility Estimation）的思想是，一个状态的效用定义为从该状态出发的总奖励，并且每次试验将为每个访问过的状态提供一个它的数值样本。例如，在上面给出的三次试验中，第一次试验为状态（1, 1）提供了奖励为 0.76 的样本，为（1, 2）提供了总奖励为 0.80 和 0.88 的两个样本，为状态（1, 3）提供了 0.84 和 0.92 两个样本，以此类推。因此，在每个序列的末尾，算法将计算每个状态的预期奖励，并相应地，采用平均的方法来更新每个状态的效用估计值。若试验的次数设有限制，平均值将收敛到式（7-18）中的真实期望值。

这意味着我们已经将强化学习简化为一个标准的监督学习问题，其中每个样例都是一对（状态，预期奖励）。我们有很多强大的监督学习算法，所以这种方法表面上看起来比较有前景，但它忽略了一个重要的约束：状态的效用取决于后继状态的奖励和期望效用。更具体地说，效用值应当满足固定策略的贝尔曼方程

$$U_i(s) = \sum_{s'} P(s' \mid s, \pi_i(s))\left[R(s, \pi_i(s), s') + \gamma U_i(s')\right] \tag{7-19}$$

忽略状态之间的联系并直接估计效用将导致错过学习的机会。例如，在上面给出的三次试验中的第二次试验，智能体到达了先前未访问过的状态 (3, 2)，接着下一个转移让它到达 (3, 3)，从第一次试验中，我们知道 (3, 3) 具有很高的效用。那么贝尔曼方程立即表明 (3, 2) 可能也具有很高的效用，因为它将到达 (3, 3)，但直接效用估计在试验结束之前无法学习到任何东西。更宽泛地说，可以将直接效用估计视为在比实际需要的更大的假设空间中搜索 U，因为它包含了许多不满足贝尔曼方程的函数。出于这个原因，该方法

对应的算法通常收敛得非常缓慢。

2. 自适应动态规划

利用自适应动态规划（Adaptive Dynamic Programming，ADP）的智能体学习状态之间的转移模型并使用动态规划解决相应的马尔可夫决策过程，从而利用了状态效用之间的约束。对于被动学习智能体，这意味着可以将学习到的转移模型 $P(s'|s, \pi(s))$ 和观测到的奖励 $R(s, \pi(s), s')$ 代入式（7-19）来求解各个状态的效用。当策略 π 固定时，这些贝尔曼方程是线性的方程组，因此可以使用任意的线性代数软件包来求解。

7.5.3 主动强化学习

被动强化学习有一个固定的策略来决定其行为，而主动强化学习（Active Reinforcement Learning）可以自主决定采取什么动作，主动强化学习的关键问题是探索。我们将从自适应动态规划（ADP）智能体开始入手，并考虑如何对它进行修改以利用这种新的自由度。

首先，智能体需要学习一个完整的转移模型，其中包含所有动作可能导致的结果及概率，不仅仅是固定策略下的模型。接下来，我们需要考虑这样一个事实：智能体有一系列动作可供选择。它需要学习的效用是由最优策略所定义的效用，它们仍满足贝尔曼方程

$$U(s) = \max_{a \in A(s)} \sum_{s'} P(s' \mid s, a)[R(s, a, s') + \gamma U(s')]$$

（7-20）

可以使用马尔可夫决策过程中状态估计的价值迭代或策略迭代算法求解这些方程，以得到效用函数 U。

1. 探索

在被动强化学习中，试验的智能体每一步中都采用所学到模型的固定最优策略建议的动作，该智能体称作贪心智能体（Greedy Agent）。贪心方法有时是有效的，使得对应的智能体会收敛到最优策略，但在很多情况下，它的效果并不理想。因为，学习到的模型与真实的环境不一样。因此，学习到的模型的最优结果可能在真实环境中是次优的。

主动强化学习可能需要花费比被动强化学习更长的探索时间，找到最优策略的方案，并且对于下一步行动的选取都不是贪心的，而是无限探索极限下的贪心（Greedy in the Limit of Infinite Exploration，GLIE）。GLIE 方案必须在每个状态下对每个动作尝试任意多次，以避免错过最优动作。使用这种方案的 ADP 智能体最终将学习到正确的转移模型，在此基础上，它可以在不考虑探索的情况下行动。

基于 GLIE 的方案有若干种，最简单的一种是让智能体在时刻 t 以 $1/t$ 的概率随机选择一个动作，否则就遵循贪心策略。虽然这个方法最终会收敛到最优策略，但收敛过程可能会很慢；一个更好的方法是对智能体不经常尝试的动作赋予较高的权重，同时倾向于避免采取智能体认为效用较低的动作。这一过程可以通过改变约束方程即式（7-20），为探索还相对不充分的状态赋予更高的效用估计来实现。

我们用 $U^+(s)$ 来表示对状态 s 的目标效用（即期望的预期奖励）的乐观估计，并用 $N(s, a)$ 表示动作 a 在状态 s 中被尝试的次数。现在将对 ADP 学习智能体使用价值迭代，

于是需要改写公式以引入乐观估计

$$U^+(s) \leftarrow \max_{a \in A(s)} f\left(\sum_{s'} P(s'|s,a)[R(s,a,s') + \gamma U^+(s')], N(s,a)\right) \tag{7-21}$$

这里的 f 表示探索函数（Exploration Function）。函数 $f(u, n)$ 决定了贪心（倾向于选择使得效用函数值较高的动作）如何与好奇心（倾向于选择不经常尝试且计数 n 较小的动作）进行权衡。该函数应关于 u 递增，关于 n 递减。显然，存在许多满足这些条件的函数。一个特别简单的例子如下

$$f(u,n) = \begin{cases} R^+, & n < N_e \\ u, & \text{其他} \end{cases} \tag{7-22}$$

式中，R^+ 是任何状态下对可获得的最佳可能奖励的乐观估计；N_e 是一个固定的参数。这样的函数将迫使智能体对每个状态 – 动作对至少尝试 N_e 次。

式（7-21）右侧采用了 U^+ 而不是 U，这一点非常重要。随着探索的进行，接近初始状态的状态和动作可能会被尝试非常多次。如果使用 U 即更悲观的效用估计，那么智能体很快就会变得不愿意探索更远的区域。使用 U^+ 意味着探索的好处是从未探索区域的边缘传递回来的，于是前往未探索区域的动作将有更高的权重，而不仅是那些本身不为人所熟悉的动作有更高的权重。

2. 安全探索

到目前为止，我们都假设智能体可以像我们所希望的那样自由地进行探索——任何负面的奖励只会改善它对世界的建模。然而，真实世界并没有那么宽容。在某些环境下，许多动作是不可逆的：不存在后续的动作序列可以将状态恢复到不可逆动作发生之前的状态。在最坏的情况下，智能体将进入到一个吸收状态（Absorbing State），此时任何动作都不会改变当前的状态，智能体也不会得到任何奖励。

在许多实际情况中，我们无法承担智能体采取不可逆的动作或进入吸收状态的后果。例如，学习驾驶汽车时应该避免采取可能导致以下任何情况的动作：

1）有大量负面奖励的状态，如严重车祸。

2）无法脱离的状态，如将汽车开进深沟中。

3）将永久性地限制未来奖励的状态，如损坏汽车发动机，使其最高速度降低。

一个更好的方法是选择一个对真实模型都相当有效的策略，即使该策略对于最大似然模型是次优的。下面将介绍三种带有这种思想的数学方法。

第一种方法为贝叶斯强化学习（Bayesian Reinforcement Learning），它对关于正确模型的假设 h 赋予一个先验概率 $P(h)$，而后验概率 $P(h|e)$ 将在给定观测数据的情况下，通过贝叶斯法则得到。如果智能体在某一时刻决定停止学习，那么最优策略即为给出最高期望效用的策略。我们设 U_h^π 为期望效用，它通过在模型 h 中执行策略 π 得到，并在所有可能的初始状态上取平均，那么有

$$\pi^* = \arg\max_\pi \sum_h P(h|e) U_h^\pi \tag{7-23}$$

在某些特殊情况下，我们甚至可以计算出此策略。然而，如果智能体将在未来继续学习，那么找到一个最优策略就变得相当困难，因为智能体必须考虑到未来的观测对其所学习到的转移模型的影响。

第二种方法来自鲁棒控制理论（Robust Control Theory），考虑一组可能模型 $\mathscr{H}$ 而不赋予它们概率，在此基础上，最优鲁棒策略定义为在 $\mathscr{H}$ 中最坏的情况下给出最佳结果的策略：

$$\pi^* = \arg\max_{\pi} \min_{h} U_h^{\pi} \tag{7-24}$$

通常情况下，集合 $\mathcal{H}$ 为似然 $P(h|e)$ 超过某个阈值的模型的集合，因此鲁棒方法和贝叶斯方法是相联系的。鲁棒控制方法可以看作智能体和对手之间的博弈，其中对于任何动作，对手都将选择最坏的可能结果，我们得到的策略就是博弈的极小化极大（Minimax）解。

第三种方法是最坏情况假设，这一想法的问题在于，它会导致行为过于保守。如果一辆自动驾驶的汽车认为其他所有的驾驶人都可能与它相撞，那它别无选择，只能停在车库里。现实生活中充满了这样的风险 – 回报权衡。

使用强化学习的一个原因是为了避免对人类教师（如监督学习中）的需求，但事实证明人类知识可以帮助维护系统的安全。一种方法是记录有经验的教师的一系列动作，使系统从一开始就合理地学习与改进；另一种方法是人为地约束系统的行为，并让强化学习系统之外的程序执行这些约束（安全探索）。

本章小结

机器学习是目前人工智能领域研究的核心热点之一。经过近些年的飞速发展，尤其是最近二十年与统计学及神经科学的交叉，机器学习为人们带来了高效的网络搜索、实用的机器翻译、高精度的图像理解和识别，极大地改变了人们的生产生活方式。机器学习技术在日常生活中的应用已经非常普遍，从自然语言处理到计算机视觉，从用户推荐到辅助驾驶，我们可能在毫无察觉的情况下使用不同的机器学习技术。相关的研究者认为机器学习是人工智能取得进展的最有效途径。本章围绕机器学习的基础理论和基本概念及其发展简史，从归纳学习、分析学习、无监督学习和强化学习四个角度着手，重点介绍了机器学习的一些经典算法，并简要介绍了不同方法的典型应用场景以及各种不同方法在解决问题时的优势和缺点。

思考题与习题

7-1　试述机器学习系统的基本结构，并说明各部分的作用。

7-2　说明归纳学习的模式和学习方法。

7-3　什么是类比学习？解释其推理和学习过程。

7-4　试述解释学习的基本原理、学习形式和功能。

7-5　可以从最小化每个类簇的方差这一视角来解释 K 均值聚类的结果，下面对这一视角描述不正确的是（　　　　）。

A. 最终聚类结果中每个聚类集合中所包含数据呈现出来的差异性最小

B. 每个样本数据分别归属于与其距离最近的聚类质心所在聚类集合

C. 每个簇类的方差累加起来最小

D. 每个簇类的质心累加起来最小

7-6　下面对主成分分析的描述不正确的是（　　　）。

A. 主成分分析是一种特征降维方法

B. 主成分分析可保证原始高维样本数据被投影映射后，其方差保持最大

C. 在主成分分析中，将数据向方差最大方向进行投影，可使得数据蕴含信息没有丢失，以便在后续处理过程中"彰显个性"

D. 在主成分分析中，所得低维数据中每一维度之间具有极大相关度

7-7　举例说明监督学习和强化学习的区别与联系。

第 8 章　人工神经网络与深度学习

导读

在信息时代的浪潮中，计算机科学和人工智能领域的飞速发展为人类提供了前所未有的机遇和挑战。在这个变革的时代，人工神经网络作为人工智能的核心技术之一，正在引领科技的潮流。人工神经网络是受人脑结构启发而设计的计算模型，其独特的能力在于通过学习和适应，从数据中提取模式和规律。深度学习是一种以人工神经网络为架构，对数据进行特征学习的算法。

人工神经网络和深度学习是目前图像识别、语音识别和自然语言处理等领域中很多问题的解决方案。本章将提供关于神经网络与深度学习的基础知识，从最基本的概念开始，逐步探讨人工神经网络与深度学习的原理和经典学习算法。

本章知识点

- 生物神经网络理论基础
- 人工神经网络的结构、优点和局限性
- 几种常见的人工神经网络学习算法
- 典型的深度神经网络结构及算法

8.1　人工神经网络概述

人工神经网络（Artificial Neural Network, ANN）是从信息处理角度对人脑神经元进行抽象，建立其行为机制模型，并按照不同的连接方式组成不同的网络结构，进而模拟神经元网络动作行为的一门科学技术。它涉及了生物学、数学、电子、信息科学等众多学科和领域。另外，目前大部分人工神经网络研究都是基于数学算法和生物神经网络两者相结合来实现创新的，因此学习和掌握生物神经网络的组织结构和运行机理具有十分重要的意义。

8.1.1　生物神经元的结构

人类之所以拥有着地球上其他物种所不具备的高级智慧，是因为人类拥有高度复杂的大脑，而大脑处理信息的基本单元是神经元。因此，要认识大脑的工作方式，首先需要了解组成神经系统的生物神经元的结构和功能。

神经元和胶质细胞是构成神经系统的两大部分。神经元具有感受刺激和传导兴奋的作用，是神经系统的基本结构和功能单位。譬如，人类中枢神经系统含有约 1000 亿个神经元，仅大脑皮质中就有大约 140 亿个，这些神经元负责接收外界刺激，并进行信息的加工传递和处理。在中枢神经系统中胶质细胞的数量大约为神经元的 10 倍，虽然数量庞大，但并不负责信息的接收和处理，只是负责协助神经元的活动。尽管胶质细胞在神经系统中扮演着"助理"的角色，却可以提升神经细胞动作电位的传播速度，而且为神经元提供营养并维持适宜的局部环境。

生物神经元细胞由细胞体和突起两部分组成，如图 8-1 所示。细胞体由细胞核、细胞质以及细胞膜构成，负责神经元的代谢和营养。细胞核是遗传物质存储和复制的场所，同时负责控制细胞的代谢活动，是整个细胞最重要的部分。

突起包括树突和轴突。树突是神经元延伸到外部的纤维状结构。这些纤维状结构在离神经元细胞体近的根部比较粗壮，然后逐渐分叉、变细，像树枝一样散布开来。树突的作用是接收来自其他神经元的信息（输入信号），然后将信息传送到细胞体中。轴突是神经元伸出的一条较长的突起，甚至可长达 1m 左右，其粗细均匀、分支较少。轴突主要用来传送神经元的信息，是神经元的输出通道。

神经元与神经元之间的信息传递通过突触来完成，是信息传递的关键部位。

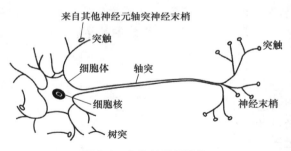

图 8-1　生物神经元结构

8.1.2　神经元数学模型

通常情况下，大多数神经元处于抑制状态，但一旦某个神经元接收到刺激，导致其电位超过阈值，该神经元就会被激活，转变为兴奋状态，并释放神经递质向其他神经元传递信息。人工神经元的设计灵感正是来源于这种生物学上神经元的信息传递机制。

1. 人工神经元模型

人工神经元是神经网络的基本单位，如同生物神经元有许多接受输入的树突一样，人工神经元也有很多输入信号，并同时作用到人工神经元上。在生物神经元中，突触的性质和强度各异，导致不同输入的激励产生差异。为了模拟这一特性，人工神经元对每个输入引入可变的加权，以模拟突触的不同连接强度和可变传递特性。为了模拟生物神经元的时空整合功能，人工神经元需要对所有的输入进行累加求和，求和的结果类似于生物神经元

的膜电位。在生物神经元中，只有在膜电位超过动作电位的阈值时，生物神经元才能产生
神经冲动，反之则不能，因此在人工神经元中，
也必须考虑该动作的阈值。与生物神经元一样，
人工神经元也仅具有一个输出。因此，神经元
模型可看成一个多输入单输出的非线性处理
单元。

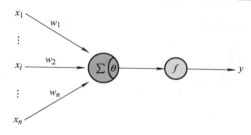

图 8-2　MP 神经元模型

1943 年，美国神经科学家 Warren McCulloch
和计算神经科学家 Walter Pitts 基于神经元的生
理结构，建立了单个神经元的数学模型——MP
模型，其模型如图 8-2 所示，它是目前最常用的人工神经网络的基本结构单元。

该神经元的输出为

$$y = f\left(\sum_{i=1}^{n} w_i x_i - \theta \right) \tag{8-1}$$

式中，x_i 是神经元的输入；w_i 是突触权重；θ 是神经元的激活阈值；f 是对线性加权求和
的结果进行非线性变换的激活函数；y 是神经元的输出。

从 MP 模型中可以看出，一个人工神经元由两部分组成：第一部分对前方所有神经元
的输出进行线性加权求和，得到总输入值；第二部分将总输入值与神经元的阈值 θ 进行比
较，然后通过激活函数 f 处理以产生神经元的输出。

2. 激活函数

激活函数是一种在人工神经网络中引入的函数，能够用来加入非线性因素，提高人工
神经网络对模型的表达，解决线性模型不能解决的一些问题。激活函数决定了要发送给下
一个神经元的内容，因此激活函数的选择对于神经网络的性能和学习能力起着关键作用。
下面介绍五种常用的激活函数。

（1）Sigmoid 函数

Sigmoid 函数是常用的非线性激活函数，也叫 Logistic 函数，它能够把输入的连续实
数映射为 0 ～ 1 之间的输出，它的数学形式为

$$\text{Sigmoid}(x) = \frac{1}{1 + e^{-x}} \tag{8-2}$$

Sigmoid 函数的图像呈现如下特性：当输入值接近 0 时，近似为线性函数；当输入值
靠近两端时，函数对输入进行抑制。具体而言，输入越小，函数值越接近 0，而输入越
大，函数值越接近 1。这种特性与生物神经元相似，即对某些输入产生兴奋，对另一些输
入产生抑制。

Sigmoid 函数的导函数为

$$\text{Sigmoid}'(x) = \frac{1}{1 + e^{-x}}\left(1 - \frac{1}{1 + e^{-x}} \right) \tag{8-3}$$

其函数和导函数图像分别如图 8-3 和图 8-4 所示。

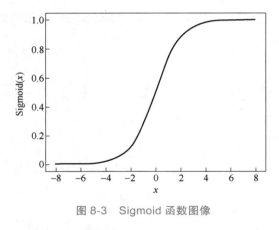

图 8-3　Sigmoid 函数图像

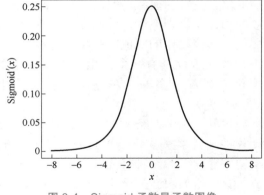

图 8-4　Sigmoid 函数导函数图像

　　Sigmoid 函数是连续可导的，这使得搭载 Sigmoid 激活函数的神经元具有以下三个性质：①其输出范围在 0 ～ 1 之间，可以直接看作概率分布，使神经网络能更好地与统计学习模型结合；② Sigmoid 函数可视作一个软性门，用于控制神经元输出信息的数量；③由于 Sigmoid 函数具备梯度平滑的特性，避免了跃迁式的输出值，有助于更稳定地进行梯度下降优化。Sigmoid 函数的不足之处主要是存在梯度消失问题，即当输入值太大或者太小时，神经元的梯度无限趋近 0，使得在反向传播时其权重几乎得不到更新，从而使得模型变得难以训练。

　　（2）tanh 函数

　　tanh 函数又叫双曲正切激活函数，可以看作放大并平移的 Sigmoid 函数，它能将输入实数压缩至 –1 ～ 1 的区间内。tanh 函数解析式为

$$\tanh(x) = \frac{e^x - e^{-x}}{e^x + e^{-x}} \tag{8-4}$$

tanh 函数的导函数为

$$\tanh'(x) = 1 - \left(\frac{e^x - e^{-x}}{e^x + e^{-x}}\right)^2 \tag{8-5}$$

其函数和导函数图像分别如图 8-5 和图 8-6 所示。

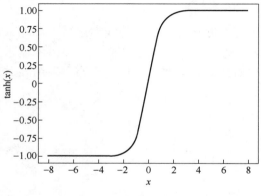

图 8-5　tanh 函数图像

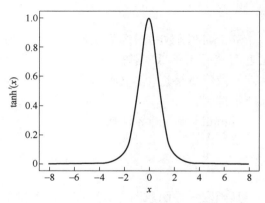

图 8-6　tanh 函数导函数图像

tanh 函数的输出区间在 $-1 \sim 1$ 之间，是零均值化的，解决了 Sigmoid 函数的输出是非零均值化的问题，然而梯度消失的问题依然存在。

（3）ReLU 函数

ReLU 函数又称为修正线性单元，它提供了一个简单的非线性变换。给定元素 x，该函数定义为

$$\begin{cases} \text{ReLU}(x) = 0, x \leqslant 0 \\ \text{ReLU}(x) = x, x > 0 \end{cases} \tag{8-6}$$

ReLU 函数的导函数为

$$\begin{cases} \text{ReLU}'(x) = 0, x \leqslant 0 \\ \text{ReLU}'(x) = 1, x > 0 \end{cases} \tag{8-7}$$

其函数和导函数图像分别如图 8-7 和图 8-8 所示。

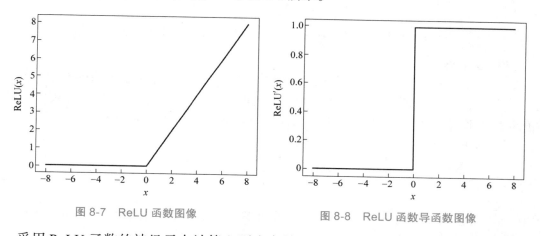

图 8-7　ReLU 函数图像　　　　图 8-8　ReLU 函数导函数图像

采用 ReLU 函数的神经元在计算上更为高效，其收敛速度快于 Sigmoid 函数和 tanh 函数，在优化方面，与 Sigmoid 函数两端饱和相比，ReLU 函数为左饱和函数，在 $x>0$ 时导数为 1，这在一定程度上缓解了神经网络的梯度消失问题，加速了梯度下降的收敛速度。然而，当输入为负数时，输出为 0，其梯度始终为 0，这样会导致神经元不能更新参数，出现神经元"坏死"现象，即 Dead ReLU 问题。

（4）Leaky ReLU 函数

为了解决神经元坏死的问题，Leaky ReLU 被广泛采用。Leaky ReLU 在输入 $x \leqslant 0$ 时保持一个很小的梯度 α，这意味着即使神经元处于非激活状态，也会有一个非零的梯度可用于更新参数。α 的引入也有助于扩大 ReLU 函数的范围，使其变为一个从负无穷到正无穷的函数。Leaky ReLU 的函数表达式为

$$\begin{cases} \text{leaky\_relu}(x) = \alpha x, x \leqslant 0 \\ \text{leaky\_relu}(x) = x, x > 0 \end{cases} \tag{8-8}$$

为了更直观地展示其函数图像，这里把 α 设置为 0.1（实际上一般取 0.01）。
Leaky ReLU 函数的导函数为

$$\begin{cases} \text{leaky\_relu}'(x) = \alpha, x \leqslant 0 \\ \text{leaky\_relu}'(x) = 1, x > 0 \end{cases} \tag{8-9}$$

其函数和导函数图像分别如图 8-9 和图 8-10 所示。

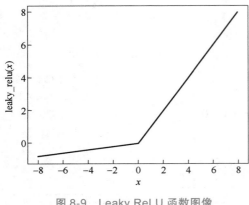

图 8-9　Leaky ReLU 函数图像　　　　图 8-10　Leaky ReLU 函数导函数图像

（5）Softmax 函数

Softmax 函数通常用于多类别分类问题中。它将一个含有多个实数值的向量（通常称为 "logits" 或 "scores"）作为输入，并将其转换为一个概率分布，其中每个类别的概率值在 0 ～ 1 之间，所有类别的概率总和为 1。Softmax 函数的数学表达式为

$$\text{Softmax}(\boldsymbol{x})_i = \frac{\mathrm{e}^{x_i}}{\sum\limits_{j=1}^{N} \mathrm{e}^{x_j}} \tag{8-10}$$

式中，x_i，x_j 是输入向量 $\boldsymbol{x}$ 的第 i 个和第 j 个元素；N 是向量 $\boldsymbol{x}$ 的维度；Softmax$(\boldsymbol{x})_i$ 是函数的输出向量的第 i 个元素。

该函数对每个输入元素进行指数运算，然后对所有指数的和取分母，从而得到每个元素的概率分布。其图像如图 8-11 所示。

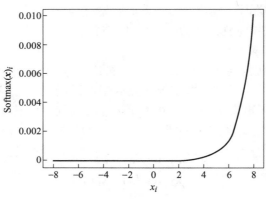

图 8-11　Softmax 函数

Softmax 函数通常用于多分类问题的输出层，输出每个类别的概率，从而使得模型能够对不同类别的置信度进行量化。

激活函数的选择和调整方法对于神经网络模型的性能和训练效果具有重要影响，在选择激活函数时，需要考虑非线性能力、可导性和抑制过拟合等因素。在实际应用中，可以通过调整参数、组合激活函数或使用自适应激活函数等方法来优化神经网络模型的性能。

8.1.3　人工神经网络的结构

从前面的内容可知，人工神经网络是一种应用类似大脑神经突触连接的结构进行信息处理的数学模型。芬兰科学家 T.Koholen 认为："人工神经网络是由具有适应性的简单单元组成的广泛并行互连的网络，它的组织能够模拟生物神经系统对真实世界物体所做出的交互反应。"

一般人工神经网络的结构包含输入层、隐含层和输出层。输入层负责接收外部的信息和数据，该层的每个神经元相当于自变量，不完成任何计算，只为下一层传递信息；隐含层介于输入层和输出层之间，负责对信息进行处理，不断调整神经元之间的连接属性，如权值、反馈等；输出层负责对计算的结果进行输出。

如图 8-12 所示的一个三层的人工神经网络模型，从左到右，第 1 层为输入层，输入向量为（x_1，x_2，x_3）；第 2 层为带有 4 个节点的隐含层；第 3 层为输出层，输出向量为（y_1，y_2）。网络的结构是静态的，但是它的权重是动态的。通过训练，神经网络可以学习输入数据的内在规律，并通过调整权重来改进对输入数据的预测能力。

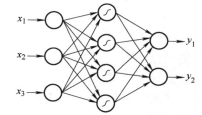

图 8-12　三层人工神经网络的结构

如果只知道输入和相应的输出，而不清楚如何从输入得到输出的机制，可以将输入和输出之间的关系看作一个"网络"。通过反复提供输入和相应的输出来对这个网络进行"训练"，使得网络能够根据输入和输出动态调整各结点之间的权值以适应输入和输出的关系。这样，当训练完成时，给定一个输入，网络就能利用已经调整好的权值计算出一个输出。这是人工神经网络的基本原理。

关于神经网络的结构，有以下几点结论：

1）人工神经网络输入层与输出层的节点数往往是固定的，根据数据本身而设定；隐含层数和隐含层节点数则由设计者决定。一般来说，隐含层和隐含层节点数量越多，神经网络的表示能力就越强。但同时也要注意，隐含层节点数量过多会导致训练时间增加，同时也容易导致过拟合。

2）人工神经网络模型图中的箭头代表预测过程中数据的流向，与学习训练阶段的数据流动方向不同。

3）人工神经网络的关键不是节点而是连接，每层神经元与下一层的多个神经元相连接，每条连接线都有独自的权重参数。此外，连接线上的权重参数是通过训练得到的。

4）人工神经网络中的神经元相互连接的方式有很多种，常用的连接方式包括全连接、卷积连接和循环连接。除了上述三种常用的连接方式，还有一些其他特殊的连接方式，如残差连接、注意力连接等，它们在特定的场景下能够提升神经网络的表现。在实际应用中，根据任务的特点和数据的特征，可以选择合适的连接方式来构建神经网络，从而更好地解决实际问题。

人工神经网络具有自学习、自组织、较好的容错性和优良的非线性逼近能力。一般而言，与经典计算方法相比，人工神经网络并非总是表现出明显的优越性。其优势通常在于当传统方法无法解决或者效果较差时，人工神经网络方法才能显现出独特的优点。特别是在对问题的机理了解不足或无法用数学模型精确描述的系统中，如故障诊断、特征提取和预测等领域，人工神经网络往往成为解决问题的强有力工具。此外，对于处理大量原始数据，难以用规则或公式明确定义的问题，人工神经网络展现出极大的灵活性和自适应性。总的来说，人工神经网络在面对复杂、非线性或难以建模的问题时，能够提供一种有效的解决方案，从而补充了传统计算方法的不足。

人工神经网络的研究还存在下列局限性：

1）人工神经网络的研究受到脑科学研究成果的限制。

2）人工神经网络缺少一个完整、成熟的理论体系。

3）人工神经网络的研究带有浓厚的策略和经验色彩。

4）人工神经网络与传统技术的接口不成熟。

8.2 感知机学习

1957 年，美国康奈尔大学的心理学家 Rosenblatt 提出了一个只有两层神经元的神经网络模型，称为感知机（Perceptron）或单层神经网络，因不能解决异或运算问题，一度被束之高阁，这几乎断送了神经网络的发展。但随后出现的多层感知机不仅解决了异或问题，还能实现任意的二值逻辑函数处理，因而有力推动了神经网络的研究。在此基础上形成的多层前馈网络，已经成为当前静态神经网络最具代表性的研究模型。

感知机是第一个从算法上可以完整描述的人工神经网络，它的出现把神经网络研究从理论引向了实践。因此，感知机模型在人工神经网络的发展历史上有着十分重要的地位。

8.2.1 感知机的结构和原理

感知机即单层神经网络，含输入层和输出层两层神经元。数据直接连接输入层神经元，输出层神经元对数据输入进行加权求和，并通过激活函数来得到输出。当激活函数为线性函数时，单层神经网络权重一般可得到显式解。单层神经网络可利用梯度下降算法，通过指定的损失函数来学习网络的权重。

感知机只能做简单的线性可分任务，它不能解决非线性分类问题，甚至不能解决异或这样的简单分类任务。

感知机模型实际上仍然是 MP 模型的结构（图 8-13），它们之间的区别在于神经元间连接权值的变化。在 MP 模型中，权值 w_i 与阈值 θ 都是人为给定的，故模型不能学习；在感知机中，通过采用监督学习来调整权值，逐步增强

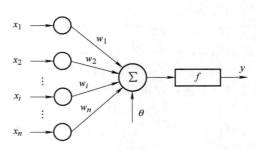

图 8-13　单层感知机的结构

模式划分的能力，这样感知机就被赋予了学习的特性。

单层感知机主要用来处理二分类问题，常采用对称硬极限传输函数 hardlims，感知机的输出可表示为

$$y = \begin{cases} +1, & \sum_{i=1}^{n} w_i x_i \geq \theta \\ -1, & \sum_{i=1}^{n} w_i x_i < \theta \end{cases} \tag{8-11}$$

单层感知机的功能可以从两输入、三输入以及 n 输入三种情况来讨论。

1. 两输入情况

设输入向量 $\boldsymbol{x} = (x_1, x_2)$，这个输入向量在几何空间上形成了一个二维的平面，由式（8-11）可知，直线方程 $w_1 x_1 + w_2 x_2 - \theta = 0$ 将二维平面内的样本数据分为两类，处在虚线上方的样本数据用 "∘" 表示，它们使净输入与偏置之差大于或等于 0，输出结果为 +1；处在虚线下方的样本数据用 "∗" 表示，它们使净输入与偏置之差小于 0，输出结果为 –1，如图 8-14 所示。

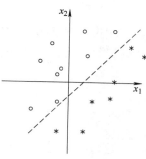

图 8-14　单层感知器对二维样本的分类

155

由图 8-14 可以看出，虚线的斜率和截距决定了虚线在二维平面内的位置，即感知机的权值和偏置值确定了分界线在样本空间的位置，进而决定了如何将二维平面内样本数据分为两类。通过调节感知机的权值和偏置值，总是可以找到一条分界线，将二维空间内的样本分为两类。

2. 三输入情况

设输入向量 $\boldsymbol{x} = (x_1, x_2, x_3)$，则该输入向量在几何空间上形成了一个三维空间，由式（8-11）可知，平面方程 $w_1 x_1 + w_2 x_2 + w_3 x_3 - \theta = 0$ 将三维空间内的样本数据分为两类。与两输入的情况类似，当净输入与偏置之差大于或等于 0 时，输出 +1；当净输入与偏置之差小于 0 时，输出 –1。

3. n 输入情况

考虑一般的情况，即 n 维空间，设输入向量 $\boldsymbol{x} = (x_1, x_2, \cdots, x_n)$，则输入在几何上构成了一个 n 维空间，方程 $\boldsymbol{w}^\mathrm{T} \boldsymbol{x} - \theta = 0$ 在 n 维空间内构成了一个超平面，通过改变感知机的权值和偏置值的大小，从而改变该超平面的位置，最终可将输入的样本数据分为两类。

8.2.2　感知机学习算法

感知机学习算法的基本思想是逐步地将样本输入到网络中，根据输出的结果和理想输出之间的差值来调整网络中的权值矩阵，也就是求解损失函数 $L(\boldsymbol{W}, \theta)$ 的最优化问题。感知机学习算法是误分类驱动的，故损失函数最优化采用随机梯度下降法，然后用梯度下降法不断地逼近目标函数的极小值。极小化目标函数为

$$\min L(\boldsymbol{W}, \theta) = -\sum_{\boldsymbol{x}_i \in C} y_i (\boldsymbol{W}^\mathrm{T} \boldsymbol{x}_i + \theta) \tag{8-12}$$

式中，C 是误分类集合；W 是权值向量。

极小化过程不是一次使 C 中所有误分类点的梯度下降，而是一次随机地选取一个误分类点使其梯度下降。其规则可以写为

$$h(t+1) = h(t) - \eta \nabla(h) \qquad (8\text{-}13)$$

式中，η（$0 < \eta < 1$）是步长，也称为学习率；t 是迭代次数；$\nabla(h)$ 是梯度；$h（t+1）$ 是 $h（t）$ 更新后的值。假设误分类集合 C 是固定的，则损失函数 $L（W, \theta）$ 的梯度为

$$\frac{\partial L(W,\theta)}{\partial W} = -\sum_{x_i \in C} y_i x_i \qquad (8\text{-}14)$$

$$\frac{\partial L(W,\theta)}{\partial \theta} = -\sum_{x_i \in C} y_i \qquad (8\text{-}15)$$

在误分类点集合 C 中，随机选取一个误分类点，按照梯度下降法的规则进行计算，得到新的 W 和 θ，对其进行更新，即

$$W(t+1) = W(t) + \eta y_i x_i \qquad (8\text{-}16)$$

$$\theta(t+1) = \theta(t) + \eta y_i \qquad (8\text{-}17)$$

通过这种迭代不断更新 W 和 θ 的值，使损失函数 $L（W, \theta）$ 不断减小，直至为 0。此时，训练集中没有误分类点，则分类过程结束。

这种学习算法直观上有如下解释：当误分类集合中一元素被误分类，即该元素位于分类超平面的错误一侧时，即调整感知器的权值 W 和偏置 θ 的值，使分类超平面向该误分类点的一侧移动，以减少该误分类点与超平面间的距离，直至超平面越过该误分类点使其被正确分类。

单层感知机对于线性可分问题处理得非常有效，不管是二维输入还是高维输入，一个感知机就可把空间分为两个区域。但单层感知机对线性不可分问题无法进行正确的分类，下面以利用单层感知机实现"异或"功能来说明单层感知机的局限性。

表 8-1 中的数据可分为 0 和 1 两类，把这四个样本数据标在图 8-15 所示的平面直角坐标系中。

表 8-1 逻辑"异或"真值表

x_1	x_2	y
0	0	0
0	1	1
1	0	1
1	1	0

从图 8-15 中可以看出，在坐标系中不存在任何一条直线可以将这四个样本数据分为两类，该现象称为线性不可分。通过感知机的几何意义可知，单层感知机的分类判决方程

是线性方程，所以单层感知机无法解决线性不可分的问题。

　　为了能够对线性不可分问题进行分类，克服单层感知机的局限性，在输入层与输出层之间增加隐含层，构成含隐含层的神经网络（如多层感知机、BP 网络等）。这部分内容见 8.3 节。

图 8-15　"异或"问题中两类样本数据

8.2.3　Delta 规则

　　1986 年，认知心理学家 McClelland 和 Rumelhart 在神经网络训练中引入了 Delta 学习规则。Delta 学习规则是一种简单的有监督学习算法，该算法根据神经元的实际输出与期望输出差别来调整连接权，数学表达式为

$$w_{ij}(t+1) = w_{ij}(t) + \alpha(d_j - y_j)x_i(t) \tag{8-18}$$

式中，w_{ij} 表示神经元 i 到神经元 j 的连接权；d_j 是神经元 j 的期望输出；y_j 是神经元 j 的实际输出；x_i 是神经元 i 的状态，若神经元 i 处于激活状态，则 $x_i = 1$，若神经元 i 处于抑制状态，根据激活函数不同，$x_i = 0$ 或 $x_i = -1$；α 是表示学习速度的常数（$0 < \alpha < 1$）。

　　Delta 学习规则可简单描述为：如果神经元实际输出比期望输出大，则减小所有输入为正的连接权重，增加所有输入为负的连接权重。反之，若神经元实际输出比期望输出小，则增大所有输入为正的连接的权重，减小所有输入为负的连接的权重。增大或减小的幅度根据式（8-18）进行计算。

　　更一般地，我们用下面的损失函数 E 来描述实际输出和期望输出之间的误差

$$E = \frac{1}{2}(d_j - y_j)^2 = \frac{1}{2}\left[d_j - f(\boldsymbol{W}_j^{\mathrm{T}}\boldsymbol{X})\right]^2 \tag{8-19}$$

　　为了使 E 最小化，权值向量 $\boldsymbol{W}_j$ 应与误差的负梯度成正比，即

$$\Delta \boldsymbol{W}_j = -\eta \nabla E \tag{8-20}$$

式中，比例系数 η 是一个正常数，表示学习速度的快慢。由式（8-19），误差梯度为

$$\nabla E = \frac{\partial E}{\partial \boldsymbol{W}} = \frac{\partial}{\partial \boldsymbol{W}}\left(\frac{1}{2}[d_j - f(\boldsymbol{W}_j^{\mathrm{T}}\boldsymbol{X})]^2\right) = \frac{1}{2}\times 2\times[d_j - f(\boldsymbol{W}_j^{\mathrm{T}}\boldsymbol{X})]\frac{\partial}{\partial \boldsymbol{W}}[d_j - f(\boldsymbol{W}_j^{\mathrm{T}}\boldsymbol{X})]$$

$$= \frac{1}{2}\times 2\times[d_j - f(\boldsymbol{W}_j^{\mathrm{T}}\boldsymbol{X})][-f(\boldsymbol{W}_j^{\mathrm{T}}\boldsymbol{X})]\frac{\partial}{\partial \boldsymbol{W}}(\boldsymbol{W}_j^{\mathrm{T}}\boldsymbol{X}) = -(d_j - y_j)f'(\boldsymbol{W}_j^{\mathrm{T}}\boldsymbol{X})\boldsymbol{X} \tag{8-21}$$

将此结果代入式（8-20），可得权值调整计算式

$$\Delta \boldsymbol{W}_j = \eta(d_j - y_j)f'(\boldsymbol{W}_j^{\mathrm{T}}\boldsymbol{X})\boldsymbol{X} \tag{8-22}$$

　　$\Delta \boldsymbol{W}_j$ 中每个分量的调整由下式计算

$$\Delta w_{ij} = \eta(d_j - y_j)f'(\boldsymbol{W}_j^{\mathrm{T}}\boldsymbol{X})x_i, \ i = 0, 1, \cdots, n \tag{8-23}$$

　　Delta 规则是一种利用梯度下降法的学习规则，应用 Delta 规则时，神经网络的激活函数必须是连续的和可微分的。Delta 规则可推广到多层前馈网络中，权值可初始化为任

157

意值。

Delta 规则可以被描述为下面的步骤：

1）随机初始化权重。

2）使用网络进行预测。

3）计算误差项。

4）根据误差项调整权重。

5）重复以上步骤，直到误差收敛或达到预定的迭代次数。

学习规则对神经网络学习速度、收敛特性和泛化能力有很大的影响，对各种学习规则的研究，在人工神经网络理论与实践发展过程中起着相当重要的作用。经典学习规则除了 Delta 规则外，还有反传学习、Hebbian 一致性学习等。

8.3　反传学习

8.3.1　有隐含层的神经网络

图 8-16 所示为多层前馈神经网络，在单层感知机的基础上增加了隐含层，每个隐含层中有多个神经元（至少一个），隐含层不直接接收外界信号也不直接向外界发送信号，每个隐含层都有多个神经元，每个神经元都可以对应一个激活函数。该结构即为多层感知机，它的每一个输入都与所有神经元连接，每个隐含层之间的神经元又相互连接，故称为全连接。具有单一隐含层的神经网络被称为浅层神经网络或普通神经网络；包含两个或两个以上隐含层的多层神经网络被称为深度神经网络。

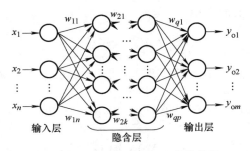

图 8-16　有隐含层的神经网络结构图

在多层感知机中，所有的"层"被划分为三类：输入层、隐含层以及输出层。输入层和输出层一般只有一个，隐含层的数目可以根据需要设置若干个。图中的圆圈代表各个神经元。输入层的神经元并不是严格意义上的神经元，只起信息的传递作用，并无权值、阈值的连接，也没有激活函数。隐含层、输出层的各神经元与前述的单层感知机神经元的基本结构类似，但是其激活函数有了更多的选择范围，只要是非线性的函数都可以选择。

多层感知机的学习规则与单层感知机有相似之处。在感知机分类这个大范畴内，不论感知机层数的多寡，一般都采用有监督的学习（或训练）模式。在此过程中，对于输入感知机的数据样本都有相应的期望输出。在训练的初始阶段，可能网络的输出与期望的输出之间差异会比较大，那么按照训练规则经过一定的调整后最终会达到期望的目标。对于简单的线性分类问题，分类的误差最终会彻底消除。但是对于非线性分类问题，可能经过很多次调整分类误差仍然不能彻底消除，这时就需要事先设定好一个能够容忍的误差范围，这个值称为误差容限。一旦网络的训练误差进入误差容限范围内，就停止训练，固定当前的权值、阈值。在某些情况下也会出现经过大量的训练，网络的误差仍然不能满足要求，原因可能是网络的结构存在问题，如网络的层数和神经元的数目不太合适，或是在训练的初期权值、阈值设置不当。这时就需要重新对网络的结构和训练初值进行选择和设定。

8.3.2 误差反向传播算法

1986 年，Rumelhart 和 McClelland 提出了多层前馈网络的误差反向传播（Error Back Propagation, BP）学习算法。

BP 网络是一种按照误差反向传播算法训练的多层前馈网络，它由信息的正向传播和误差的反向传播两个过程组成。本节主要讨论 BP 算法的传播公式、BP 算法的描述、BP 网络学习的有关问题。

1. BP 网络学习的基础

为方便讨论，本书采用如图 8-17 所示的三层 BP 网络。

在图 8-17 所示的三层 BP 网络中，分别用 i、j、k 表示输入层、隐含层、输出层节点，且有以下符号表示：

O_i、O_j、O_k 表示输入层节点 i、隐含层节点 j、输出层节点 k 的输出。

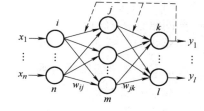

图 8-17 三层 BP 网络

I_i、I_j、I_k 表示输入层节点 i、隐含层节点 j、输出层节点 k 的输入。

w_{ij}、w_{jk} 表示从输入层节点 i 到隐含层节点 j、从隐含层节点 j 到输出层节点 k 的连接权值。

θ_j、θ_k 表示隐含层节点 j、输出层节点 k 的阈值。

对输入层节点 i，有

$$I_i = O_i = x_i, i = 1, 2, \cdots, n \qquad (8\text{-}24)$$

对隐含层节点 j，有

$$I_j = \sum_{i=1}^{n} w_{ij} O_i = \sum_{i=1}^{n} w_{ij} x_i, j = 1, 2, \cdots, m \qquad (8\text{-}25)$$

$$O_j = f(I_j - \theta_j), j = 1, 2, \cdots, m \qquad (8\text{-}26)$$

对输出层节点 k，有

$$I_k = \sum_{j=1}^{m} w_{jk} O_j, k = 1, 2, \cdots, l \qquad (8\text{-}27)$$

159

$$O_k = f(I_k - \theta_k), k = 1, 2, \cdots, l \qquad (8\text{-}28)$$

反向传播算法的激活函数通常是 Sigmoid 函数（S 函数），包括单极性 S 函数和双极性 S 函数。例如，$f(x) = 1/(1+e^{-x})$ 就是一个单极性 S 函数，其一阶导数为

$$f'(x) = f(x)[1 - f(x)] \qquad (8\text{-}29)$$

BP 网络的学习过程实际上是用训练样本对网络进行训练的过程。网络的训练有两种方式：顺序方式和批处理方式。顺序方式是指每输入一个训练样本，就根据该样本所产生的误差，对网络的权值和阈值进行修改。批处理方式是指待样本集中的所有训练样本一次性地全部输入网络后，再基于总的平均误差，去修改网络的连接权值和阈值。

顺序方式的优点是所需的临时存储空间较小，且采用随机输入样本的方法，可在一定程度上避免局部极小现象；其缺点是收敛条件比较复杂。批处理方式的优点是能够精确计算梯度向量，收敛条件比较简单，且易于并行计算；其缺点是学习算法理解比较困难。因此，对 BP 网络学习算法的讨论主要是顺序学习方式。

BP 网络学习过程是一个对给定训练模式，利用传播公式，沿着减小误差的方向不断调整网络连接权值和阈值的过程。由于 BP 网络学习是一种有导师指导的学习方法，因此训练模式应包括相应的期望输出。

2. BP 算法的传播公式

在 BP 学习算法中，对样本集中的第 r 个样本，其输出层结点 k 的期望输出用 d_{rk} 表示，实际输出用 y_{rk} 表示。其中，d_{rk} 由训练模式给出，y_{rk} 由式（8-28）计算得出。

如果仅针对一个输入样本，其实际输出与期望输出的误差定义为

$$E = \frac{1}{2} \sum_{k=1}^{l} (d_k - y_k)^2 \qquad (8\text{-}30)$$

对上述仅针对单个训练样本的误差计算公式，只适用于网络的顺序学习方式，若采用批处理学习方式，需要定义其总体误差。

假设样本集中有 R 个样本，则对整个样本集的总体误差定义为

$$E_R = \sum_{r=1}^{R} E_r = \frac{1}{2} \sum_{r=1}^{R} \sum_{k=1}^{l} (d_{rk} - y_{rk})^2 \qquad (8\text{-}31)$$

顺序学习方式的连接权值的调整公式为

$$w_{jk}(t+1) = w_{jk}(t) + \Delta w_{jk} \qquad (8\text{-}32)$$

式中，$w_{jk}(t)$ 是第 t 次迭代时，从结点 j 到节点 k 的连接权值；$w_{jk}(t+1)$ 是第 $t+1$ 次迭代时，从结点 j 到节点 k 的连接权值；Δw_{jk} 是连接权值的变化量。

为了使连接权值能沿着 E 的梯度下降的方向逐渐改善，网络逐渐收敛，权值变化量 Δw_{jk} 的计算公式为

$$\Delta w_{jk} = -\eta \frac{\partial E}{\partial w_{jk}} \tag{8-33}$$

式中，η 为增益因子，取 $[0, 1]$ 区间的一个正数，其取值与算法的收敛速度有关。$\frac{\partial E}{\partial w_{jk}}$ 由下式计算

$$\frac{\partial E}{\partial w_{jk}} = \frac{\partial E}{\partial I_k} \times \frac{\partial I_k}{\partial w_{jk}} \tag{8-34}$$

根据式（8-27），可得到输出层节点 k 的 I_k 为

$$I_k = \sum_{j=1}^{m} w_{jk} O_j \tag{8-35}$$

对该式求偏导数，有

$$\frac{\partial I_k}{\partial w_{jk}} = \frac{\partial}{\partial w_{jk}} \sum_{j=0}^{m} w_{jk} O_j = O_j \tag{8-36}$$

令局部梯度为

$$\delta_k = -\frac{\partial E}{\partial I_k} \tag{8-37}$$

将式（8-34）、式（8-36）和式（8-37）代入式（8-33），有

$$\Delta w_{jk} = -\eta \frac{\partial E}{\partial w_{jk}} = -\eta \frac{\partial E}{\partial I_k} \times \frac{\partial I_k}{\partial w_{jk}} = \eta \delta_k O_j \tag{8-38}$$

需要说明的是，在计算 δ_k 时，必须区分节点 k 是输出层节点，还是隐含层节点。下面分别进行讨论。

（1）节点 k 为输出层节点

如果节点 k 是输出层节点，则 $O_k = y_k$，因此

$$\delta_k = -\frac{\partial E}{\partial I_k} = -\frac{\partial E}{\partial y_k} \times \frac{\partial y_k}{\partial I_k} \tag{8-39}$$

由式（8-30），有

$$\frac{\partial E}{\partial y_k} = \frac{\partial \left(\frac{1}{2} \sum_{k=1}^{l} (d_k - y_k)^2 \right)}{\partial y_k} = \frac{1}{2} \times 2 \times (d_k - y_k) \times \frac{\partial(-y_k)}{\partial y_k} = -(d_k - y_k) \tag{8-40}$$

即

$$\frac{\partial E}{\partial y_k} = -(d_k - y_k) \tag{8-41}$$

而

$$\frac{\partial y_k}{\partial I_k} = f'(I_k) \tag{8-42}$$

将式（8-41）、式（8-42）代入式（8-39），有

$$\delta_k = (d_k - y_k)f'(I_k) \tag{8-43}$$

由于 $f'(I_k) = f(I_k)[1 - f(I_k)]$，且 $f(I_k) = y_k$，因此

$$\delta_k = (d_k - y_k)y_k(1 - y_k) \tag{8-44}$$

再将式（8-44）代入式（8-38），有

$$\Delta w_{jk} = \eta(d_k - y_k)(1 - y_k)y_k O_j \tag{8-45}$$

根据式（8-32），对输出层，有

$$w_{jk}(t+1) = w_{jk}(t) + \Delta w_{jk} = w_{jk}(t) + \eta(d_k - y_k)(1 - y_k)y_k O_j \tag{8-46}$$

（2）节点 k 是隐含层节点

如果节点 k 不是输出层节点，表示连接权值是作用于隐含层上的节点，此时有 $\delta_k = \delta_j$，δ_j 按下式计算

$$\delta_j = \frac{\partial E}{\partial I_j} = \frac{\partial E}{\partial O_j} \times \frac{\partial O_j}{\partial I_j} \tag{8-47}$$

由式（8-26）可得

$$\delta_j = -\frac{\partial E}{\partial O_j} f'(I_j) \tag{8-48}$$

式中，$\dfrac{\partial E}{\partial O_j}$ 是一个隐函数求导问题，其推导过程为

$$-\frac{\partial E}{\partial O_j} = \sum_{k=1}^{l}\left(-\frac{\partial E}{\partial I_k}\right) \times \frac{\partial}{\partial O_j}\left(\sum_{j=1}^{m} w_{jk} O_j - \theta_k\right) = \sum_{k=1}^{l}\left(-\frac{\partial E}{\partial I_k}\right) w_{jk} \tag{8-49}$$

由式（8-37），有

$$-\frac{\partial E}{\partial O_j} = \sum_{k=1}^{l} \delta_k w_{jk} \tag{8-50}$$

将式（8-50）代入式（8-48），有

$$\delta_j = f'(I_j) \sum_{k=1}^{l} \delta_k w_{jk} \tag{8-51}$$

它说明低层节点的 δ 值是通过上一层节点的 δ 值来计算的。这样可以先计算输出层上的 δ 值，然后把它返回到较低层上，并计算各较低层上节点的 δ 值。

由于 $f'(I_j)=f(I_j)[1-f(I_j)]$，可得

$$\delta_j = f(I_j)[1-f(I_j)]\sum_{k=1}^{l}\delta_k w_{jk} \tag{8-52}$$

再将式（8-52）代入式（8-38），并将其转化为隐函数的变化量，有

$$\Delta w_{ij} = \eta f(I_j)[1-f(I_j)]\left(\sum_{k=1}^{l}\delta_k w_{jk}\right)O_i \tag{8-53}$$

再由式（8-24）和式（8-26），有

$$\Delta w_{ij} = \eta O_j(1-O_j)\left(\sum_{k=1}^{l}\delta_k w_{jk}\right)x_i \tag{8-54}$$

根据式（8-32），对隐含层，有

$$w_{ij}(t+1) = w_{ij}(t) + \Delta w_{ij} = w_{ij}(t) + \eta O_j(1-O_j)\left(\sum_{k=1}^{l}\delta_k w_{jk}\right)x_i \tag{8-55}$$

3. BP 网络学习算法

下面仍以前述三层 BP 网络为例，基于顺序学习方式讨论其学习算法。

假设 w_{ij} 和 w_{jk} 分别是输入层到隐含层和隐含层到输出层的连接权值；R 是训练集中训练样本的个数，其计数器为 r；T 是训练过程的最大迭代次数，其计数器为 t。BP 网络学习算法可描述如下。

1）初始化网络及学习参数。将 w_{ij}、w_{jk}、θ_j、θ_k 均赋以较小的一个随机数；设置学习增益因子 η 为 [0，1] 区间的一个正数；训练样本计数器 $r=0$，误差 $E=0$，误差阈值 ε 为很小的正数。

2）随机输入一个训练样本，$r=r+1$，$t=0$。

3）对输入样本，按照式（8-24）~ 式（8-28）计算隐含层神经元的状态和输出层每个节点的实际输出 y_k，按照式（8-30）计算该样本实际输出与期望输出的误差 E。

4）检查 $E>\varepsilon$？若是，执行下一步，否则转 8）。

5）$t=t+1$。

6）检查 $t \leqslant T$？若是，执行 7），否则转 8）。

7）按照式（8-44）计算输出层节点 k 的 δ_k，按照式（8-52）计算隐含层节点 j 的 δ_j，按照式（8-46）计算 $w_{jk}(t+1)$，按照式（8-55）计算 $w_{ij}(t+1)$，返回到 3）。其中，对阈值可按照连接权值的学习方式进行修正，只是要把阈值设想为神经元的连接权值，并假定其输入信号总为单位值 1 即可。

8）检查 $r=R$？若是，执行下一步 9），否则转 3）。

9）结束。

4. BP 网络学习的讨论

BP 网络模型是目前使用较多的一种神经网络，其主要优点如下：

1）算法推导清楚，学习精度较高。

2）从理论上说，多层前馈网络可学会任何可学习的模式和规律。

3）经过训练后的 BP 网络，运行速度极快，可用于实时处理。

其主要缺点如下：

1）由于它的数学基础是非线性优化问题，因此可能陷入局部最小区域。

2）学习算法收敛速度很慢，通常需要数千步或更长，甚至可能不收敛。

3）网络中隐含层节点的设置无理论指导。

为了解决陷入局部最小区域问题，通常需要采用模拟退火算法或遗传算法。关于这两种算法，请读者参考有关文献。

算法收敛慢的主要原因在于误差是时间的复杂非线性函数。为了提高算法收敛速度，可采用逐次自动调整增益因子，或更换激活函数的方法来解决。

8.4　Hebbian 一致性学习

Hebbian 一致性学习是一种神经科学中的学习规则，它描述了神经元之间如何通过增强或削弱连接来学习和记忆信息。该规则基于加拿大心理学家 Donald Hebb 在 1949 年提出的观点。

Hebbian 学习在神经细胞层建立了基于行为的奖励概念，其核心思想是"细胞之间的连接加强是由于它们同时激活"，即当一个神经元的活动引起另一个神经元的活动时，这两个神经元之间的连接就会加强。

Hebbian 学习理论属于一致性学习的范畴，可用于多种神经网络结构，既可用于有监督的学习，也可用于无监督的学习。

假如 i 和 j 是相互连接的神经元，i 的输出是 j 的输入。表 8-2 中，Y_i 代表 i 的输出值的符号，Y_j 代表 j 的输出值的符号。$Y_i \cdot Y_j$ 为 i 和 j 连接权值的调整量 ΔW 的符号。可以看出，当 Y_i 和 Y_j 都是正值时，权值的调整量 ΔW 也是正的，即 i 和 j 之间的连接强度得到了增强；当 i 和 j 符号相反时，就要阻止 i 对 j 的输出做贡献，即通过一个负增量来调整两者之间的权值 ΔW。Hebbian 学习就是利用这种调整权值的方法，当 i 和 j 有相同的符号时，增强连接强度；否则减弱。

表 8-2　节点输出值的符号和运算结果

Y_i	Y_j	$Y_i * Y_j$
+	+	+
+	−	−
−	+	−
−	−	+

8.4.1　无监督 Hebbian 学习

在无监督学习中，事先不知道输入数据的标准输出，权重调整只能依靠神经元输入和输出之间的函数，这种训练方法有加强网络对已有模式的响应的效果。对于无监督 Hebbian 学习，节点 i 的权值调整量 ΔW 为

$$\Delta W = cf(X, W)X \tag{8-56}$$

式中，c 是学习常量（$0<c<1$）；$f(\cdot)$ 是神经元 i 的输出；X 是神经元 i 的输入向量。

通过 Hebbian 学习，可以把网络对无条件的刺激做出响应转换到对有条件的刺激做出响应。俄国生理学家 Pavlov 曾做过如下试验：每当给狗投喂食物时，就摇晃铃铛，结果狗的唾液反应就从食物（无条件的刺激）转移到铃声（有条件的刺激）。接下来，我们来看一个应用无监督 Hebbian 学习的算例。图 8-18 的网络有两层，输入层有 6 个节点，输出层有 1 个节点。输出层返回 +1，表示输出神经元被激活；返回 −1，表示输出神经元静止。

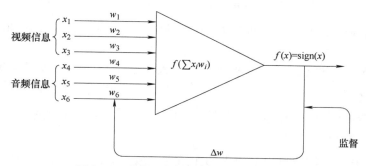

图 8-18　应用无监督 Hebbian 学习的算例

学习常量 c 取 0.2，网络的输入 X_0 由视频输入（1，−1，1）和音频输入（−1，1，−1）组成，取 X_0=（1，−1，1，−1，1，−1）^{T}。其中，（1，−1，1）表示无条件的刺激，（−1，1，−1）表示有条件的刺激（新的刺激）。

假定网络已经能对无条件的刺激（视频信息）做出正确的反应，但是对于新的刺激（音频信息）没反应。权值向量（1，−1，1）刚好匹配输入模式，因此用它来模仿网络对无条件刺激的正确反应；用权值向量（0，0，0）模仿网络对新刺激的无反应状态。这两个权值向量连接在一起就是网络的初始权值向量 W^0=（1，−1，1，0，0，0）。

网络训练过程中，希望得到一组权值向量，使得网络能对新刺激做出正确的反应。第一次循环如下

$$W^0 X_0 = (1 \times 1) + [(-1) \times (-1)] + (1 \times 1) + [0 \times (-1)] + (0 \times 1) + [0 \times (-1)] = 1+1+1=3 \tag{8-57}$$

得到网络的输出为

$$f(3) = \text{sign}(3) = 1 \tag{8-58}$$

由式（8-56）可得到新的权值向量 W^1 为

$$W^1 = (1, -1, 1, 0, 0, 0) + 0.2 \times 1 \times (1, -1, 1, -1, 1, -1) =$$

$$(1.2, -1.2, 1.2, -0.2, 0.2, -0.2) \tag{8-59}$$

把新的权值向量 W^1 应用于原始的输入模式，有

$$W^1 X_0 = 1.2 \times 1 + [(-1.2) \times (-1)] + 1.2 \times 1 + [(-0.2) \times (-1)] +$$
$$0.2 \times 1 + [(-0.2) \times (-1)] = 4.2 \tag{8-60}$$

得到网络的输出为

$$\text{sign} (4.2) = 1 \tag{8-61}$$

用同样的方法，产生新的权值向量 W^2 为

$$W^2 = (1.2, -1.2, 1.2, -0.2, 0.2, -0.2) + 0.2 \times 1 \times (1, -1, 1, -1, 1 -1) =$$
$$(1.4, -1.4, 1.4, -0.4, 0.4, -0.4) \tag{8-62}$$

可以看出，向量结果 WX_0 朝正方向增长，向量的每一个分量在每次循环中绝对值都增长 0.2。经过 10 次 Hebbian 训练，得到权值向量为

$$W^{10} = (3.4, -3.4, 3.4, -2.4, 2.4, -2.4) \tag{8-63}$$

接下来，用训练得到的权值向量 W^{10} 测试网络能否对无条件的刺激和新的刺激做出正确的反应。

首先用无条件刺激（1，-1，1）测试，输入向量的后三个元素任意赋值为 1 和 -1。例如，用向量 $X_1 = (1, -1, 1, 1, 1, -1)^T$ 进行测试，得到网络输出为

$$\text{sign}(W^{10}X_1) = \text{sign}(3.4 \times 1) + [(-3.4) \times (-1)] + (3.4 \times 1) + [(-2.4) \times 1] + (2.4 \times 1) + [(-2.4) \times (-1)]$$
$$= \text{sign}(12.6) = +1 \tag{8-64}$$

从结果可以看出，网络可以对原先的无条件刺激 [1，-1，1] 做出积极的反应。

再做一个同样的测试，前面还是无条件刺激，后面三个分量取与上面不同的值得到 $X_2 = (1, -1, 1, 1, -1, -1)^T$，此时网络的输出为

$$\text{sign}(W^{10}X_2) = \text{sign}((3.4 \times 1) + [(-3.4) \times (-1)] + (3.4 \times 1) + [(-2.4) \times 1] + [2.4 \times (-1)] + [(-2.4) \times (-1)])$$
$$= \text{sign}(7.8) = +1 \tag{8-65}$$

网络仍然能产生一个积极的响应。这两个例子表明，网络对原始刺激的灵敏度得到了加强，这是因为反复暴露于这个原始刺激。

接下来，测试网络对新刺激的反应，新刺激模式是输入向量 X_0 的后面三个分量编码（-1，1，-1），把前面三个分量任意设置为 1 和 -1。假设用向量 $X_2 = (1, 1, 1, -1, 1, -1)^T$ 测试网络，有

$$\text{sign}(W^{10}X_2) = \text{sign}((3.4 \times 1) + [(-3.4) \times 1] + (3.4 \times 1) + [(-2.4) \times (-1)] + (2.4 \times 1) + [(-2.4) \times (-1)])$$
$$= \text{sign}(10.6) = +1 \tag{8-66}$$

可以看出，新刺激的模式也被识别出来了。

用轻微退化的向量模式做最后一个测试。这代表这样的刺激情形：也许是因为新的食物或者不同的铃声被使用，输入信号有轻微的改变。我们用向量 $X_3 = (1, -1, -1, 1, 1, -1)^T$ 测试网络，这里前三个分量有一个与原来的无条件刺激模式（1，-1，1）不同，后三个分量也有一个与有条件刺激模式不同。网络的输出为

$$\text{sign}(W^{10}X_3) = \text{sign}((3.4 \times 1) + [(-3.4) \times (-1)] + [3.4 \times (-1)] + [(-2.4) \times 1] + (2.4 \times 1) + [(-2.4) \times (-1)])$$
$$= \text{sign}(5.8) = +1 \tag{8-67}$$

结果表明，部分退化的刺激也被识别出来了。

Hebbian 学习模型通过反复地把老刺激和新刺激一起呈现，在新刺激和老反应之间建立了一种关联。网络就是在没有监督的情况下，学习把这种反应转移到新的刺激上。用 Hebbian 一致性学习增加了网络对整个模型反应的强度，同时增加了网络对整个模型中各个分量模型做出正确反应的强度。

从上面的例子可以看出，无监督 Hebbian 学习规则是一种基于神经突触可塑性的学习规则，其目的是自动学习输入与输出之间的相关性。这种学习规则没有预先设定的目标函数或期望输出，因此在用于控制系统时，它能够自适应地学习控制系统的动态特性，从而实现更好的控制性能。但是，它的无监督特性可能会导致控制器性能的波动和不稳定。

8.4.2　有监督 Hebbian 学习

Hebbian 学习规则中，当连接权值的调整是基于期望的输出时，则为有监督的学习。例如，如果输入神经元 A 引起神经元 B 的是正反应，而且神经元 B 的期望输出也是正反应，则从 A 到 B 的连接权重将加强。

假设 X 为输入，Y 为输出，并且训练样本以有序对的形式给出，$\{(X_1，Y_1)，(X_2，Y_2)，\cdots，(X_t，Y_t)\}$，其中 X_i 和 Y_i 是被关联的向量模式。假设 X_i 的长度是 n，Y_i 的长度是 m，则可以设计一个两层网络：输入层有 n 个神经元，其输入为 $(x_1，x_2，\cdots，x_n)$，输出层有 m 个神经元，其输出为 $(y_1，y_2，\cdots，y_m)$，每一个输入都与所有输出层神经元连接。

在有监督的学习中，用期望的输出向量 D 代替实际输出 $f(X，W)$，代入式（8-56）得

$$\Delta W = cDX \tag{8-68}$$

对输出层中节点 k 运用 Hebbian 学习规则，得

$$\Delta W_{ik} = cd_k x_i \tag{8-69}$$

式中，ΔW_{ik} 是输入节点 i 到输出节点 k 的权值的调整量；d_k 是节点 k 的期望输出；x_i 是 X 的第 i 个分量。输入向量 $X=(x_1，x_2，\cdots，x_n)$，输出向量 $Y=(y_1，y_2，\cdots，y_m)^{\mathrm{T}}$。把公式用于输出层的每一个节点和权值，写成矩阵形式，得到输出层权值调整的公式为

$$\Delta W = cYX \tag{8-70}$$

其中，YX 是如下的矩阵

$$YX = \begin{bmatrix} y_1x_1 & y_1x_2 & \cdots & y_1x_n \\ y_2x_1 & y_2x_2 & \cdots & y_2x_n \\ \vdots & \vdots & & \vdots \\ y_mx_1 & y_mx_2 & \cdots & y_mx_n \end{bmatrix} \tag{8-71}$$

为了利用整个关联模式对集合训练网络，循环使用这些模式对，用公式对第 i 组数据 $(X_i，Y_i)$ 调整权值，有

$$W_{t+1} = W_t + cY_iX_i \tag{8-72}$$

对整个训练集合，有

$$W_1 = W_0 + c(Y_1X_1 + Y_2X_2 + \cdots + Y_tX_t) \tag{8-73}$$

其中，W_0 是初始权值。如果把 W_0 初始化为 **0** 向量（0，0，…，0），学习常数 c 设为 1，代入式（8-73）可得到以下设置网络权值的公式

$$W = Y_1X_1 + Y_2X_2 + \cdots + Y_tX_t \tag{8-74}$$

用这个公式设置权值把输入向量映射到输出向量的网络称为线性联想器（Linear Associator）。因此，线性联想器网络是基于 Hebbian 学习规则的。在实际应用中，可直接用这个公式初始化网络的权值，而不用经过训练。

有监督 Hebbian 学习规则以期望的输出作为训练目标，所以在神经网络控制系统中，能更准确地训练控制器，从而提高控制器的稳定性和性能。但是，由于需要预先设定期望输出，这种学习规则可能受到外部干扰和噪声的影响，导致性能下降。

在实际应用中，需要根据具体情况选择合适的学习规则。如果系统动态特性难以预测且需要自适应地进行在线调整，可以考虑使用无监督 Hebbian 学习规则。如果控制器已经被充分设计和优化，可以考虑使用有监督 Hebbian 学习规则以进一步提高性能。

8.5　深度神经网络

深度学习的概念来源于人工神经网络，其本质上是指目前所有相关的对具有深层结构的神经网络进行有效训练的方法。深层神经网络，也叫深度神经网络（Deep Neural Network，DNN），通常是指隐含层神经元不少于两层的神经网络。目前，数十层、上百层甚至更多层的深层神经网络很普遍。从理论上来讲，深层网络和浅层网络的基本结构和数学描述是相似的，都能够通过函数逼近表达数据的内在关系和本质特征。DNN 是深度学习的网络基础，典型的深度网络结构有深度自编码器、卷积神经网络、循环神经网络和生成对抗网络等。

8.5.1　自编码器

自编码器（Autoencoder）作为一种生成模型，从不带标签的数据中学习低维特征表达，通过对原图进行编码－解码的过程构造特征，同时要求解码后重构的图尽可能与原图相同。与传统的人工神经网络算法类似，基本的自编码器是一种三层神经网络模型，包含了输入层、隐含层（中间层）、输出重构层。同时，编码器也是一种无监督学习模型，目的在于通过不断调整参数，重构经过维度压缩的输入样本。事实上，训练数据本来是没有标签的，所以自编码器令每个样本的标签为 $y=x$，也就是每个样本 x 的数据的标签也应为 x。自编码就相当于自己生成标签，而且标签是样本数据本身。

1. 自编码器的基本结构

标准的自编码器也是具有层次结构的系统，而且是一个关于中间层对称的多层前馈网

络，其期望输出与输入相同，用来学习恒等映射并抽取无监督特征。图 8-19 是单隐含层自编码器的例子，其中只有一个隐含层用于输入编码，并通过解码在输出层对输入进行重构。训练的目标是使网络的输出尽量逼近输入，理想情况是输出完全等于输入，根据输出与输入相同这一原则训练调整参数，得到每一层的权重。显然，系统能够得到输入的多种不同表示（每一层代表一种表示，只是概括程度不同），这些不同层次的表示可认为是输入的深层特征。

　　自编码器的训练过程包括编码阶段和解码阶段。在编码阶段，自编码器将输入数据映射到低维特征空间中，以尽可能少的信息损失为目标；在解码阶段，自编码器将低维特征向量映射回原始数据空间中，以尽可能准确地重建原始数据为目标，通过调整编码和解码的参数，使重构误差最小，实现参数优化调整。单元自编码无监督训练过程如图 8-20 所示。

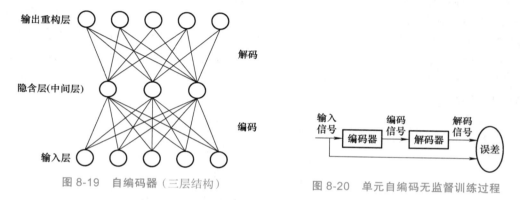

图 8-19　自编码器（三层结构）　　　　图 8-20　单元自编码无监督训练过程

设输入向量为 X，编码器将输入 X 变换为新的编码信号 Y，有

$$Y = f(W_1 X + b_1) \tag{8-75}$$

　　式中，W_1 和 b_1 分别代表输入层与隐含层之间的权重和偏置；$f(\cdot)$ 表示隐含层的激活函数，可为 Sigmoid 函数或双曲正切 tanh 函数等。解码过程中，解码器将 Y 重新投影到原信号空间变换为解码信号 $\hat{X}$

$$\hat{X} = g(W_2 Y + b_2) \tag{8-76}$$

　　式中，W_2 和 b_2 分别代表隐含层与输出层之间的权重和偏置；$g(\cdot)$ 表示输出层的激活函数。自编码器的目的就是尽可能使解码信号 $\hat{X}$ 复现输入信号 X，即使重构误差尽可能小，公式如下

$$L(X, \hat{X}) = L(X, g(f(X))) \tag{8-77}$$

　　除了单隐含层模型外，复杂的编码器也可以包含多个隐含层，但一般是具有关于中间层对称的结构。自编码器的衍生类型有降噪自编码器、稀疏自编码器和堆栈自编码器等。

（1）降噪自编码器

自编码器的重构结果和输入样本的模式是相同的，在自编码器的基础上，衍生的降噪自编码器的网络结构与自编码器一样，只是对训练方法进行了改进。自编码器是把训练样本直接输入给输入层，而降噪自编码器则是通过向训练样本中加入随机噪声得到的样本输入给输入层。随机噪声服从均值为0，方差为σ^2的正态分布。通过引入噪声并训练网络从噪声中恢复原始数据，降噪自编码器能够学习到更加鲁棒和泛化的特征表示，从而在图像去噪、语音信号处理和异常检测等任务中取得较好的性能。

（2）稀疏自编码器

如前所述，自编码器的训练是一种有效的数据维度压缩算法，它可以实现神经网络参数的训练，使输出层尽可能如实地重构输入样本。但是，中间层的单元个数太少，会导致神经网络很难重构输入样本，而单元个数太多又会产生单元冗余，降低压缩效率。为了解决这个问题，人们将稀疏正则化引入自编码器中，提出了稀疏自编码器，通过增加正则化项，大部分单元的输出都变成了0，因此能够利用少数单元有效完成压缩或重构，如图8-21所示。在图像的特征提取阶段执行边缘检测任务，从自然图像中随机选取一些小图像块，通过这些块生成能够描述它们的"基"（或称为特征、模板），也就是图8-21右侧的$8\times8=64$个基，然后给定一个测试图像块，通过"基"的线性组合得到该测试数据的描述矩阵，图中的a有64个维度，其中非零项只有3个，因此称为稀疏表示，相应的自编码器为稀疏自编码器。

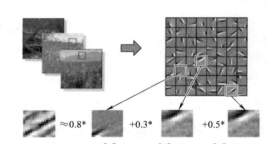

$$(a_1, \cdots, a_{64})=(0, 0, \cdots, 0, 0.8, 0, \cdots, 0, 0.3, 0, \cdots, 0, 0.5, 0)$$

图8-21　稀疏自编码示意

（3）堆栈自编码器

自编码器、降噪自编码器以及稀疏自编码器都是包括编码器和解码器的三层结构。但是在进行维度压缩时可以只包括输入层和中间层，把输入层和中间层多层堆叠后，就可以得到堆栈自编码器。堆栈自编码器和深度信念网络一样都是逐层训练。从第二层开始，前一个自编码器的输出作为后一个编码器的输入。但两种网络的训练方法不同，深度信念网络是利用对比散度（Contrastive Divergence，CD）算法，逐层训练两层的参数，而自编码器首先训练第一个自编码器，然后保留第一个自编码器的编码器部分，并把第一个自编码器的中间层作为第二个自编码器的输入层进行训练，后续过程反复地把前一个自编码器的中间层作为后一个自编码器的输入层进行迭代训练。通过多层堆叠，堆栈自编码器能够有效地完成输入模式的压缩。以手写字符为例，第一层自编码器捕捉到部分字符，第二层自编码器捕捉部分字符的组合，更上层的自编码器捕捉更进一步的组合，这样就能逐层完成低维到高维的特征提取。

简言之，在某一层的训练过程中，其他层的参数不变。训练好一层自动编码器后，将其输出层的输出信号作为下一层自动编码器的输入，这样将多层自编码器堆叠起来构成了堆栈自编码器，如图 8-22 所示。

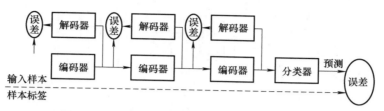

图 8-22 堆栈自编码器自顶向下的训练与微调过程

堆栈自编码器是一种典型的深度神经网络，被广泛用于特征学习与表示。先逐层贪婪学习来确定参数，再从最顶层反向传播来微调整个网络的参数。

2. 自编码器的学习算法

理论上，作为一种特殊的多层感知机，自编码器可以用反向传播算法学习权值和偏置等参数。但由于 BP 算法在遇到局部极小问题时的缺陷，一个深层的自编码器如果直接采用反向传播算法学习，得到的结果经常是不稳定的，不同的初始值可能产生截然不同的结果，且学习收敛过程比较慢，甚至达不到收敛。此时可采用两阶段训练方法实现，包括无监督预训练和有监督调优两个步骤。

（1）无监督预训练

把相邻两层看作一个受限玻尔兹曼机（Restricted Boltzmann Machine，RBM），每个 RBM 的输出是下一个紧邻 RBM 的输入，逐层对所有 RBM 采用无监督学习算法进行训练，预训练的全称为贪婪逐层无监督预训练。步骤如下：

1）随机初始化网络参数。

2）使用 k 步对比散度算法（如 CD–k）训练第一个 RBM，该 RBM 的可视层为网络输入 x，隐含层为 h_1。

3）对 $1 \leqslant i \leqslant r$，把 h_{i-1} 作为第 i 个 RBM 的可视层，把 h_i 作为第 i 个 RBM 的隐含层，逐层训练 RBM。

4）反向堆叠预训练好的 RBM，初始化 $r+1 \sim 2r$ 层的自编码器参数。

（2）有监督调优

通常采用 BP 算法从输出层到输入层逐层实现对网络参数的调整。

8.5.2 卷积神经网络

卷积神经网络（Convolutional Neural Network，CNN），是一种由若干卷积层和下采样层交替叠加形成的一种深层网络结构。其出现受生物界"感受野"概念的启发，采用逐层抽象、逐次迭代的工作方式。

1. 卷积神经网络的基本结构

卷积神经网络的基本结构通常由三部分组成：第一部分为输入层，第二部分由多个卷积层和池化层交替组合而构成，第三部分由一个全连接层和输出层所构成，如

图 8-23 所示。

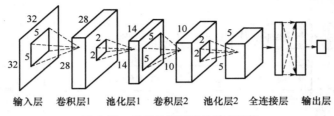

输入层　卷积层1　池化层1　卷积层2　池化层2　全连接层　输出层

图 8-23　卷积神经网络的基本结构

（1）卷积层

卷积层的作用是进行特征提取。其基本思想是：自然图像有其固有特征，从图像某一部分学到的特征同样能够用到另一部分上。或者说，从一个大图像中随机选取其中的一小块图像作为样本块，那么从该样本块学到的特征同样可以应用到这个大图像的任意位置。如图 8-23 所示，输入层图像的大小为 32×32，选择的样本块大小 5×5，假设已经从这个 5×5 的样本块中学到了一些特征，这些特征可以被应用到该 32×32 的图像中。从卷积神经网络的角度，要想得到整个图像的卷积特征，就需要对整个图像中的每个 5×5 的小图像块都进行卷积运算。

（2）池化层

池化层也称为下采样层，其作用是为了减小参数规模，降低计算复杂度。池化层的思想比较简单，就是要把卷积层中每个尺寸为 $k \times k$ 的池化空间的特征聚合到一起，形成池化层特征图中的一个像素特征。

（3）全连接层和输出层

全连接层的作用是实现图像分类，即计算图像的类别，完成对图像的识别。输出层的作用是当图像识别完成后，将识别结果输出。

2. 卷积神经网络的学习算法

卷积神经网络的学习过程就是对卷积神经网络的训练过程，由计算信号的正向传播过程和误差的反向传播过程组成。

（1）卷积神经网络的正向传播过程

卷积神经网络的正向传播过程是指从输入层到输出层的信息传播过程，该过程的基本操作包括：从输入层到卷积层或从池化层到卷积层的卷积操作，从卷积层到池化层的池化操作，以及全连接层的分类操作。

1）卷积层与卷积操作。

卷积作为数学中的一种线性运算，其在卷积神经网络中的主要作用是实现卷积操作，形成网络的卷积层。卷积操作的基本过程是：针对图像的某一类特征，先构造相应的特征过滤器（Feature Filter，FF），然后利用该过滤器对图像进行特征提取，得到相应特征的特征图（Feature Map，FM）。依次针对图像的每类特征，重复以上操作，最后得到所有的卷积层特征图。

特征过滤器也称为卷积核（Convolution Kernel，CK），实际上是由相关神经元连接权值形成的一个权值矩阵。该矩阵的大小由卷积核的大小确定。卷积核与特征图之间具有一一对应关系，一个卷积核唯一地确定了一个特征图，而一个特征图唯一地对应着一个卷积核。并且，卷积核具有平移不变性，即卷积核对图像特征的提取，仅与其自身的权值分布有关，与该特征在图像中的位置无关。

特征图是应用一个过滤器对图像进行过滤，或者说利用卷积核对图像做卷积运算所得到的结果。卷积核对输入图像的卷积过程为：将卷积核从图像的左上角开始移动到右下角，每次移动一步，都要将滤波器与其在原图像中所对应位置的子图像做卷积运算，最终得到卷积后的图像，即特征图。卷积操作的示意性说明如图 8-24 所示，该图也给出了输入图像、卷积核和特征图之间的关系。

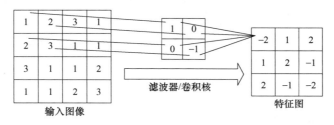

图 8-24　卷积操作的示意性说明

其特征图第 1 行第 1 列元素的计算过程为

$$F_{1,1} = 1 \times 1 + 2 \times 0 + 2 \times 0 + 3 \times (-1) = -2 \tag{8-78}$$

2）池化层与池化操作。

池化层也叫下采样层或降采样层，其主要作用是利用下采样（或降采样）对输入图像的像素进行合并，得到池化层的特征图，实现对卷积层的特征图的降维，并降低过拟合。

池化操作的一个重要概念是池化窗口或下采样窗口。池化窗口是指池化操作使用的一个矩形区域，池化操作利用该矩形区域实现对卷积层特征图像素的合并。例如，某 8×8 的输入图像，若采用大小为 2×2 的池化窗口对其进行池化操作，意味着原图像上的 4 个像素将被合并为 1 个像素，原卷积层中的特征图经池化操作后，将缩小为原图的 1/4。池化层中特征图的数目通常与其前面卷积层特征图的数目相同且一一对应。

池化操作的基本过程是：从特征图的左上角开始，池化窗口先从左到右，然后从上向下，不重叠地依次扫过整个图像，同时利用下采样方法进行池化计算。常用的池化方法有最大池化法、平均池化法和概率矩阵池化法等。其中，最大池化法对纹理的提取较好，平均池化法对背景的保留较好，概率矩阵池化法介于最大池化法和平均池化法之间。这里主要讨论最大池化法和平均池化法。

① 最大池化法。最大池化法的基本思想是：取原图像中与池化窗口对应的所有像素中值最大的一个，作为合并后的像素的值。如图 8-25 所示，$s_{12}=\max\{5, 5, 4, 6\}=6$。

② 平均池化法。平均池化法的基本思想是：取原图像中与池化窗口对应的所有像素的平均值，作为合并后的像素的值。如图 8-26 所示，$s_{12}=(5+5+4+6)/4=20/4=5$。

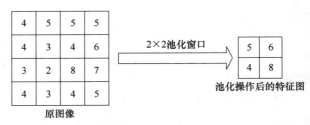

图 8-25　最大池化法示例

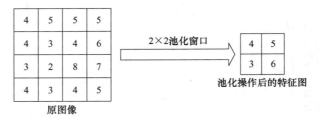

图 8-26　平均池化法示例

（2）卷积神经网络的反向传播过程

卷积神经网络的反向传播涉及两个基本问题：误差的反向传播和参数的反向调整。其中，前者与当前网络层的类型有关，即卷积层、池化层、全连接层的误差反向传播方法不同；后者一般通过梯度计算来实现。由于全连接层的反向传播与 BP 网络类似，BP 网络的误差反向传播和参数调整前面已做过详细讨论，因此这里主要讨论由池化层到卷积层和由卷积层到池化层的误差反向传播问题。

1）卷积层的误差及梯度。

这里考虑的情况是：当前层 l 为卷积层，连接该卷积层的下一层 $l+1$ 为池化层，上一层 $l-1$ 也为池化层。由于池化层 $l+1$ 的误差矩阵的维度小于卷积层 l 的误差矩阵的维度，因此把池化层 $l+1$ 的误差传递给卷积层 l 时，需要先进行上采样，使得上采样后卷积层 $l+1$ 误差矩阵的维度和 l 层特征图的维度相同，再将卷积层 l 的激活函数的偏导数与由池化层 $l+1$ 经上采样得到的误差矩阵进行点积操作，最后得到卷积层 l 第 m 个特征图的误差。若假设 $\boldsymbol{\delta}^{l+1,j}$ 为池化层 $l+1$ 中与卷积层 l 第 m 个特征图对应的特征图 j 的误差，则当前卷积层 l 中的第 m 个特征图的误差 $\boldsymbol{\delta}^{l,m}$ 可用以下公式表示

$$\delta^{l,m} = \frac{\partial E}{\partial \boldsymbol{u}^{l,m}} = f'(\boldsymbol{u}^{l,m}) \bullet \text{upsample}(\boldsymbol{\delta}^{l+1,j}) \tag{8-79}$$

式中，$f'(\bullet)$ 是激活函数的偏导数；$\boldsymbol{u}^{l,m} = \sum_i \boldsymbol{w}^{l,m} \bullet \boldsymbol{x}_i^{l-1,m} + b^{i,m}$；"$\bullet$"是点积操作；$\text{upsample}(\boldsymbol{\delta}^{l+1,j})$ 是上采样，即信息正向传播时采用的下采样过程的逆过程，它将池化层 $l+1$ 的特征图 j 的误差反向传播给卷积层 l。

上采样作为下采样的逆过程，与正向传播时所使用的下采样方法对应。当根据 $l+1$ 层的误差反向计算 l 层的误差时，需要先知道 l 层当前特征图中哪些区域与 $l+1$ 层中的哪个特征图中的神经元相连，再按照池化窗口大小将 $l+1$ 层特征图中的每个像素在对应位置的

水平和垂直方向上复制，得到卷积层每个神经元的误差。下面看两个上采样的例子。

① 平均池化法。假设卷积层特征图的大小为 4×4，子采样窗口大小为 2×2，以图 8-26 为例，若 $l+1$ 层误差矩阵为

0.8	1.6
3.2	2.4

则该误差在 l 层的误差分布为

0.8	0.8	1.6	1.6
0.8	0.8	1.6	1.6
3.2	3.2	2.4	2.4
3.2	3.2	2.4	2.4

由于反向传播时各层间的误差总和不变，故需要将该误差在 l 层特征图对应的位置进行平均，即除以子采样窗口的大小 $2 \times 2 = 4$，即得到池化层 $l+1$ 的误差在 l 层的分布为

0.2	0.2	0.4	0.4
0.2	0.2	0.4	0.4
0.8	0.8	0.6	0.6
0.8	0.8	0.6	0.6

② 最大池化法。采用最大池化，除了需要考虑 $l+1$ 层神经元与 l 层区域块的对应关系，其前向传播的池化过程还需要记录其最大值所在的位置。以图 8-25 为例，其子采样过程所取的最大值 5、6、4、8，分别位于卷积层 l 中所对应块的右上、右下、左下、左上位置，则误差反向传播过程所得到的 l 层误差分布为

0	0.2	0	0
0	0	0	0.4
0	0	0.6	0
0.8	0	0	0

通过以上操作，得到了卷积层每个特征图的误差，下面可以根据其总误差计算卷积层 l 中的参数，包括卷积核权值的梯度和偏置值的梯度。

先看偏置值的梯度。它被定义为总误差 E 关于偏置值 $b^{l,m}$ 的偏导，其值为卷积层 l 中第 m 个特征图关联的所有结点的误差之和，即

$$\frac{\partial E}{\partial b^{l,m}} = \sum_{u,v} (\boldsymbol{\delta}^{l,m})_{u,v} \tag{8-80}$$

式中，u、v 是卷积层 l 中特征图 m 的总行数和总列数。

再看卷积核的梯度。它被定义为总误差 E 关于卷积核 $\boldsymbol{K}^{l,m}$ 的偏导数，其值为卷积层 l 中第 m 个特征图关联的所有结点的误差之和再乘以 $(\boldsymbol{a}^{l,m})_{u,v}$。由于卷积层中的同一特征

图共享同一个卷积核，因此需要计算所有与该卷积核有连接的神经元的梯度，再对这些梯度进行求和，即

$$\frac{\partial E}{\partial \boldsymbol{K}^{l,m}} = \sum_{u,v} (\boldsymbol{\delta}^{l,m})_{u,v} (\boldsymbol{a}^{l-1,i})_{u,v} \tag{8-81}$$

式中，$(\boldsymbol{a}^{l-1,i})_{u,v}$ 是计算第 l 层第 m 个特征图时，与卷积核 $\boldsymbol{K}^{l,m}$ 相乘过的输入特征图中的所有元素，即 $l-1$ 层第 i 个特征图 $\boldsymbol{a}^{l-1,i}$ 中的所有元素。

2）池化层的误差及梯度。

这里考虑的情况是：当前层 l 为池化层，连接该池化层的下一层 $l+1$ 为卷积层，上一层 $l-1$ 也为卷积层的情况。如果下一层是全连接层，则可按照 BP 网络的反向传播方法计算。

当下一层是卷积层时，由池化层 l 到卷积层 $l+1$ 的计算公式如下

$$\boldsymbol{O}_{i,j}^{l,m} = f\left(\sum_{m=1}^{M} \sum_{s=1}^{h_K} \sum_{t=1}^{w_K} \boldsymbol{O}_{i+s-1,j+t-1}^{l-1,m} \boldsymbol{K}_{s,t}^{l,m} + \boldsymbol{b}^{l,m} \right) \tag{8-82}$$

需要清楚的是池化层 l 中的哪个输入特征图的哪个区域与卷积层 $l+1$ 中的哪个输出特征图关联的哪个神经元相连接。现在正好反过来，需要先确定池化层 l 中特征图 m 的误差矩阵中的哪个区域块对应于卷积层 $l+1$ 中特征图 i 的误差矩阵中的哪个位置，再将该误差反向加权传递给池化层 l 中的特征图 m。其中的权值就是卷积核参数，反向加权的权值就是旋转 $180°$ 之后的卷积核。其反向传播方式如下

$$\boldsymbol{\delta}^{l,m} = f'(\boldsymbol{u}^{l,m}) \text{conv2}(\boldsymbol{\delta}^{l+1,m}, \boldsymbol{K}^{l+1,m}) \tag{8-83}$$

式中，$\text{conv2}(\bullet, \bullet)$ 为宽卷积运算。

所谓宽卷积运算是相对于窄卷积运算而言的。其中，窄卷积运算是指前向传播时，由池化层 l 到卷积层 $l+1$ 的运算。由于该运算导致特征图变小，故称窄卷积运算。而宽卷积运算则是指反向传播时，因卷积层 $l+1$ 的特征图的大小小于池化层 l 的特征图，需要将其扩充为与 l 层特征图的大小相同，故称宽卷积运算。另外，对式（8-83）有以下两点说明：

第一，反向传播过程对卷积核做旋转 $180°$ 的操作，正好可以实现卷积运算与误差反向传播加权计算的相互对应。

第二，从卷积层到池化层的宽卷积运算，通常需要采用补 0 方式来实现。MATLAB 中的 conv2(·) 函数同时具有对卷积边界的补 0 功能。

有了池化层 l 的误差矩阵，就可以分别按式（8-84）和式（8-85），求池化层 l 的偏置值的梯度和权值的梯度。

$$\frac{\partial E}{\partial \boldsymbol{b}^{l,m}} = \sum_{u,v} (\boldsymbol{\delta}^{l,m})_{u,v} \tag{8-84}$$

$$\frac{\partial E}{\partial \boldsymbol{\beta}^{l,m}} = \sum_{u,v} (\boldsymbol{\delta}^{l,m} \boldsymbol{d}^{l,m})_{u,v} \tag{8-85}$$

式中，$\boldsymbol{\beta}^{l,m}$ 是下采样权重；$\boldsymbol{d}^{l,m} = \text{downsample}(\boldsymbol{x}^{l-1,i})$。假设 $\boldsymbol{\delta}^{l,m}$ 为池化层 l 的特征图 m 的误差，则

$$\boldsymbol{\delta}^{l,m} = \text{upsample}(\boldsymbol{\delta}^{l+1,j}) \bullet h'(\boldsymbol{a}^{l,m}) \tag{8-86}$$

式中，$\text{upsample}(\bullet)$ 是上采样，即信息正向传播时所采用的下采样的逆过程；$h'(\boldsymbol{a}^{l,m})$ 是第 l 层第 m 个特征图关联的神经元的激活函数的导数；"$\bullet$"是点积操作。

3）训练参数的更新方法。

有了上面的基础和 BP 网络误差反向传播的基础，深度卷积神经网络学习过程中各种参数的更新方法如下。卷积层参数可用式（8-87）和式（8-88）更新，即

$$\Delta \boldsymbol{K}^{l,m} = -\tau \frac{\partial E}{\partial \boldsymbol{K}^{l,m}} \tag{8-87}$$

$$\Delta \boldsymbol{b}^{l,m} = -\tau \frac{\partial E}{\partial \boldsymbol{b}^{l,m}} \tag{8-88}$$

池化层参数可用式（8-89）和式（8-90）更新，即

$$\Delta \boldsymbol{\beta}^{l,m} = -\tau \frac{\partial E}{\partial \boldsymbol{\beta}^{l,m}} \tag{8-89}$$

$$\Delta \boldsymbol{b}^{l,m} = -\tau \frac{\partial E}{\partial \boldsymbol{b}^{l,m}} \tag{8-90}$$

全连接层参数可用式（8-91）更新，即

$$\Delta \boldsymbol{W}^{l,m} = -\tau \frac{\partial E}{\partial \boldsymbol{W}^{l,m}} \tag{8-91}$$

式中，τ 是学习率，其值影响学习过程的收敛速度。若太小，学习过程收敛速度较慢；若太大，可能导致无法收敛。

8.5.3　循环神经网络

循环神经网络（Recurrent Neural Network, RNN）源自 1982 年由 Saratha Sathasivam 提出的 Hopfield 神经网络，它是基于"人的认知是基于过往的经验和记忆"这一观点提出的。它与 DNN、CNN 不同，它不仅考虑前一时刻的输入，而且赋予了网络对前面内容的一种"记忆"功能。RNN 是在时间上传递的网络，网络的深度就是时间的长度。该神经网络是专门用来处理时间序列问题的，能够提取时间序列的信息。目前很多人工智能应用都依赖 RNN，在谷歌（语音搜索）、百度（Deep Speech）和亚马逊的产品中都能找到 RNN 的身影。

1. 普通 RNN 的结构和学习算法

RNN 专门用来处理序列数据，能够提取序列数据的信息。序列数据包括时间序列以及串数据，常见的序列有时序数据、文本数据、语音数据等。处理序列数据的模型称为序

177

列模型，依赖时间信息。在应用神经网络预测时，首先要对输入信息进行编码，其中最简单、应用最广泛的是基于滑动窗口的编码方法。在时间序列上，滑动窗口把序列分成两个窗口，分别代表过去和未来，大小均需人为确定。例如，预测股票价格，过去窗口的大小表示要考虑多久之前的数据进行预测。假设要综合考虑过去 3 天的数据来预测未来 2 天的股票走势，此时神经网络需要 3 个输入和 2 个输出。

考虑简单的时间序列：1、2、3、4、3、2、1、2、3、4、3、2、1。从数据串的起始位置开始，输入窗口大小为 3，第 4 与第 5 个为输出窗口，是期望的输出值，然后窗口根据步长向前滑动，落在输入窗口的为输入，落在输出窗口的为输出。此时的训练集为

$$[1，2，3] \rightarrow [4，3]$$

$$[2，3，4] \rightarrow [3，2]$$

$$[3，4，3] \rightarrow [2，1]$$

$$[4，3，2] \rightarrow [1，2]$$

$$\cdots$$

上述是在一个时间序列上对数据进行编码，当然也可以对多个时间序列进行编码，读者可自行研究。

与 CNN 相比，RNN 内部为循环结构，包含重复神经网络模型的链式形式。在标准的 RNN 中，基本模型仅仅含有一个简单的网络层。图 8-27 所示是 RNN 与 CNN 一个简单的结构对比。

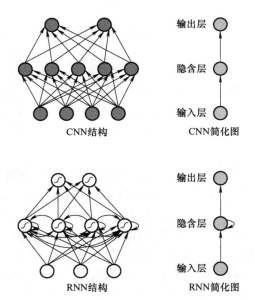

图 8-27　RNN 与 CNN 结构对比

RNN 层级结构主要由输入层、隐含层、输出层等组成，而且在隐含层用一个箭头表示数据的循环更新，即实现时间记忆功能。如图 8-27 所示，RNN 相比 CNN 结构多了

一个循环圈，这个圈就代表着神经元的输出在下一个时间点还会返回，作为输入的一部分。一般来说，隐含层单元往往最为重要，有一条单向流动的信息流从输入层单元到达隐含层单元；同时，另一条单向流动的信息流从隐含层单元到达输出层单元。而在某些情况下，RNN 会打破后者的限制，引导信息从输出层单元返回隐含层单元，这被称为反向传播（Back Propagation），且隐含层的输入还包括上一隐含层的状态，即隐含层内的结点可以自连，也可以互连，不同时刻记忆在隐含层单元中，每个时刻的隐含层单元都有一个输出，如图 8-28 所示。

根据输入、输出的差异，RNN 有以下五种结构。

（1）one-to-one（1 到 1）

如图 8-29 所示，该结构是最基本的单层网络，与之前的神经网络结构类似。输入是 x，经过变换 $Wx+b$ 和激活函数 f 得到输出 y。

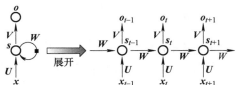

图 8-28　RNN 结构和按时刻展开　　图 8-29　RNN 的 one-to-one 结构

（2）one-to-n（1 到 n）

此类网络的输入不是序列而输出为序列，只在序列开始进行输入计算。如图 8-30 所示，圆圈或方块表示的是向量，一个箭头就表示对该向量做一次变换；图中 h_0 和 X 分别有一个箭头连接，表示对 h_0 和 X 各做了一次变换。还有一种结构是把输入信息 X 作为每个阶段的输入。

one-to-n 的结构可以处理从图像生成文字（Image Caption）的问题，此时输入的 X 是图像的特征，而输出的 Y 序列是一段句子，很像看图说话；另外还可以从类别生成语音或音乐等。

（3）n-to-n（n 到 n）

图 8-31 所示的 n-to-n 是经典的 RNN 结构，其输入、输出都是等长的序列数据。假设输入为 $X=(x_1, x_2, x_3, x_4)$，输出为 $Y=(y_1, y_2, y_3, y_4)$。例如，每个 x 是一个单词的词向量。为了建模序列问题，RNN 引入了隐状态（Hidden State）h 的概念，h 可以对序列型的数据提取特征，接着再转换为输出。

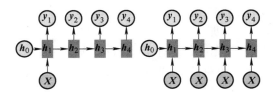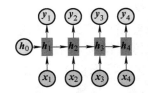

图 8-30　RNN 的 one-to-n 结构　　图 8-31　RNN 的 n-to-n 结构

首先计算 h

$$h_1 = f(Ux_1 + Wh_0 + b) \tag{8-92}$$

$$h_2 = f(Ux_2 + Wh_1 + b) \tag{8-93}$$

要注意的是，每一步使用的参数 U、W、b 都是共享的，这是 RNN 的重要特点，依次计算其余的 h（使用相同的参数 U、W、b）。为了方便起见，只画出序列长度为 4 的情况，实际上，这个计算过程可以无限地持续下去。得到输出值 y 的方法就是直接通过 h 进行计算，即

$$y_i = \text{Softmax}(Vh_i + c), \ i = 1, 2, 3, 4 \tag{8-94}$$

（4）n–to–one（n 到 1）

n–to–one 结构要处理的问题为：输入是一个序列，输出是一个单独的值而不是序列，如图 8-32 所示，只在最后一个 h 上进行输出变换即可。这种结构通常用来处理序列分类问题。如输入一段文字判别它所属的类别，输入一个句子判断其情感倾向，输入一段视频并判断它的类别等。

（5）n–to–m（n 到 m）

图 8-33 展示了 n–to–m 结构，其又称为 Encoder–Decoder 模型，也可称为 Seq2Seq 模型。在实际中，遇到的大部分序列是不等长的，如机器翻译中源语言和目标语言的句子往往并没有相同的长度。而 Encoder–Decoder 结构先将输入数据编码成一个上下文向量 c，之后再通过这个上下文向量输出预测序列。

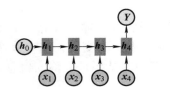

图 8-32　RNN 的 n–to–one 结构

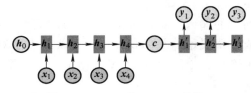

图 8-33　RNN 的 n–to–m 结构

RNN 的训练是按时刻展开循环神经网络进行反向传播，找出在所有网络参数下的损失梯度。每一次 RNN 训练可以看作对同一神经网络的多次赋值，如果按时间点将 RNN 展开，可得到图 8-34 所示的结构。

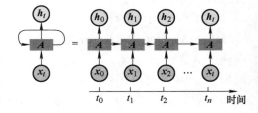

图 8-34　RNN 展开结构

如图 8-34 所示，在不同的时间点，RNN 的输入都与之前的时间状态有关，t_n 时刻网络的输出结果是该时刻的输入和所有历史共同作用的结果，记忆在隐含层单元中存储和流动，而输出取决于隐含层单元及网络的输入。由于输入时叠加了之前的信号，所以反向传导时不同于传统神经网络，对于时刻 t 的输入层，其残差不仅来自输出，还来自之后的隐含层。通过反向传播算法，利用输出层的误差，求解各个权重的梯度，然后更新各权重。

因为 RNN 的参数在所有时刻都是共享的，每一次反向传播，不仅依赖当前时刻的计算结果，而且依赖之前时刻，按时刻对网络展开并执行反向传播，这个过程称为基于时间的反向传播（Back Propagation Through Time，BPTT）。展开图中的信息流向是确定的，

没有环流，所以 RNN 是时间维度上的深度模型，可以对序列数据建模。

理论上，RNN 可以使用先前所有时间点的信息作用到当前的任务上，也就是上面所说的长期依赖，如果 RNN 可以做到这点，它将变得非常有用。然而，随着间隔的不断增大，RNN 会出现"梯度消失"或"梯度爆炸"的现象，这就是 RNN 的长期依赖问题。若使用 Sigmoid 函数作为神经元的激活函数，如对于幅度为 1 的信号，每向后传递一层，梯度就衰减为原来的 0.25，层数越多，到最后梯度指数衰减到底层基本上接收不到有效的信号，这种情况就是"梯度消失"。因此，随着间隔的增大，RNN 会丧失学习到远距离信息的能力。

2. 长短时记忆网络的结构和算法

普通的 RNN 在长文本的情况下，会学不到之前的信息，如长文本"the clouds are in the sky"，其中的 "sky" 是可以预测准确的，但是如果是很长的文本，如"我出生在中国……"，这个时候就存在长时依赖问题。为了解决长时依赖问题，Hochreiter 与 Schmidhuber 在 1997 年改进了 RNN，提出了长短时记忆（Long Short–Term Memory, LSTM）网络，并被 Alex Graves 进行了改良和推广。

LSTM 通过设计门限结构解决长时依赖问题。标准 RNN 中的重复块包含单一的层，与之相比，LSTM 是同样的结构，但是重复的块拥有包含四个神经网络层，并且网络层之间以一种非常特殊的方式进行交互。这四个神经网络层使得 LSTM 网络包括四个输入：当前时刻的输入信息、遗忘门（Forget Gate）、输入门（Input Gate）和输出门（Output Gate），以及当前时刻网络的输出。各个门上的激活函数使用 Sigmoid 函数，其输出范围为 0 ～ 1，用于定义各个门是否打开或打开的程度，赋予了它去除或者添加信息的能力。

如图 8-35 所示，LSTM 网络模块包含三个 Sigmoid 函数，分别位于遗忘门、输入门和输出门。每一条信号线传输一个向量，从一个结点输出到其他结点。圈代表逐点（Pointwise）的操作，如向量的和，而矩阵就是学习到的神经网络层。合在一起的线表示向量的连接，分开的线表示内容被复制，然后分发到不同的位置。三个输入都是当前时刻的输入 x_t 和上一时刻的输出 h_{t-1}，但在前向传播过程中，它们的计算方式和实现的功能各不相同。

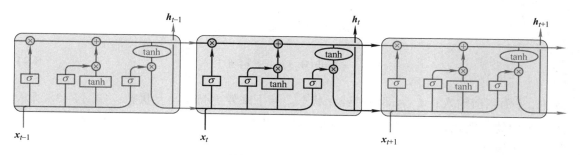

图 8-35　LSTM 的结构

（1）门

输入门控制有多少信息可以流入记忆细胞；遗忘门控制有多少上一时刻的记忆细胞中的信息可以累积到当前的记忆细胞中；输出门控制有多少当前时刻的记忆细胞中的信息可以流入当前隐含状态中。LSTM 不仅有多个门的复杂结构，而且还引入了细胞状态来记录信息。细胞状态通过门（Gate）结构来添加新的记忆和删除旧的记忆信息。细胞状态是 LSTM 的核心，类似于传送带，直接在整个链上穿过，附带一些少量的线性交互，让信息在上面流传而保持不变。

（2）遗忘门

利用遗忘门决定从细胞状态中丢弃何种信息，如图 8-36 所示。该门会读取 h_{t-1} 和 x_t 的信息，通过 Sigmoid 层输出一个 0 ~ 1 的数值，0 表示"完全舍弃"，1 表示"完全保留"。这就决定了上一神经元 C_{t-1} 会有多少信息能进入当前神经元状态 C_t。

遗忘门的计算公式如下

$$f_t = \mathrm{Sigmoid}(W_f[h_{t-1}, x_t] + b_f) \tag{8-95}$$

式中，f_t 为衰减系数；W_f 为权值矩阵；h_{t-1} 和 x_t 为遗忘门的输入；b_f 为偏置。

（3）输入门

输入门，也称更新门、写入门，如图 8-37 所示。输入门决定输入信息有哪些被保留，包括两个部分：Sigmoid 层与 tanh 层。两者的输入都是当前时刻的输入 x_t 和上一时刻的输出 h_{t-1}，tanh 层基于新的输入和网络原有的记忆信息决定要写入新的神经网络状态中的候选值，而 Sigmoid 层决定这些候选值有多少被实际写入，要写入的记忆单元信息只有输入门打开才能真正写入。

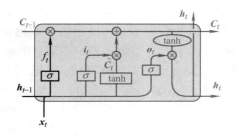

图 8-36 遗忘门

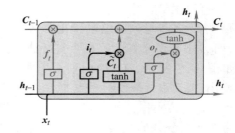

图 8-37 输入门前向传播

前向传播计算方法如下

$$i_t = \mathrm{Sigmoid}(W_i[h_{t-1}, x_t] + b_i) \tag{8-96}$$

$$\tilde{C}_t = \tanh(W_C[h_{t-1}, x_t] + b_C) \tag{8-97}$$

式中，i_t 为当前输入；$\tilde{C}_t$ 为即时神经元状态。接下来要更新神经元状态，如图 8-38 所示。当前时刻的神经元状态 C_t 由上一时刻的神经元状态 C_{t-1} 和当前输入 i_t 保留的新信息组成。计算方法如下

$$C_t = f_t C_{t-1} + i_t \tilde{C}_t \tag{8-98}$$

（4）输出门

如图 8-39，输出门 o_t 读取当前时刻的神经网络状态，但具体可以输出哪些信息受输出门 o_t 的控制，即输出门决定 h_{t-1} 和 x_t 中哪些信息将被输出，如式（8-99）所示。神经

元状态 C_t 通过 tanh 激活函数压缩到（–1，1）区间，通过输出门，得到当前时刻的输出 h_t。

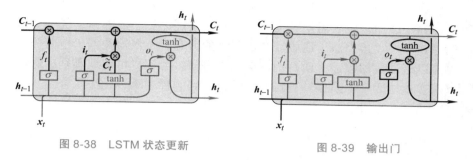

图 8-38　LSTM 状态更新　　　　　　　图 8-39　输出门

前向传播计算方法如下

$$o_t = \mathrm{Sigmoid}(W_0[h_{t-1}, x_t] + b_0) \tag{8-99}$$

$$h_t = o_t \tanh(C_t) \tag{8-100}$$

以上是标准 LSTM 的原理，LSTM 也出现了很多的变体，其中一个很流行的变体是门控循环单元（Gated Recurrent Unit，GRU），它将遗忘门和输入门合成了一个单一的更新门，在保留 LSTM 优点的同时，通过简化结构提高计算效率和减少参数数量。最终 GRU 模型比标准的 LSTM 模型更简单一些，如图 8-40 所示。其中，[,] 表示两个向量相连，* 表示矩阵的乘积。

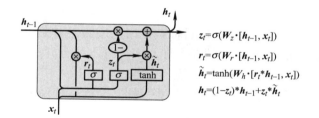

$$z_t = \sigma(W_z \cdot [h_{t-1}, x_t])$$
$$r_t = \sigma(W_r \cdot [h_{t-1}, x_t])$$
$$\tilde{h}_t = \tanh(W_h \cdot [r_t * h_{t-1}, x_t])$$
$$h_t = (1 - z_t) * h_{t-1} + z_t * \tilde{h}_t$$

图 8-40　GRU 结构和计算过程

LSTM 由于有效解决了标准 RNN 的长期依赖问题，应用极其广泛，一般的 RNN 大多指的是 LSTM 或其变体。

8.5.4　生成对抗网络

深度学习的模型可大致分为判别式模型和生成式模型。判别式模型是一种能够学习输入数据和输出标签之间关系的模型，它通过学习输入数据的特征来预测输出标签，可以用于分类、回归等任务。生成式模型则用于模拟训练样本的概率分布，并试图生成与训练样本具有相同概率分布或相似特征的新样本。生成模型可用于图像清晰度提升、破损或遮挡图像的修复、样本数据生成等场景。

受二人零和博弈的启发，2014 年，Goodfellow 等人提出了生成对抗网络（Generative Adversarial Nets，GAN），其基本思想是学习训练样本的概率分布。在二元零和博弈中，博弈双方的利益之和为零或一个常数，即一方有所得、另一方必有所失。基于这个思想，GAN 的框架中包含一对相互对抗的模型——判别器和生成器，判别器的目的是正确区分真实样本和生成样本，从而最大化判别准确率；生成器则是尽可能逼近真实样本的潜在分布。为了在博弈中胜出，两者需不断提高各自的判别能力和生成能力，优化的目标就是寻找两者间的纳什均衡。这类似于造假钞和验假钞的博弈，生成器类似于造假钞的人，希望制造出尽可能以假乱真的假钞；而判别器类似于警察，希望尽可能地鉴别出假钞。造假钞的人和警察双方在博弈中不断提升各自的能力，直到假钞和真钞无法区分。

1. 生成对抗网络的结构

一个 GAN 主要包括一个生成器 G 和一个判别器 D，其结构如图 8-41 所示。

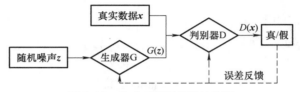

图 8-41　生成对抗网络的结构图

当 GAN 输入一个噪声变量 z，生成器 G 通过多层感知器或者其他神经网络结构将 z 映射到数据空间，生成一个新的样本 $G(z)$，然后把真实样本 x 和生成样本 $G(z)$ 送入判别器 D 中。判别器 D 会根据实际输入的样本 x 与生成的样本 $G(z)$ 进行判别，从而输出判别真假的概率值。假如判别器的输出和设定的答案完全不相同，即实际输入的概率值趋近于 0，生成样本的概率趋近于 100%，则可以反映出生成器的生成样本准确度很高。

在 GAN 训练过程中，生成器 G 的目标就是用生成的样本去欺骗判别器 D，而判别器 D 的目标就是尽量把生成器 G 生成的样本和真实的样本区分开来。这样，生成器 G 和判别器 D 就形成了一个动态的"对抗或博弈"过程。

简单生成对抗网络的生成模型和判别模型可通过全连接神经网络实现，称为朴素生成对抗网络。

（1）判别模型

判别模型是基于简单的神经网络结构，由输入层、隐含层、输出层组成的三层神经网络。该神经网络输入的是真实样本或生成样本，输出的是当前样本为真实样本而非生成样本的概率。

（2）生成模型

生成模型与判别模型类似，也是由输入层、隐含层、输出层组成的三层神经网络，不同的是，生成模型输入的是 n 维服从某一已知概率分布的随机数，如服从均匀分布或正态分布的随机噪声；输出为生成样本。

2. 损失函数

判别模型和生成模型都有其各自的损失函数。判别模型的目标是准确地将输入的真实样本标记为真，输入的生成样本标记为假。因此，在判别模型中存在两种损失：将输入的真实样本标记为假以及将输入的生成样本标记为真的损失。其损失函数可定义为

$$lossD = lossD(\text{real}) + lossD(\text{fake}) \tag{8-101}$$

式中，$lossD$（real）表示输入为真实样本时判别模型的损失；$lossD$（fake）表示输入为生成样本时判别模型的损失，即

$$lossD(\text{real}) = -\frac{1}{N_{\text{real}}} \sum_{i=1}^{N_{\text{real}}} [y(i) \log D_{\text{al}}(i) + (1-y(i))(1-\log D_{\text{al}}(i)] \tag{8-102}$$

$$lossD(\text{fake}) = -\frac{1}{N_{\text{fake}}} \sum_{i=1}^{N_{\text{fake}}} [y(i) \log D_{\text{al}}(i) + (1-y(i))(1-\log D_{\text{al}}(i)] \tag{8-103}$$

式中，N_{real} 表示输入判别模型的真实样本数量；N_{fake} 表示输入判别模型的生成样本数量；$y(i)$ 表示样本 i 输入判别模型时的期望输出，$D_{\text{al}}(i)$ 表示样本 i 输入判别模型时的实际输出，即

$$y(i) = \begin{cases} 1, i\text{为真实样本} \\ 0, i\text{为生成样本} \end{cases} \tag{8-104}$$

因此，判别模型的损失函数可简化为

$$lossD = -\frac{1}{N_{\text{real}}} \sum_{i=1}^{N_{\text{real}}} \log D_{\text{al}}(i) - \frac{1}{N_{\text{fake}}} \sum_{i=1}^{N_{\text{fake}}} [1-\log D_{\text{al}}(i)] \tag{8-105}$$

上面内容阐述了判别模型的损失函数，而生成模型的目标是能够生成欺骗判别模型的样本，因此损失函数可以定义为

$$lossG = -\frac{1}{N_{\text{fake}}} \sum_{i=1}^{N_{\text{fake}}} [y(i) \log D_{\text{al}}(i) + (1-y(i))(1-\log D_{\text{al}}(i)] \tag{8-106}$$

式中，$y(i)$ 表示输入为生成样本时，判别模型的期望输出，此时 $y(i)=1$。因此，生成模型的损失函数可简化为

$$lossG = -\frac{1}{N_{\text{fake}}} \sum_{i=1}^{N_{\text{fake}}} \log D_{\text{al}}(i) \tag{8-107}$$

3. 生成对抗网络的训练过程

图 8-42 可视化地展示了 GAN 的训练过程。判别器 D 的目标是将生成图像 $G(z)$ 鉴别为 0，将真实图像 x 鉴别为 1。生成器 G 的目标是尽量骗过判别器 D，尽可能让 $D(G(z))$ 接近 1。理论上，最终判别器 D 和生成器 G 将会达到均衡，即生成器 G 能够生成栩栩如生的图像，判别器 D 无法分辨生成图像 $G(z)$ 和真实图像 x 的区别，$D(G(z))$ 和 $D(x)$ 都等于 0.5。但在实际训练中，判别器 D 会很快学会分辨生成图像 $G(z)$ 和真实图像 x 的区别，虽然偶尔会被生成器 G 欺骗，但又很快找到生成器 G 的漏洞，恢复辨别能力。另一方面，生成器 G 在多次成功和失败后，生成图像的质量会越来越高。GAN 在训练过程中，判别器与生成器交替运行，不断博弈，学习并优化自身。为了防止判别器学习的速度过慢而导

致生成器难以学习，一般地，每训练 k 次判别器，再训练 1 次生成器，其中 k 为大于 0 的整数。生成对抗网络的详细训练过程如下：

1）固定生成器 G 训练判别器 D。仅采用生成器 G 的前馈过程得到输出，但不执行其反向传播过程。训练开始时，从原始训练集中随机选出一批真实样本 x 输入判别器 D 中，判别器 D 输出判别概率 $D(x)$。判别概率 $D(x)$ 与样本的真实性标签，即 1 比较，得到误差 Loss$D1$；再将随机噪声 z 输入生成器 G 得到伪造样本 $G(z)$，并将 $G(z)$ 输入判别器中，得到判别概率 $D(G(z))$。伪造样本的判别概率 $D(G(z))$ 与其真实性标签，即 0 比较，得到误差 Loss$D2$。最后计算判别器 D 的总误差，将误差反向传播至判别器 D 中各个网络结点并更新网络中的参数。至此，判别器 D 的一轮训练学习完成。

2）固定判别器 D 训练生成器 G。将随机噪声 z 输入生成器 G，得到伪造样本 $G(z)$，再将 $G(z)$ 作为输入送进判别器 D，得到判别器给出的概率数值 $D(G(z))$。与在判别器求误差的过程不同，判别器中伪造样本 $G(z)$ 的真实性标签为 0，即标注为"生成样本"。而在生成器中，其目的就是要训练出生成样本去"欺骗"判别器，使判别器认为生成样本是真实样本，并给出判别概率 $D(G(z))$ 接近 1 的结果。因此在生成器中，通常将输出的真实性标签设置为 1，这样生成器 G 将随机噪声 z 向着与真实样本相似的方向进行拟合。同样，得到伪造样本的真实性判别概率 $D(G(z))$ 与真实性标签 1 的误差 Loss$G$ 之后，将误差反向传播至生成器 G 中的各个结点，并更新网络中的参数。至此，生成器 G 的一轮学习完成。

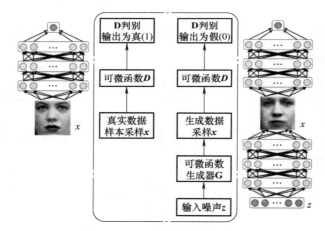

图 8-42　GAN 网络的训练过程

上述过程中，判别概率与真实性标签的误差计算，一般选择交叉熵代价函数（Cross-entropy Cost Function）。神经网络中交叉熵代价函数的一般定义为

$$C = -\frac{1}{n}\sum_n [y_n \ln a_n + (1-y_n)\ln(1-a_n)] \tag{8-108}$$

式中，n 表示所有样本的数量；y_n 表示样本的期望输出；a_n 表示样本的实际输出。当期望输出 y_n 与实际输出 a_n 越接近，代价函数越接近 0。

在生成对抗网络中，整体的价值函数 $V(G, D)$ 定义为

$$\left(\frac{\max}{G}\ \frac{\max}{D}\right)V(G,D)=E(x-Pdata(x))[\log D(x)]+E(z-pz(z))\{\log[1-D(G(z))]\} \quad (8\text{-}109)$$

式中，G、D 分别代表生成器与判别器；$x\text{-}Pdata(x)$ 表示 x 采样于真实样本分布 $Pdata(x)$；$E(\cdot)$ 表示计算期望值；$z\text{-}pz(z)$ 表示 z 采样于某一噪声分布，如标准正态分布 $pz(z)=N（0，1）$。该价值函数 $V(G,D)$ 与神经网络中的交叉熵代价函数 C 形式上是一样的。之所以不称为代价函数而改称为价值函数，原因在于：生成器 G 和判别器 D 对函数的优化目标是不同的。

对于判别器 D，$D(z)$ 是将真实样本判定为真实样本的概率，因此要最大化 $\log D(x)$ 这一项；而 $D(G(z))$ 则是将生成样本判定为真实样本的概率；显然需要最小化 $D(G(z))$，也就是最大化 $\log[1-D(G(z))]$ 这一项。因此判别器 D 需要最大化整体价值函数 $V(G，D)$，即对应等式左边的 $\dfrac{\max}{D}$ 项。

对于生成器 G，生成的伪造样本 $G(z)$ 应该让判别器尽可能地判定成真实样本，也即最大化 $D(G(z))$，因此需要最小化 $\log[1-D(G(z))]$。而等式右边第一项与生成器 G 无关，因此，生成器需要最小化整体价值函数 $V(G，D)$，即对应等式左边的 $\dfrac{\max}{G}$ 项。

Goodfellow 等已证明，对于价值函数 $V(G，D)$，如果有足够的样本，并且判别器 D 可以在每次对于生成器 G 的博弈训练中达到最优，那么最终 $V(G，D)$ 将达到全局最优解。此时可以获得一个最优的生成器 G*，使得此时的判别器 D* 对于真实样本 x 和样本 $G（z）$ 的判别概率都为 0.5。这意味着生成器 G 的生成样本已经可以"以假乱真"，判别器 D* 已无法区分真实样本和生成样本。

根据上述过程及分析，GAN 的整体训练过程可概括如下：

1）随机选取真实图像 x。

2）将 x 输入 D，得到 $D(x)$。

3）希望 $D(x)=1$，获得反向梯度，保存备用。

4）由随机采样生成 z，如 z 为 100 维的 $\{z_1, z_2, \cdots, z_{100}\}$，其中，$z_i$ 是标准差为 1 的正态分布的随机数。

5）将 z 输入 G，生成 $G(z)$。

6）将 $G(z)$ 输入 D，得到 $D(G(z))$。

7）希望 $D(G(z))=0$，获得反向梯度，与之前 D 的梯度相加，训练 D。

8）将 $G(z)$ 再次输入 D，得到新的 $D（G(z)）$。

9）希望 $D(G(z))=1$，根据误差计算梯度，反向传入 G，训练 G。

10）重复上述过程直到满足停止条件。

目前，GAN 应用最成功的领域是计算机视觉，包括图像和视频生成。如生成各种图像、数字、人脸，图像风格迁移、图像翻译、图像修复、图像上色、人脸图像编辑以及视频生成，构成各种逼真的室内外场景，从物体轮廓恢复物体图像等。

8.5.5　注意力机制

由于受到时间、理解能力等诸多因素的限制，人类的视觉感知往往会选择性地专注于某一部分信息,而忽略不相关的信息。受到人类视觉机制的启发,注意力机制(Attention Mechanism)让网络学习更关注的特征。在深度学习任务中,输入信息的各部分可能会对输出的结果产生不同的影响,因此注意力机制可以让模型只关注输入信息中最重要的部分。

注意力机制最早由 Bahdanau 等人于 2014 年提出,最初用于解决序列到序列(Sequence-to-Sequence,Seq2Seq)的建模任务。Seg2Seq 模型通常由一组编码器 – 解码器构成,传统的编码器 – 解码器的工作流程分为两步:①编码器以一段序列作为输入,将其编码成固定长度的上下文向量表示,并传递给解码器。②解码器接收到信号后,对信息进行解码,输出一段新序列。然而,对于长序列而言,来自编码器的压缩可能会造成信息损失。同时在 Seq2Seq 的任务中,输出序列可能只受输入序列中某些特定信息的影响。因此,Bahdanau 等首次将注意力机制应用于编码器 – 解码器结构,使解码器可以选择有用的信息进行解码,而非所有信息。

目前,注意力机制被广泛使用并出现了很多变种。根据不同的侧重点,注意力机制可分为软注意力与硬注意力、局部注意力与全局注意力、自注意力。下面将具体介绍这几种注意力机制。

1. 软注意力与硬注意力

在基于软注意力的编码器 – 解码器模型中,编码器以一段序列作为输入,利用双向 RNN 模型生成输入序列的隐藏状态。但不同于传统模型使用固定大小的上下文向量,该解码器根据所有的隐藏状态(来自编码器)通过加权求和的方式动态构建上下文向量,这一操作即为软注意力机制。如图 8-43 所示,给定输入序列(x_1,x_2,$\cdots$,x_T),该模型利用软注意力机制和编码器 – 解码器结构生成第 t 个输出 y_t。软注意力机制的公式如下

$$c_t = \sum_{j=1}^{T} a_{tj} h_j \qquad (8\text{-}110)$$

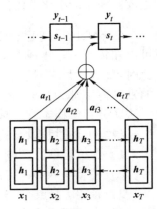

图 8-43 基于软注意力的编码器 – 解码器

式中,c_t 为解码器中输出 y_t 所对应的上下文向量;h_j 表示编码器中输入 x_j 对应的隐藏状态;T 为输入序列的长度;a_{tj} 是软注意力分数。a_{tj} 的计算公式如下

$$a_{tj} = \frac{\exp(\text{FNN}(s_{t-1}, h_j))}{\sum_{k=1}^{T} \exp(\text{FNN}(s_{t-1}, h_k))} \qquad (8\text{-}111)$$

式中,s_{t-1} 为解码器中生成的隐藏状态,FNN($\cdot$)表示一个前馈神经网络。由上述可知,该注意力分数 a_{tj} 取决于基于编码器中的隐藏状态 h_j 和基于解码器中的隐藏状态 s_{t-1}。

而硬注意力模型主要根据随机抽样的隐藏状态(来自编码器)计算出上下文向量。也就是说基于式(8-111),硬注意力分数 a_{tj} 只能取值为 0 或者 1。

2. 局部注意力与全局注意力

全局注意力旨在利用编码器中的所有隐藏状态获取上下文向量,其动机与软注意力相

同。但它提供了三种不同的策略计算注意力分数 a_{ts}，公式如下

$$a_{ts} = \text{align}(\boldsymbol{h}_t, \bar{\boldsymbol{h}}_s) = \frac{\exp(\text{score}(\boldsymbol{h}_t, \bar{\boldsymbol{h}}_s))}{\sum_{s'} \exp(\text{score}(\boldsymbol{h}_t, \bar{\boldsymbol{h}}_s))} \tag{8-112}$$

$$\text{score}(\boldsymbol{h}_t, \bar{\boldsymbol{h}}_s) = \begin{cases} \boldsymbol{h}_t^{\mathrm{T}} \bar{\boldsymbol{h}}_s \\ \boldsymbol{h}_t^{\mathrm{T}} \boldsymbol{W} \bar{\boldsymbol{h}}_s \\ \boldsymbol{v}_a^{\mathrm{T}} \tanh(\boldsymbol{W}[\boldsymbol{h}_t^{\mathrm{T}}; \bar{\boldsymbol{h}}_s]) \end{cases} \tag{8-113}$$

式中，$\bar{\boldsymbol{h}}_s$ 为编码器中的隐藏状态，又称源隐藏状态；$\boldsymbol{h}_t$ 为解码器中的隐藏状态；$\boldsymbol{v}_a$ 和 $\boldsymbol{W}$ 为可训练的参数矩阵；$\text{align}(\cdot)$ 表示对齐函数；T 表示转置；[；] 表示拼接操作。然而，全局注意力由于关注源序列中的所有信息，训练成本较大，很难处理类似于段落或文档的长序列。而局部注意力机制每次只关注源序列中的一小部分信息。如图 8-44 所示，该模型首先针对每个目标输出 $\boldsymbol{y}_t$ 生成一个源序列的对齐位置 p_t，再以 p_t 为中心创建大小为 D 的窗口 $[p_t-D; p_t+D]$，并分别计算出窗口内子序列的局部注意力分数 $\boldsymbol{a}_{ts}$，从而求得对应窗口的上下文表示。局部注意力分数的计算公式为

$$a_{ts} = \text{align}(\boldsymbol{h}_t, \bar{\boldsymbol{h}}_s) \exp(-\frac{(s-p_t)^2}{2\sigma^2}) \tag{8-114}$$

式中，$\text{align}(\cdot)$ 与式（8-112）相同，s 为窗口内的一个整数，$\sigma = \dfrac{D}{2}$。

3. 自注意力

在 Seq2Seq 任务中，上述注意力机制一般作用于编码器与解码器之间，利用对应的隐藏状态计算出输出位置与输入位置的依赖关系。自注意力机制又称内部注意力，仅作用于编码器或解码器的内部。而对于分类任务而言，输入通常为一段序列，但输出则为一个实值。这时，自注意力机制只作用于编码器，考虑各个输入位置上的依赖关系。例如，文本分类任务的输入为一段词序列，而输出则为文本的对应标签。该任务只需要考虑输入序列中每个单词之间的相关性，而这一相关性即为自注意力。

自注意力机制的模型代表是 Transformer 模型。由于循环神经网络是按照时间步顺序计算结

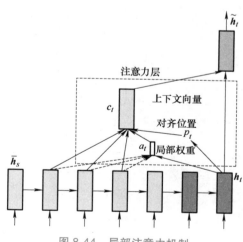

图 8-44　局部注意力机制

果，即 $t-1$ 时刻或者 $t+1$ 时刻的输出影响着 t 时刻的计算，这种顺序属性限制了模型并行计算的能力。为缓解这一问题，Transformer 抛弃了传统的卷积组件或循环组件，只依赖自注意力机制，就可提取序列内部的长距离依赖关系。在该模型中，自注意力机制采用查询－键－值（Query–Key–Value，QKV）的形式，具体公式如下

$$\text{Attention}(\boldsymbol{Q}, \boldsymbol{K}, \boldsymbol{V}) = \text{Softmax}\left(\frac{\boldsymbol{Q}\boldsymbol{K}^{\mathrm{T}}}{\sqrt{d_k}}\right)\boldsymbol{V} \qquad (8\text{-}115)$$

式中，$\boldsymbol{Q}=\boldsymbol{W}^{Q}\boldsymbol{X}$ 为查询（Query）矩阵；$\boldsymbol{K}=\boldsymbol{W}^{K}\boldsymbol{X}$ 为键（Key）矩阵；$\boldsymbol{V}=\boldsymbol{W}^{V}\boldsymbol{X}$ 为值（Value）矩阵。$\boldsymbol{W}^{Q}$、$\boldsymbol{W}^{K}$、$\boldsymbol{W}^{V}$ 为三种不同的权重矩阵，$\boldsymbol{X}$ 为输入的嵌入矩阵，d_k 表示 Query 和 Key 的维度大小。该模型利用三种权重矩阵 $\boldsymbol{W}^{i}$（i=$\boldsymbol{Q}$，$\boldsymbol{K}$，$\boldsymbol{V}$）将输入的嵌入矩阵 $\boldsymbol{X}$ 分别投影成 Query 矩阵、Key 矩阵和 Value 矩阵，并通过自注意力机制进行更新。

如图 8-45a 所示，该模型利用 Query 矩阵和 Key 矩阵相乘，计算出每个输入之间的相似性作为相应的注意力分数，并通过一系列缩放、归一化等操作加以处理；再利用处理后的注意力分数乘以 Value 矩阵更新每个输入的向量表示。如图 8-45b 所示，该模型还提出多头注意力机制（Multi-Head Attention），从不同的角度提取输入的嵌入矩阵 $\boldsymbol{X}$ 的重要信息。具体公式如下

$$\begin{aligned}
&\text{Multihead}(\boldsymbol{Q}, \boldsymbol{K}, \boldsymbol{V}) = \text{Concat}(\text{head}_1, \cdots, \text{head}_h)\\
&\text{head}_i = \text{Attention}(\boldsymbol{Q}_i, \boldsymbol{K}_i, \boldsymbol{V}_i)\\
&\boldsymbol{Q}_i = \boldsymbol{W}_i^{Q}\boldsymbol{X},\ \boldsymbol{K}_i = \boldsymbol{W}_i^{K}\boldsymbol{X},\ \boldsymbol{V}_i = \boldsymbol{W}_i^{V}\boldsymbol{X}
\end{aligned} \qquad (8\text{-}116)$$

目前，Transformer 以它强大的表达能力成功激发了学术界对该模型做进一步的研究和改进。其中，语言模型 BERT（Bidirectional Encoder Representations from Transformers）就是在 Transformer 的思想上，构建了基于随机掩码的语言模型。该模型以无监督的方式预训练单词的特征表示，并用于下游任务，成为自然语言处理领域中的一项新技术。

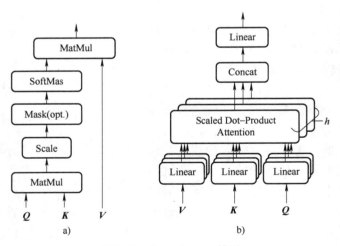

图 8-45　Transformer 模型

在神经网络学习中，一般而言模型的参数越多则模型的表达能力越强，模型所存储的信息量也越大，但这会带来信息过载的问题。那么通过引入注意力机制，在众多的输入信息中聚焦于对当前任务更为关键的信息，降低对其他信息的关注度，甚至过滤掉无关信息，就可以解决信息过载问题，并提高任务处理的效率和准确性。

注意力机制已广泛应用于计算机视觉、机器翻译、语音识别、图像标注等很多领域，因为注意力给模型赋予了区分辨别的能力，例如，在机器翻译、语音识别应用中，为句子中的每个词赋予不同的权重，使神经网络模型的学习变得更加灵活，同时注意力本身可以作为一种对齐关系，解释翻译任务中的输入输出句子之间的关联程度，解释模型到底学到了什么知识，从而为我们打开深度学习的黑箱。

本章小结

人工神经网络与深度学习已经在众多领域展现出了广阔的应用前景，将推动人工智能技术的不断发展。本章以生物神经元的结构和运行机理引出了人工神经网络的概念和结构，介绍了几种常见的神经网络学习算法，如感知机、BP、Hebbian 学习等，最后阐述了几种典型的深度网络结构，如深度自编码器、卷积神经网络、循环神经网络和生成对抗网络等。

思考题与习题

8-1 什么是人工神经网络？

8-2 结合 MP 神经元模型，阐述其工作原理。

8-3 列举几种激活函数，并说明激活函数的作用。

8-4 假设一个单输入的神经元的输入为 2.9，其输入连接的权值为 0.4，阈值为 1。试计算：当激活函数为 Sigmoid 函数时，输出值是多少？激活函数为 ReLU 函数时，输出值又是多少？

8-5 假设输入 / 目标输出对为

$$x_1 = \begin{pmatrix} 4 \\ 4 \end{pmatrix}, \ y_1 = 1; \ x_2 = \begin{pmatrix} 4 \\ 5 \end{pmatrix}, \ y_2 = 1; \ x_3 = \begin{pmatrix} 1 \\ 1 \end{pmatrix}, \ y_3 = -1;$$

求感知机模型 $f(x) = \text{hardlims}(Wx+b)$。

8-6 根据 BP 算法的基本思想，讨论其优缺点。

8-7 用 MATLAB 语言编写一个基于 BP 神经网络的算法程序，用此程序来逼近正弦函数。

8-8 简述无监督 Hebbian 算法和有监督 Hebbian 算法的区别。

8-9 简述深度神经网络的特点及应用领域。

8-10 在长短时记忆网络（LSTM）中，遗忘门的作用是什么？

8-11 比较长短时记忆网络（LSTM）与门控循环单元（GRU）网络。

8-12 说明生成对抗网络中生成器和判别器的作用。

8-13 什么是注意力机制？引入注意力机制可以解决哪些问题？

第 9 章　多智能体系统

导读

　　智能体（Agent）是分布式人工智能的一个重要分支。智能体和多智能体技术起源于分布式人工智能研究，自 20 世纪 80 年代末以来，该方向成为人工智能领域一个活跃的研究分支，与数学、控制、经济学、社会学等多个领域相互融合借鉴，逐渐成为国际上备受重视的研究领域之一。20 世纪 90 年代，由于网络技术的发展，人工智能出现了新的研究高潮，开始由单智能体研究转向基于网络环境下的分布式人工智能研究，不仅研究基于同一目标的分布式问题，而且研究多个智能体的多目标问题。多智能体系统等相关技术已日益应用于交通控制、智能机器人、无人机编队等领域。21 世纪 10 年代，大语言模型迅猛发展，成为人工智能领域的新宠，基于大语言模型的智能体也得到了广泛关注。本章将从智能体和多智能体的概念与体系结构、多智能体协同和群体智能以及基于大语言模型的智能体三个方面进行介绍。

本章知识点

- 智能体和多智能体系统的概念与体系结构
- 多智能体协同的概念和特点
- 群体智能行为特点及运动模型
- 基于大语言模型的智能体

9.1　概述

　　智能体技术是分布式人工智能中的前沿学科，是解决复杂系统中分布式问题的有效手段。智能体的理论和技术，尤其是多智能体系统的理论和技术，为分布式系统的分析、设计和实现提供了依据。

9.1.1　智能体的概念与体系结构

1. 智能体的概念

智能体是人工智能领域中一个非常重要的概念，智能体被定义为一个能够感知环境、通过学习和推理改变自身状态，并且能够采取行动以实现特定目标的实体。智能体可以是物理实体（如机器人）或虚拟实体（如软件程序）。智能体具备学习、推理、决策和执行等能力，所有能够独立思考并且可以同环境交互的实体都可以抽象为智能体。

智能体与环境的互动如图 9-1 所示。"学生做题 – 教师评分"这种模式的学习过程可以看作是智能体与环境的互动的一个实例，这里可以将教师视为环境、学生视为智能体、环境状态表现为题目、动作指学生答题的行为、奖励指教师的评分。智能体（学生）与环境（教师）互动的完整过程如下：①环境初始化得到一个初始状态（教师布置题目），智能体感知环境状态（学生获得题目）。②智能体基于环境状态进行推理（学生做题），智能体基于推理输出一个动作（学生答题），智能体的动作改变环境的状态（题目有了答案）。③环境评价智能体的动作（教师批改题目），环境的评价输出奖励（教师的评分）。

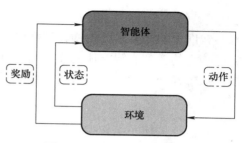

图 9-1　智能体与环境的互动

2. 智能体的特征

一般认为，智能体应具有以下几个特征：

1）自主性。自主性是智能体的核心特征之一，它使得智能体能够在没有人类干预的情况下控制自身行为，其行为是主动的、自发的、有目标和意图的，并能根据目标和环境要求自主决策和行动。自主性是智能体区别于过程、对象等其他概念的一个重要特征，同时这种自主决策能力也使得智能体在实际应用中可以发挥更大的作用。

例如，在智能家居系统中，智能体可以根据室内温度自动调节空调，根据室内空气质量情况，自动开启或关闭空气净化器，保持室内的舒适度。

2）交互性。交互性是智能体的另一个重要特征，它使得智能体能够与人类或其他智能体进行交流和合作。这种交互可以是直接的，如通过通信，也可以是间接的，如通过环境。交互性使得智能体在人机交互以及团队协作等领域有着广泛的应用前景。

例如，在自动驾驶车辆中，智能体需要与交通信号灯、其他车辆和行人等其他实体进行交互。智能体通过更好地感知环境，能够做出更加明智的决策，从而保证自动驾驶车辆的安全行驶。

3）反应性。智能体能够感知、影响所处的环境。智能体不只是简单被动地对环境的变化做出反应，而是可以表现出受目标驱动的自发行为。在某些情况下，智能体能够采取主动的行为，改变周围的环境，从而实现自身的目标。

例如，在机器人系统中，智能体通过感知环境的变化，从而做出相应的动作。这种反应性的要求使得智能体需要具备准确的感知能力以及快速的处理能力。

4）适应性。智能体能够根据经验调整自身的行为。通过不断学习和积累经验，智能体可以逐渐优化自身的决策和行动策略，以适应不同的环境和任务。这种适应性的要求使得智能体需要具备强大的学习能力和自我优化能力。

例如，在智能推荐系统中，智能体需要根据用户行为数据和内容信息，不断调整推荐策略，推荐用户感兴趣的内容，从而提高推荐的准确性和用户满意度。

5）社会性。智能体存在于由多个智能体构成的社会环境中，与其他智能体交换信息、交互作用和通信，形成多智能体系统，模拟社会性的群体。智能体的存在及其每一行为都不是孤立的，而是社会性的，甚至表现出人类社会的某些特性。

3. 智能体的体系结构

智能体的体系结构指构建智能体采用的结构和框架，定义了智能体如何组织其组件以完成特定的任务。智能体的体系结构直接影响到系统的智能和性能。智能体程序是实现智能体从感知到执行动作的映射函数。智能体、体系结构和程序之间具有如下关系：

$$智能体 = 体系结构 + 程序$$

智能体的体系结构按照属性可以分为三类：反应式智能体、慎思式智能体和复合式智能体。

（1）反应式智能体

反应式智能体根据当前的感知信息对外部刺激产生响应。反应式智能体的结构模型如图 9-2 所示。反应式智能体通过条件 – 作用规则使智能体将感知和动作连接起来。反应式智能体内部预置相关的知识，包含了行为集和约束关系。在外界刺激满足相应条件后，直接调用预置知识，进行作用决策，产生相应的输出。智能体直接使用感知知识进行映射，不需要内部通过符号建立环境模型，因此使得反应式智能体能及时快速地响应外来信息和环境变化，加快了其运行速度，但是其智能程度较低，缺乏足够的灵活性，适应于任务简单的情况。

（2）慎思式智能体

慎思式智能体是一种基于知识的系统，包括环境描述和智能行为逻辑推理能力。慎思式智能体的结构模型如图 9-3 所示。智能体首先接收外部环境信息，然后根据内部状态进行信息融合，从而更新内部状态。接下来在知识库的支持下制订规划，再在目标的指引下，形成动作序列，对环境发生作用。由于其环境模型一般是预先知道的，因此对动态环境存在一定的局限性，不适用于未知环境。由于缺乏必要的知识资源，所以在智能体执行时需要向模型提供有关环境的新信息，而这往往是难以实现的。

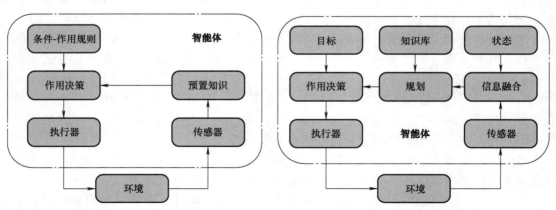

图 9-2　反应式智能体的结构模型　　　　图 9-3 慎思式智能体的结构模型

（3）复合式智能体

复合式智能体，即在一个智能体内组合多种相对独立和并行执行的智能形态。复合式智能体的结构模型如图 9-4 所示，其结构包括感知器、执行器、反应、建模、规划、通信和决策等模块，具有较强的灵活性和快速的响应性。智能体通过感知器来感知外部环境信息，再送到不同的处理模块。若感知紧急和简单的情况，信息就被送入反应模块，做出决定，并把动作命令送到执行器，产生相应的动作。若感知到一般情况，就进行建模，根据规划进行决策生成，在这个过程中涉及与其他智能体的通信，决策生成后再把动作命令送到执行器执行。

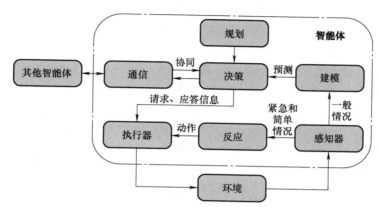

图 9-4　复合式智能体的结构模型

4. 智能体的任务环境

（1）任务环境

智能体离不开其任务环境。智能体的任务环境是其需要影响和适应的外在因素，它是智能体的控制对象。任务环境是智能体知识的来源也是其作用的对象；智能体通过观察感知任务环境的状态，结合智能体内置的知识形成某种策略并作用于任务环境，从而优化其效用或收益，通过不断迭代最终实现其目标。智能体的任务环境可以是物理环境也可以是虚拟环境。

PEAS 是人工智能领域中一个常用的框架，用来描述智能体在任务环境中的特性。PEAS 分别代表性能（Performance）、环境（Environment）、执行器（Actuator）和传感器（Sensor）四个方面。性能指的是智能体在任务环境中的表现，环境指的是智能体所处的任务环境，执行器指的是智能体通过执行某些动作改变环境的能力，传感器指的是智能体通过感知任务环境中的信息来获取状态的能力。下面以出租车驾驶人（人类智能体）为例对 PEAS 进行说明，见表 9-1。

表 9-1　出租车驾驶人 PEAS

性能	环境	执行器	传感器
安全	道路	方向盘	摄像头
快速	交通	加速踏板	里程表
守法	行人	制动	GPS
收益	顾客	喇叭	速度计

（2）任务环境的类型

在实际应用中，智能体可能处于不同的任务环境，环境的类型主要有以下六种：

1）完全可观测与部分可观测：一个智能体的传感器在每个时间点上可访问环境的完整状态，则该任务环境是完全可观测的，否则是部分可观测的。

2）单智能体与多智能体：一个智能体在一个环境内自运行，则它就是一个单智能体，否则是多智能体。

3）确定性与随机性：如果环境的下一个状态完全由当前状态和智能体执行的动作决定，那么称这个环境是确定性的，否则是随机性的。

4）动态与静态：智能体在进行规划时环境的状态往往会随时间的推移而发生变化，那么该智能体的环境是动态的，否则是静态的。

5）离散与连续：如果环境的状态空间是有限的或可数的，那么该环境是离散的，否则是连续的。

6）已知与未知：在一个已知的环境下，所有动作的结果都是给定的。如果环境是未知的，则该智能体将需要学习如何动作，从而做出正确的决策。

下面将继续以出租车驾驶人（人类智能体）为例说明任务环境的类型，见表 9-2。

表 9-2　智能体任务环境的类型

环境的类型	出租车驾驶人示例
完全可观测与部分可观测	部分可观测
单智能体与多智能体	多智能体
确定性与随机性	随机性
动态与静态	动态
离散与连续	连续
已知与未知	未知

9.1.2　多智能体系统的概念与体系结构

1. 多智能体系统的概念

多智能体系统是智能体研究中的一个重点。多智能体系统是指由多个互相协作或竞争的自治智能体组成的系统。每个智能体都有自己的感知、决策和行动能力，并且可以与其他智能体进行交互和协作，从而实现共同的目标或完成任务。多智能体系统可以分为两种类型：同构多智能体和异构多智能体。同构多智能体具有相似的感知、决策和行动能力，可以根据相同的算法进行控制。异构多智能体则具有不同的感知、决策和行动能力，需要根据不同的算法进行控制。多智能体系统具有分布式、并行、协同和自治等特点，可以应用于许多领域，如无人机编队、机器人控制、智能交通等。多智能体系统的目标是让若干个具备简单智能且便于管理控制的系统能通过相互协作实现复杂智能。

多智能体系统的示例如下：

1）多无人机系统：多无人机系统执行未知环境中的搜索任务，每架无人机都是一个智能体，它们通过交互和协作共同完成搜索目标的任务。

2）多玩家游戏：在一个在线多玩家游戏中，每个玩家或游戏角色都是一个智能体，他们通过合作或竞争完成游戏目标，获得最终的胜利。

3）智能交通系统：在一个智能交通控制系统中，每个车辆、行人和交通信号灯都可以被视为智能体，他们通过相互交互和协同，从而优化交通流减少拥堵。

4）电力市场：在电力市场中，不同的发电厂、电网结点和电力用户都可以视为智能体，它们通过协同调度可以优化电力分配和消耗，从而实现电力市场的分布式调度和优化。

2. 多智能体系统的特征

多智能体系统主要具有以下特征：

1）自主性：在多智能体系统中，每个智能体都能管理自身的行为并做到自主的合作或者竞争。

2）容错性：智能体可以共同形成合作的系统用以完成独立或者共同的目标，如果某几个智能体出现了故障，其他智能体将自主地适应新的环境并继续工作，不会使整个系统陷入故障状态。

3）灵活性和可扩展性：多智能体系统本身采用分布式设计，使得系统表现出极强的可扩展性。

4）协作能力：多智能体系统是分布式系统，智能体之间可以通过合适的策略相互协作完成全局目标。

3. 多智能体系统的体系结构

多智能体系统的体系结构影响单个智能体的协作以及系统的一致性、自主性和自适应性的程度，并决定信息的存储方式、共享方式和通信方式。体系结构中必须有共同的通信协议或传递机制。下面介绍三种常见的多智能体系统的体系结构。

（1）网络结构

在网络结构下，智能体的通信是直接进行的，其通信和状态知识都是固定的。每个智能体必须知道应在什么时刻把信息发送至什么位置，系统中有哪些智能体是可以合作的并且具有什么能力等。通信和控制功能都嵌入到每个智能体的内部，要求系统中每个智能体都拥有关于其他智能体的信息和知识，但是在开放的分布式系统中，这往往是难以实现的。此外，当智能体数目较大时，这种一对一直接交互的结构将导致系统效率低下。

（2）联盟结构

在联盟结构中，若干相距较近的智能体通过协助者智能体进行交互，而相距较远的智能体则由各个局部智能体群体的协助者智能体完成交互和消息发送。这些协助者智能体能够实现各种消息发送协议。当某智能体需要某种服务时，它就向其所在的局部智能体群体的协助者智能体发送一个请求，该协助者智能体以广播形式发送该请求或者把该请求与其他智能体的能力进行匹配。在这种结构中，智能体无须知道其他智能体的详细信息，因此具有较大的灵活性。

（3）黑板结构

黑板结构与联盟结构的区别在于黑板结构中的局部智能体把共享数据放在可存储的黑板上，从而实现局部数据共享。在一个局部智能体群体中，协助者智能体负责信息交互，而网络控制智能体负责局部智能体群体之间的远程信息交互。黑板结构中的数据共享要求群体中的智能体具有统一的数据结构或知识表示，因而限制了多智能体系统中智能体设计和建造的灵活性。

4. 多智能体系统的交互模型

根据多智能体系统的应用环境，多智能体系统的交互模型可以分为协商模型和协作规划模型。

（1）协商模型

协商模型由社会经济活动理论演变而来，主要用于资源竞争、任务分配和冲突消解等问题。当智能体要完成一个一致的全局目标时，在资源不足的情况下进行任务分解、任务分配、任务监管和任务评价就需要一种协商策略。合同网协议是协商模型的典型代表，其主要原理是采用市场机制的任务分解、招标、投标、评标、中标来分配任务，如图9-5所示。合同网协商模型中包括管理者和合同者两类结点，其中管理者负责任务的分解、招标和投标等工作，合同者负责投标以及对所中标的任务进行执行，完成任务后将执行结果返回给管理者，结束合同。

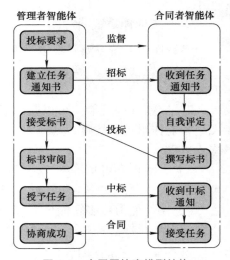

图9-5　合同网协商模型结构

（2）协作规划模型

多智能体系统的协作规划模型主要用于制订其协调一致的问题求解规划。在多智能体网络中，智能体会根据约束条件、掌握的其他智能体的信息以及自身的求解目标进行规划。各智能体在进行信息交互的过程中，会考虑全局利益来进行局部规划。若发现合作能够更快速地实现自己的目标，则会向对方智能体表达自己的期望，来实现共同目标。

在部分全局规划过程中，每个智能体会对自身任务进行规划，智能体之间会通过信息交互来交换包括自身任务在内的各类信息，智能体会基于全局利益对自身局部的规划进行动态调整，如图9-6所示。智能体1的总任务为M1，可以将M1分解为两个子任务M11和M12；智能体2的总任务为M2，可以将M2分解为两个子任务M21和M22。在信息交互的过程中，两个智能体会进行信息的交换，如各自的总任务M1和M2，当智能体1获取到智能体2的总任务M2后，发现自身子任务M12的完成，能够促进智能体2总任务M2的实现，于是将M12的任务信息告知智能体2，并且在对M12求解完成后，将求解结果共享给智能体2，供智能体2求解使用。

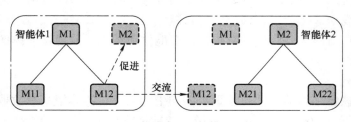

图9-6　部分全局规划模型结构

9.1.3　智能体之间的通信

智能体之间的通信是多智能体系统的基本功能，多智能体系统中的通信是指不同智能体之间及智能体与环境之间的信息交互。

1. 通信类型

智能体的通信类型主要有两种，分别是使用 Tell 和 Ask 通信以及使用形式语言通信。

（1）使用 Tell 和 Ask 通信

这种通信形式的智能体分享共同内部表示语言，并通过界面 Tell 和 Ask 直接访问双方的知识库，如图 9-7 所示。

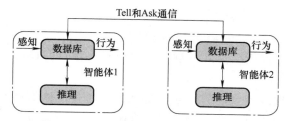

图 9-7　两个智能体通过 Tell 和 Ask 通信

（2）使用形式语言通信

大多数智能体的通信是通过语言而不是通过直接访问知识库而实现的。部分智能体可以执行表示语言的行为，而其他智能体可以感知这些语言，如图 9-8 所示。

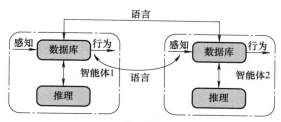

图 9-8　两个智能体通过语言通信

2. 通信方式

智能体的通信方式主要有四种，分别是无通信模式、消息传递模式、方案传递模式以及黑板模式。

（1）无通信模式

无通信模式是单个智能体不以通信的方式而是仅通过自身的思考和推理得到其他智能体的任务规划和方案。在这种模式中，智能体不断地思考和推理往往会造成系统实现困难、系统功能和规模不易扩展等缺点。这种系统一般不具备多智能体系统的优越性，仅适用于智能体之间没有实质性冲突的目标环境。

（2）消息传递模式

智能体在消息传递模式中使用一组事先约定好的格式和规则，这些规则在特定状态出现或预定义事件发生时被激活，进而相应智能体会采取行动。消息传递模式的消息内容格式非常自由，因此其通信能力具有很大的灵活性。

（3）方案传递模式

方案传递模式是在相互协作的智能体之间传递整个任务方案，取得对问题的一致性解决方法的一种通信方式。方案传递模式的优点是智能体协作求解较容易实现，但是也具有方案传递带来的时空开销较大以及无法在状态多变、不确定的环境中应用的缺点。

（4）黑板模式

黑板模式主要支持分布式问题求解。黑板模式在存储中开发了一块区域用于给智能体发布信息、公布结果和共享信息。黑板模式中的智能体之间一般不发生直接通信，每个智能体独立完成它们应该求解的子问题。与方案传递模式相比，它提供了一个比较高效、灵活和迅速的通信方式。

黑板模式有如下三个组成部分：

1）智能体：作为求解问题的独立单元，具有不同的专门知识，独立完成特定的任务。

2）黑板：为智能体提供信息和数据，同时供智能体进行修改，智能体之间的通信和交互只能通过黑板进行。

3）监控机制：根据黑板当前的问题求解状态和各智能体的不同求解能力，对其进行监控，动态地选择和激活合适的智能体，使之能适时响应黑板变化。

9.2 多智能体协同和群体智能

多智能体协同和群体智能紧密相关，它们共同构成了人工智能领域中解决复杂问题的重要方法。

9.2.1 多智能体协同

1. 多智能体协同的概念

多智能体协同是指多个智能体之间通过协作、协调、通信等方式，共同完成任务或实现目标的过程。多智能体协同需要有效地组织和协调各个智能体的行为，从而实现整体最优的结果。

多智能体协同的特点有以下四个方面：

（1）通信和协调

多智能体协同需要智能体之间进行有效的通信和协调。智能体通过传递信息、共享感知数据和规划动作来相互交流，并协调各自的行动，从而达到整体性能的优化。

（2）分布式决策

多智能体协同中的每个智能体通常具有一定的决策能力，可以根据自身的感知和知识做出相应的决策。这些智能体根据协同目标和环境情况，通过分布式的决策过程确定自己的行动策略。

（3）合作与竞争

多智能体协同中的智能体既需要合作又需要竞争。他们需要在协同工作中相互支持和协助，但有时也需要在资源有限或目标冲突的情况下进行竞争和协商。

（4）自适应性和鲁棒性

多智能体协同需要智能体具有一定的自适应性和鲁棒性，能够适应环境的变化和不确定性。智能体需要根据感知和反馈信息，实时调整自己的决策和行动，以应对各种复杂和动态的情况。

2. 多智能体协同控制分类

多智能体协同可以通过协同控制来实现。在协同控制中，根据系统的需求和目标，智能体之间通过信息交互、协调和合作来共同完成任务，实现智能体的协同决策和行动。协同控制能够有效地解决多个智能体间的冲突、资源分配、路径规划、任务分配等问题，提高整体系统的效率、鲁棒性和适应性。协同控制可以按照不同的分类标准进行分类，下面介绍两种常见的分类方法。

（1）基于控制结构的分类

1）集中式结构。整个多智能体系统中存在一个中央控制器，每个智能体通过该控制器可以获得所有智能体的状态信息，从而实现系统的整体目标，如图 9-9 所示。集中式结构是一种常用的协作和协调方法，这种结构对子系统控制器设计带来了便利，然而这种结构实现成本较高，不能随意扩展多智能体的规模。

2）分布式结构。由于信息与资源是局部的，单个智能体不具备获取全部信息以及完成整个任务的能力，因此所有的智能体彼此之间需通过协同的方式来协调各自的目标与行为，从而达到共同完成任务的目的。分布式控制依靠智能体间信息交互，利用多智能体系统内邻近智能体的状态信息构建控制器，如图 9-10 所示。相比于集中式控制结构，分布式控制结构仅需要进行局部信息交互就可以实现多智能体系统的协同。

分布式控制结构有以下优点：可靠性高，通过结点之间的协作来实现容错和冗余，提高系统的可靠性；可扩展性好，随着系统规模的增大，可以通过增加结点来扩展系统规模，而不需要改变整体架构。其缺点为：通信开销大，由于结点之间频繁通信和协作，通信开销较大，影响系统效率；部署难度大，需要在多个结点上同时部署和运行，考虑结点之间的兼容性和稳定性问题。

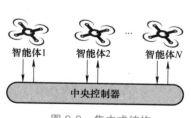

图 9-9 集中式结构

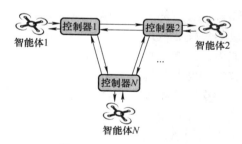

图 9-10 分布式结构

（2）基于协同方式的分类

1）合作式协同。在合作式协同控制中，智能体之间通过相互协作和合作来达到共同的目标。智能体之间可以交换信息、共享资源，并通过协同行动来实现整体优化。合作式协同控制强调团队合作和资源共享。

2）竞争式协同。在竞争式协同控制中，智能体之间存在竞争关系，他们通过相互竞争来实现整体性能的提升。智能体之间可能通过竞争资源、竞争任务或竞争奖励来激发协同行为。竞争式协同控制强调智能体之间的竞争与合作的平衡。

3）独立式协同。在独立式协同控制中，每个智能体都具有一定的自主决策能力和行动执行能力。虽然智能体之间不直接合作或竞争，但他们通过相互影响来实现整体目标。独立式协同控制强调每个智能体的个体决策和行动对整体性能的影响。

4）混合式协同。混合式协同控制结合了不同协同方式的特点。在混合式协同控制中，智能体之间可以进行合作、竞争或独立决策，根据具体情况选择最优的协同方式。混合式协同控制能够充分利用不同协同方式的优势，以实现系统的整体优化和协调。

这些分类方法只是常见的分类方式，实际上，这些类别并不是完全独立的，通常多智能体协同可能会综合运用上述多种方式来实现复杂的控制任务。

9.2.2　群体智能

1. 群体智能的概念

自然界中大量个体聚集时往往能够形成协调、有序，甚至令人感到震撼的运动场景，比如天空中集体翱翔的庞大的鸟群、海洋中成群游动的鱼群、陆地上合作筑巢的蚁群，如图 9-11 所示。虽然个体功能简单，并且获取信息的方式单一，但它们凭借局部交互构成了复杂的群体行为，能够完成迁徙、躲避和捕猎。这些群体现象表现出了分布、协调、自组织、稳定、智能涌现等特点，而群体智能的概念正是来自对自然界中生物群体的观察。

鸟群　　　　　　　　鱼群　　　　　　　　狼群　　　　　　　　蚁群

图 9-11　自然界中的群体行为

群体智能关注的是由简单个体组成的群体如何通过相互之间的简单合作来实现某一功能、完成某一任务或达成某一目标。在这个过程中，群体展现出的宏观智能行为超出了单个个体能力的范围。群体智能是自然界中昆虫群体等生物体现出的集体行为智能的一种形式，如蚁群的路径找寻、鸟群的飞行编队等。在人工智能领域，这一概念被引申为智能体通过局部的交互产生集体行为的能力。这种能力使得智能体群体能够执行复杂的任务，如搜索和救援、环境监测等，而每个个体的贡献都是不可或缺的。这种在社会性生物群体层面上展现出的智能，通常被称为群体智能。

人类社会的不断发展和演化也可以认为是一种群体智能现象，绝大多数文明成果都是人类个体在长期群体化、社会化的生产和生活中逐渐演化的产物。

理想形态的群体智能具有智能放大效应以及规模可扩展性两种基本性质，规模庞大的群体可以有效放大个体的智能。从本质上说，群体智能来源于自主个体之间的大规模有效协同。从哲学的角度来看，可以用量变产生质变来解释群体智能现象。从复杂系统的视角来看，可以认为涌现和自组织体现了自主个体的大规模协同。因此可以将群体智能理解为一种利用群体力量求解复杂问题的方法，即存在 1+1>2 的放大效应。

（1）群体智能的优点

1）灵活性：群体可以适应随时变化的系统或网络环境。

2）鲁棒性：群体智能具有较强的鲁棒性，不会由于某一个或几个个体出现故障而影响群体对整个问题的求解。

3）自组织性：群体能够通过简单个体的交互过程凸显出复杂的宏观智能行为。

4）分布性：群体中相互合作的个体是分布的，能够更好地适应网络环境下的工作状态。

5）简单性：群体中每个个体的能力或遵循的行为规则非常简单，使得群体智能的实现比较方便。

6）可扩充性：可以仅仅通过个体之间的间接通信进行合作，随着个体数目的增加，通信开销的增幅较小，因此具有较好的可扩充性。

（2）群体智能遵循的五条基本原则

1）邻近原则：群体能够进行简单的空间和时间计算。

2）品质原则：群体能够响应环境中的品质因子。

3）多样性反应原则：群体的行动范围不应该太窄。

4）稳定性原则：群体不应在每次环境变化时都改变自身的行为。

5）适应性原则：在所需代价不太高的情况下，群体能够在适当的时候改变自身的行为。

（3）群体智能两种基本原理

1）自上而下有组织的群智行为，这种机制会形成一种分层有序的组织架构。自上而下的群智形成机制是在问题可分解的情况下，不同个体之间通过蜂群算法进行合作，进而达到高效解决复杂问题的机制。这种机制强调了通过有组织的结构和策略，使得群体能够协同工作从而解决复杂问题。

2）自下而上自组织的群智涌现，这种机制可使群体涌现出个体不具有的新属性，而这种新属性正是个体之间综合作用的结果。这种机制建立在混沌和涌现的基础上，它描述了在没有明确领导或组织结构的情况下，个体间的交互和协作如何产生群体智能。

2. 群体智能行为特点及运动模型

（1）群体智能行为特点

1）组织结构的分布式。群体中不存在中心结点，个体遵循简单的行为规则，仅具备局部的感知、规划和通信能力，通过与环境和邻近同伴进行信息交互从而适时地改变自身行为模式以适应动态环境。

2）行为主体的简单性。群体中个体的能力或遵循的行为规则非常简单，每个个体仅执行一项或者有限的几项动作，并针对外部情况做出简单的反应，这种看似笨拙的个体行为却使他们组成的群体极为高效，体现出智能的涌现。

3）作用模式的灵活性。灵活性主要体现在群体对于环境的适应性。在遇到环境变化时，群集中的个体通过改变自身行为来适应环境的变化。例如，鱼群在受到鲨鱼攻击时会改变自身旋涡运动，以获得更强的生存能力。

4）系统整体的智能性。群体中的个体通过感知周围的环境信息进行信息的交换和共享，按照一定的行为规则对外部刺激做出响应，通过调整自身状态来增强群体的生存能力，这个过程即为学习和进化的过程。群体中的个体通过环境反馈的状态适应性地改变自身行为，实现策略、经验的学习，以实现自身对外部环境的最佳适应性。

（2）群体运动模型

对群体运动建模的研究始于 20 世纪 80 年代对鱼群和鸟群运动的计算机仿真，群体运动模型有 Boid 模型、Viscek 模型以及 Couzin 模型。

1）Boid 模型。Boid 模型有三个基本原则，分别是分离、聚集和对齐，如图 9-12 所示。

① 分离：移动以避免过于拥挤，确保个体之间不会发生碰撞。

② 聚集：向邻近个体的平均位置移动。

③ 对齐：和邻近个体的平均速度保持一致。

Boid 模型是在研究鱼群和鸟群的运动中提出的，来源于对自然界生物的观察，可以解释生物群体的群聚、同步以及形成圆环的现象，但模型中个体间的作用机制较复杂，不能解释其他更复杂的群体行为。

图 9-12　Boid 模型的三个原则

2）Viscek 模型。在 Viscek 模型中，个体的速度大小保持不变，朝着周围一定范围内的个体的平均方向进行运动，该模型仅遵循速度平均这一条规则。Viscek 模型中的邻居范围如图 9-13 所示。

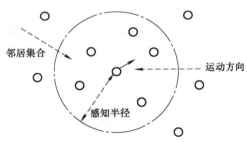

图 9-13　Viscek 模型中的邻居范围

Viscek 模型中的个体只能了解到自己周围视野半径内邻居的信息，而这个信息是一个局域的信息。在通过有限次的调整之后，系统可以达到整体的同步。Viscek 模型存在的局限性主要体现在它忽视了生物本身个体的差异性和局限性以及忽略了集群运动整体的结构性差异。

3）Couzin 模型。Couzin 模型将个体的感知区域由内而外依次分为排斥区域、对齐区域及吸引区域三个互不重叠的区域，分别对应 Boid 模型中的分离、对齐和聚集规则，如图 9-14 所示。当个体的排斥区域存在其他个体时，则个体仅受到避障作用的影响，否则，个体同时受到对齐区域和吸引区域内个体的共同作用，其中对齐域内个体产生速度一致作用，吸引域内个体产生空间聚集作用。

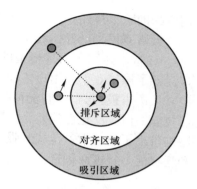

图 9-14 Couzin 模型

3. 群体智能的激励机制与涌现机理

合理有效的激励机制能够促进参与者之间的合作，减少个体间的冲突与对抗，降低资源损耗，促使群体智能的可预知、平稳和持续涌现。以人类社会为例，群体智能的激励机制主要可以分为内在激励、社区激励和金钱激励三大类。内在激励来自群智参与者的内在需求，如利他主义、娱乐、好奇等。社区激励是一种外在的激励机制，利用社区认同感、荣誉、排名机制、知识共享等方式，使社区成员愿意多做贡献。金钱激励也属于外在的激励，既包括奖金、报酬等实际的物质奖励，也包括职务晋升、工作机会等相关激励。

激励机制的最终目的是促使群体智能涌现。群体智能的涌现机理可分为五类：链接驱动的群体智能涌现；交互驱动的群体智能涌现；人机融合的群体智能涌现；信誉激励下的群体智能涌现；物质激励下的群体智能涌现。群体智能的涌现机理涉及许多因素，包括个体之间的相互作用、信息的传递、决策的协调等。

首先，群体智能的涌现机理与个体之间的相互作用密切相关。在一个群体中，个体之间会相互影响，他们的行为会受到其他个体的影响而发生变化。这种相互作用会导致群体出现一种自组织的现象，个体之间形成一种复杂的关联网络。

其次，信息的传递在群体智能涌现中起着重要作用。在一个群体中，信息的传递是非常迅速和复杂的，个体之间通过各种方式进行信息的交流和传递。这种信息的传递会导致群体中形成一致的行为模式。

最后，决策的协调也是群体智能涌现的重要机理之一。在一个群体中，个体的决策会相互影响，他们会通过协商、合作等方式达成共识，产生集体决策。这种集体决策能够充分发挥群体中每个个体的优势，从而产生集体智慧。

9.3 基于大语言模型的智能体

大语言模型（LLM）是一种深度学习模型，它通过利用大量文本数据进行训练，来学习自然语言的语法和语义规律，从而实现对文本的理解和生成。AI 智能体是基于大语言模型构建的智能体，具有强大的语言理解和处理能力，可以完成各种复杂的任务。

9.3.1 AI 智能体与大语言模型

随着大语言模型的兴起，AI 智能体的发展迎来了新的突破。这些智能体不仅具备自主性、反应性和交互性，还拥有强大的自然语言理解能力，使得它们能够处理复杂的任务和上下文信息。

AI 智能体的核心优势在于其记忆、规划、工具使用和行动能力，它们可以作为人类用户的助手，与外界环境和其他智能体进行交互，形成群体智能。

大语言模型已经掀起了一场技术革命，而 AI 智能体作为新的焦点，正在迅速崭露头角。AI 智能体和大语言模型的结合，正在共同推动工作流程自动化的革命，这种结合不仅提升了操作效率和用户体验，而且还在多个行业中催生了创新和发展的新机遇。

大语言模型为 AI 智能体提供了突破性的技术基础。传统的强化学习可以让智能体学习技能，但其泛化性较差，主要适用于特定领域，如游戏和低维控制规划等。而大语言模型则带来了新的学习范式和强大的自然语言理解能力，使得智能体具备了强大的学习能力和迁移能力，进而创造了广泛应用且实用的 AI 智能体。

9.3.2　AI 智能体的构建

一个基于大语言模型的 AI 智能体系统可以拆分为大语言模型、规划技能、记忆与工具使用四个组成部分。AI 智能体可能会成为新时代的开端，其基础架构可以简单划分为

$$AI 智能体 = 大语言模型 + 规划技能 + 记忆 + 工具使用$$

大语言模型是 AI 智能体的"大脑"，在这个系统中提供推理和规划等能力。基于大语言模型的 AI 智能体的总体概念框架，由大脑、感知、行动三个关键部分组成，如图 9-15 所示。

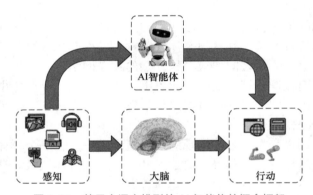

图 9-15　基于大语言模型的 AI 智能体的概念框架

1. 大脑模块

大脑主要由一个大语言模型组成，不仅存储知识和记忆，还承担着信息处理和决策等功能，并可以呈现推理和规划的过程，能很好地应对未知任务。为确保有效交流，自然语言交互能力至关重要。在接收感知模块处理的信息后，大脑模块首先转向存储，在知识中检索并从记忆中回忆。这些结果有助于智能体制订计划、进行推理和做出明智的决定。

2. 感知模块

感知模块的核心目的是将智能体的感知空间从纯文字领域扩展到包括文字、听觉和视觉模式在内的多模态领域。

3. 行动模块

人类在感知环境后，大脑会对感知到的信息进行整合、分析和推理，并做出决策。随

后，他们利用神经系统控制自己的身体，做出适应环境或创造性的行动，如交谈或躲避障碍等。当一个智能体拥有类似大脑的结构，具备知识、记忆、推理、规划和概括能力以及多模态感知能力时，它也有望拥有类似人类的各种行动来应对周围环境。在 AI 智能体的构建过程中，行动模块接收大脑模块发送的行动序列，并执行与环境互动的行动。

9.3.3　AI 智能体的实践

AI 智能体应用于电商、零售、教育等领域，各具特色，为各行业带来智能化变革。

1. 面向零售与电子商务的 AI 智能体

由大语言模型驱动的 AI 智能体正在零售和电子商务领域掀起一场革新风暴，为用户提供高度个性化的购物体验。这些智能助手不仅与零售目标紧密相连，更利用丰富的数据为用户定制独特的购物之旅。

AI 智能体内置先进功能，可从产品列表、促销材料等用户内容中自我学习并智能响应，增强用户信任，优化购物流程。由大语言模型驱动的 AI 智能体正成为零售电商领域的得力助手，以个性化体验、内容感知、智能分析和迅速响应等优势，为商家和消费者带来前所未有的便利和价值。

2. 面向教育领域的 AI 智能体

AI 智能体在教育领域的应用，正以其自适应学习、个性化推荐及数据分析等特性，颠覆了传统教育模式。它能为教育者和学习者提供智能化服务，优化学习体验，并根据双方需求、特征和反馈灵活调整策略，实现高效互动。

AI 智能体能根据学生的学习情况和兴趣，智能推荐课程材料，打造个性化学习路径。同时，提供智能辅导，解决学习难题，提升效果。此外，还能进行智能评估，为教育者提供针对性建议。AI 智能体在教育领域的运用带来了前所未有的便利和价值，提高了教学和学习的效率和效果，激发了学习者的兴趣，拓展了教学资源。

3. 面向人力资源的 AI 智能体

人力资源类智能体作为现代企业管理的重要工具，正以其高效智能的特性改变着传统的人力资源管理流程，为员工带来全新体验。它充分利用现有数据资源，结合事实核查功能，确保信息准确高效。

人力资源类智能体以其高效智能特性，为企业管理带来革命性变革，简化人力资源流程，增强员工体验，提升人力资源团队效率与质量，为企业发展提供有力支持。

4. 面向金融服务业的 AI 智能体

AI 智能体以其卓越的自然语言处理能力和个性化服务特性在金融服务领域大放异彩。这类智能体可以流畅对话，准确捕捉用户需求，即时提供针对性建议，通过持续学习优化，不断提升智能与服务品质，为用户带来全新体验。

在金融服务中，AI 智能体发挥关键作用。它能即时提供市场、交易和保险等关键信息，助力用户做出明智决策。AI 智能体人性化的交互增强了客户体验，使客户感受到被重视与高效服务。同时，内容感知技术也能够帮助客户轻松获取准确信息，促进明智决策。

本章小结

　　多智能体系统是人工智能领域的一个重要研究方向，涉及多个智能体之间的交互和协作。本章主要介绍了智能体和多智能体系统的概念和体系结构，多智能体系统的交互模型，智能体之间的通信，多智能体协同的概念和控制分类，群体智能行为特点和运动模型以及基于大语言模型的 AI 智能体等内容，并通过一些示例加深对内容的理解。

思考题与习题

9-1　什么是智能体和多智能体系统？请给出定义和示例。

9-2　多智能体系统的特点有哪些？

9-3　多智能体协同控制基于控制结构的分类有哪些？分别有什么优缺点？

9-4　多智能体系统中的群体智能是如何实现的？

9-5　AI 智能体有哪些应用？

第 10 章　人机混合增强智能

导读

随着科技的不断进步，人工智能已经成为人们日常生活和工作中不可或缺的一部分。然而，单纯的机器智能依然缺乏人类特有的直觉、情感和创新思维，无法完全满足解决复杂问题的需求。因此，人机混合智能的概念应运而生，旨在通过结合人类的智慧与人工智能的能力，更高效、更智能地进行决策和解决问题。国家《新一代人工智能发展规划》已经将"人机协同的混合增强智能"作为五个重要的部署方向之一。本章内容将介绍人机混合增强智能的基本定义和分类，探讨其在不同领域应用的典型案例。我们还将学习人机混合智能两种不同形式：人在回路的混合增强智能和基于认知计算的混合增强智能。通过学习本章，读者可以形成对人机混合智能的初步认识。

本章知识点

- 人机混合智能的概念和重要性
- 人在环上和人在环内的异同
- 认知计算与受人脑启发的人工智能
- 人机混合智能在不同领域的应用案例

10.1　概述

人机混合增强智能系统是指将人类和计算机或机器人等人工智能设备结合在一起，共同完成特定任务或活动的系统。这种系统通常涉及人类与人工智能设备之间的信息交互、任务分配和协作等方面。通过将人的作用或认知模型引入人工智能系统，可以形成混合增强智能形态，这是人工智能或机器智能的可行的、重要的成长模式。

10.1.1　人机混合增强智能的发展历史

人机混合智能系统的发展历史可以追溯到 20 世纪中叶，随着计算机技术和人工智能技术的不断发展，人类开始尝试将人类智能与计算机智能相结合，共同完成各种任务。该领域的发展经历了以下几个时期：

早期探索阶段（20世纪中叶至20世纪末）：在这一阶段，人类开始探索将人类智能和计算机智能相结合的可能性。早期的尝试主要集中在领域专家系统和智能辅助决策系统等方面。图10-1显示了世界首部专家系统。

图10-1 斯坦福计算中心主任爱德华·费根鲍姆与计算中心董事会成员在世界首部专家系统前（1966年）

认知增强阶段（21世纪初期）：随着认知科学和人工智能技术的发展，人们开始研究如何通过结合人类认知能力和机器智能来实现智能水平的提升。这一阶段的重点在于将机器学习和人类学习相结合，以实现更有效的知识获取和应用。

感知增强阶段（2010年以来）：随着传感技术和生物医学工程的进步，人们开始研究如何通过感知增强技术来增强人类的感知能力和运动能力。这包括通过外骨骼（图10-2）、智能假肢、脑机接口等技术来扩展人类的生理能力，以及通过虚拟现实、增强现实等技术来扩展人类的感知能力。

图10-2 福特汽车采用机械外骨骼降低车间产线工人疲劳和受伤概率

协同增强阶段（未来发展）：在这一阶段，重点在于实现人类与机器之间更深层次的协同作用和合作，以实现更高效、更智能的任务执行和问题解决。这涉及人机交互的更多维度，如情感交流、智能协作等。

10.1.2 人机混合增强智能的形式与分类

人机混合增强智能的形式和分类可以根据其结构、功能、人参与的方式进行分类。

1. 按照结构分类

模块化结构：人类和机器分别为独立的模块，通过预定义的接口进行交互。这些模块既可以按照一定的顺序工作也可以并行工作，但每个模块都保持其独立的功能。

集成式结构：人类和机器紧密地集成在一起形成一个统一的系统。这种集成可以是物理上的（如通过穿戴式设备），也可以是逻辑上的（如通过共享的数据处理和决策机制）。

2. 按照功能分类

增强型系统：机器智能被用来增强人类的能力，提高人类在某个领域的表现。例如，智能辅助工具、智能决策支持系统等。

辅助型系统：人类智能被用来辅助机器完成任务，解决机器难以处理的问题。例如，人类提供监督、反馈等信息，帮助机器学习和优化。

3. 按照人参与的方式分类

人在环上（Human-on-the-Loop）：系统的运行过程由具有自动/自主能力的机器自行进行，但系统的目标设定和构建训练等过程需要人的深度参与。

人在环内（Human-in-the-Loop）：系统在运行过程需要人的深度参与，通过人和机器在系统内的共同作用，取得人或机器单独工作无法达到的效果。

10.1.3　人机混合增强智能的典型案例

本节介绍几个人机混合增强智能的典型案例。

案例一：智能驾驶辅助系统

智能驾驶辅助系统结合了驾驶人的驾驶技能和车辆搭载的智能感知设备。这类系统可以通过激光雷达、摄像头等传感器感知车辆周围的环境，并通过机器学习算法分析道路情况、识别交通标志和其他车辆，为驾驶人提供实时的驾驶建议和辅助操作，增强了驾驶安全性和舒适性。图 10-3 展示了特斯拉汽车的智能辅助驾驶系统，汽车可以在某些情境下管理大部分的行车任务，但当出现汽车无法独立处理的情况时，系统提示驾驶人接管控制权。

图 10-3　特斯拉汽车智能辅助驾驶系统

案例二：人机协作智能制造系统

在智能制造中，机器人不再只是单独工作，而是与人类工人协同合作，共同完成生产任务。机器人通过承担劳动密集型任务来协助生产工人，其优点是机器人具有相当大的力量和机械精度，可以完美地补充人类的灵活性、智能和敏感性。这种机器人和人的协作可以提高生产线的灵活性、效率和安全性，同时降低生产成本和周期。图 10-4 展示了宝马集团的墨西哥圣路易斯波托西工厂中，工人和机器人近距离合作完成预装发动机任务。机器人有能力转动沉重的转换器，而工人通过灵巧的双手进

图 10-4　宝马圣路易斯波托西工厂中人和机器人协作组装发动机

行最后的调整，确保精确地完成组装任务。

案例三：外科手术机器人系统

外科手术机器人系统结合了外科医生的技能和机器人的精确性和稳定性。医生通过操纵手柄和控制台，指导机器人完成精细的手术操作。机器人能够准确执行医生的指令，同时通过高清摄像头和传感器提供高分辨率的手术视野和实时反馈，从而增强了外科手术的精确度和安全性。图 10-5 展示了兰州大学第一医院利用最新引进的第四代达芬奇手术机器人开展手术。手术中，医生用手和脚操控平台及器械，使得手术器械手臂能自由灵活旋转达到传统器械无法完成的部位和角度，从而提高手术质量、减少出血损伤、缩短手术操作时间。

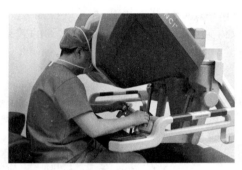

图 10-5　2020 年，第四代达芬奇手术机器人系统在兰州大学第一医院正式投入使用

10.2　人在回路的混合增强智能

人在回路的混合增强智能主要可以分为人在环上的混合增强智能和人在环内的混合增强智能两种类型。

10.2.1　人在环上的混合增强智能

在人工智能和机器学习领域，人在环上的混合增强智能是一种常见的人机合作模式，其中人类与自动化系统协同工作，通过持续的交互和反馈循环，共同解决复杂的问题并优化系统性能。这种模式结合了人类的智能判断力和计算机系统的高效处理能力，旨在提高任务执行的质量、效率和可靠性。其中，"人在环上"是指在一个完整的工作流程中，人类作为一个重要环节参与其中，与自动化系统形成反馈环路。人类通过监督、干预和调整系统输出，持续优化系统性能和结果，从而实现智能系统与人类智能的协同作业。

由上述定义可见，人在环上的混合增强智能系统虽然在运行时人和机器分离，但在系统构建的过程中人的深度参与是不可或缺的，因此是人机混合增强智能系统中的重要一类。在这类系统中，人和机器的地位是非对称的。这种不对称关系可以表现为机器满足人类需求、保持人类控制，或者利用机器的能力来预防人类错误。这种关系可以是人对机器的主导，也可以是机器对人的主导。

在现代科技中，人在环上的概念得到了广泛应用。举例来说，智能交通系统可以自动监测和调节交通流量，但面临复杂情况或需要重大决策时，系统会依赖交通管理人员的干预。这种系统设计使得交通更高效，但仍保留了人类的决策能力和责任感。另一个经典例子是智能家居。智能家居产品可以通过自动化控制灯光、温度和安全设备，提供舒适、便捷的生活体验。然而，家庭成员仍然需要通过手机或语音指令来设定和调整这些系统，以确保符合个人的偏好和需求。在医疗领域，机器学习和人工智能技术也被应用于诊断和治疗辅助。例如，医疗影像的自动分析可以提供快速的初步诊断，但最终的诊断和治疗方案仍然需要由专业医生来决定，医生依据自己的专业知识综合考虑患者的整体情况。另外，军事领域也存在人在环上的应用。自动化武器系统可以在战场上执行特定任务，但最终的军事决策和行动仍然由人类军事指挥官来制定和执行，以确保合乎道德和法律准则。

总的来说，人在环上的混合增强智能系统旨在充分利用机器的自动化和智能化能力，同时保持人类的控制和决策权。这种合作模式在提高效率和创造新的应用领域的同时，也引发了关于技术伦理和责任的重要讨论。关于这方面，读者可前往第 12 章进行阅读。

人在环上的混合智能系统可以根据不同的侧重点和功能进行进一步分类。

1. 人的认知提升机器智能

人的认知提升机器智能指的是通过人类的认知能力和专业知识来增强机器的智能表现。这种模式下，人类的思维能力被用来指导机器在复杂任务中做出更加智能和准确的决策。这类系统主要方法包括：

1）专家指导：由领域专家提供知识和经验，以指导机器开展特定任务或进行决策。

2）知识图谱构建：建立知识图谱，将人类知识体系化，使机器能够利用这些知识进行推理和决策。

3）半自动化学习：结合人类的监督和指导，使机器能够通过反馈不断学习和改进。

人的认知提升机器智能常见于医疗诊断系统，医生的专业知识和临床经验可以被应用于机器学习模型，帮助诊断疾病或制定治疗方案。在自然语言处理领域，通过语言专家对语料库进行标注和解释，帮助机器理解语义和上下文，提高文本处理的准确性。

2. 人的介入增强智能可靠性

人的介入增强智能可靠性是指人类通过监控和干预机器学习或自主系统，以提高其可靠性和安全性。这种模式下，人类的角色是确保机器在执行任务时始终符合预期和规定。实现这一目标的方法包括：

1）实时监控：设立监控系统，定期检查机器行为和输出，及时发现和纠正异常。

2）人工审查和干预：对机器学习模型的输出进行人工审查和干预，修正错误或误判。

3）自适应调整：根据人类的反馈和干预，调整机器学习算法或系统参数，提升其适应性和稳定性。

人的介入增强智能可靠性在许多领域有应用实践。例如，在自动驾驶系统中，驾驶人可以随时介入并控制车辆，确保安全驾驶和避免意外发生；在金融风控系统中，通过设立人工审核流程，对自动化的风险评估和决策进行二次确认，减少误判和风险。

3. 人的反馈优化机器学习能力

人的反馈优化机器学习能力是指通过人类提供的反馈信息来优化和改进机器学习模型的性能和准确性。这种模式下，人类的反馈被视为机器学习的重要资源，用于调整模型和提升学习效果。具体方法包括：

1）标注和纠错： 人类对机器学习模型输出的数据进行标注和纠错，作为训练数据，用于改进模型。

2）主动学习： 根据人类的反馈，机器学习模型自动选择需要学习的样本和数据，优化学习过程。

3）增量学习：根据实时反馈，动态调整机器学习模型，实现持续优化和改进。

在语音识别系统中，用户通过纠正语音识别错误来改进系统的准确性和适应性。在推荐系统中，根据用户的反馈和偏好调整推荐算法，以提供更加个性化和精准的推荐结果。

综上所述，人的认知提升机器智能、人的介入增强智能可靠性和人的反馈优化机器学习能力这一分类方式展示了人在环上混合智能系统中人与机器之间多样化的交互模式和关系。人机混合增强系统的设计和应用需要综合考虑人类的能力和机器的自主性，以实现更高效、安全和可靠的智能化应用。下面介绍这三种人在环上的混合增强智能的不同类型在 ChatGPT 这一具体案例中如何避免生成违反法律法规的内容。

案例四：ChatGPT 如何避免生成违反法律法规的内容？

ChatGPT 是一个基于人工智能的自然语言处理应用系统，由美国 OpenAI 公司开发。它建立在大规模的语言模型之上，使用深度学习技术，能够理解和生成自然语言文本。ChatGPT 被训练用于各种语言任务，包括问答、对话生成、文本摘要等，其目标是生成流畅、准确且语义合理的文本，以模拟人类的语言理解和生成能力。

ChatGPT 是如何避免生成违法内容的呢？

1. 人的认知提升机器智能

在人的认知提升机器智能的模式下，ChatGPT 借助人类的认知能力来提高其智能表现，包括对法律和道德意识的学习和应用。首先，ChatGPT 内置了法律和道德规则，以确保生成的文本符合法规和道德准则。其次，OpenAI 团队与法律和伦理专家合作，对 ChatGPT 进行指导和审核，以确保其输出不违反法律法规。

2. 人的介入增强智能可靠性

在人的介入增强智能可靠性的模式下，ChatGPT 通过人类的监督和干预来提高其可靠性和合规性。首先，ChatGPT 处于实时监测状态，可以根据用户和审核人员的反馈进行调整和改进，及时纠正不当或违规的内容。其次，OpenAI 团队定期对 ChatGPT 的输出进行审核和指导，确保其表现符合法规和道德标准。

3. 人的反馈优化机器学习能力

在人的反馈优化机器学习能力的模式下，ChatGPT 利用用户的反馈来优化和改进其智能表现，包括避免生成违法内容的学习和调整。首先，用户可以通过提供反馈来标注或纠正 ChatGPT 生成的内容中的错误或不当信息，帮助模型学习和改进。其次，ChatGPT 能够根据用户的反馈实时调整其生成文本的方式，避免生成违法或不当的内容。

10.2.2　人在环内的混合增强智能

"人在环内"（Human-in-the-Loop）的混合增强智能模式中，人类专家和自动化系统形成了一种紧密的合作关系，共同参与到决策和操作过程中，旨在取得超越单独个体或机器所能达到的整体效果。"人在环内"的混合增强智能有以下几个特点：

（1）人与机器的平等地位

人类专家和机器处于平等的地位，共同参与到任务的决策和执行过程中。这种平等的地位有助于充分利用人类和机器各自的优势，从而实现更高效、更准确的任务完成。

（2）整体效果的追求

"人在环内"的混合增强智能旨在通过人类和机器的紧密合作，取得单纯依靠人或机器难以达到的整体效果。这种合作能够充分利用人类的创造性和机器的高效性，从而提升整个系统的性能。

（3）人的需求的理解和建模

由于"人在环内"的系统中，人的需求成为关键因素，因此对人的需求的准确理解和建模变得尤为重要。然而，由于人的感知、认知、目的、意图等具有较大的随意性和难以量化的特点，这使得建模过程变得复杂且具有挑战性。

（4）系统目标的协作性

在"人在环内"的人机系统中，无论是人还是机器，都不是为自身服务，而是共同为了系统外的目标进行协作。这种协作性要求人类和机器能够相互理解、相互配合，以实现共同的目标。

因此，人在环内的混合增强智能的核心是人类专家直接嵌入自动化系统的工作流程中，与系统紧密合作，实时参与决策和操作，通过反馈和调整影响系统的行为和结果。这种模式下，人类专家与系统形成了无缝的工作流，共同实现任务目标并持续改进系统性能。

人在环内的混合智能系统可以根据不同的实现形式进行进一步分类，具体如下：

（1）人机共享自主

在这种模式下，人和机器共同拥有决策自主权，两者合作完成任务，其中机器能够自主执行一些决策和动作，但也可以在需要时请求人类的介入或确认。其主要特点是机器在大多数情况下能够自主决策和执行任务，当遇到复杂或不确定情况时，机器会请求人类专家的意见或干预。人类和机器之间有一个动态的、灵活的交互过程，以确保任务的顺利完成。该工作模式提高了系统的自主性和灵活性，使其能够适应更多变的环境和任务需求。通过人机协作，可以充分利用人类的直觉和机器的计算能力，共同解决复杂问题。

（2）人机共享控制

在这种模式下，人和机器共同拥有对系统的控制权。人类专家可以随时介入并调整机器的行为，而机器也可以在特定情况下自主执行控制任务。其主要特点是人类和机器共同参与到系统的控制过程中，形成一种互补关系。人类可以提供高层次的指导和监督，而机器则负责具体的控制执行。在紧急或特殊情况下，人类可以迅速接管控制权以确保安全。该工作模式提高了系统的安全性和可靠性，因为人类可以在必要时进行干预以防止事故发生。通过人机共享控制，可以充分利用人类的判断力和机器的快速反应能力，实现更高效的控制效果。

215

（3）人机序贯决策

在这种模式下，人和机器按照一种序贯的方式进行决策。通常，在一些初始阶段或关键结点上，由人类专家进行决策，确定大致方向或策略；随后，机器根据人类的决策进行具体的任务规划和执行，同时在执行过程中根据实际情况进行调整和优化。当机器在执行过程中遇到难以处理的问题或需要人类专家知识的情况时，会再次将决策权交还给人类。其主要特点是决策过程中人机之间有明确的分工和合作，人类专家负责宏观战略决策和复杂问题的处理，而机器则负责微观操作层面的决策和任务执行。通过这种方式，可以充分发挥人类的战略眼光和机器的执行效率，使得整个决策过程更加高效和准确。同时，人机序贯决策也保留了人类在系统中的关键作用，确保在关键时刻人类能够进行必要的干预和引导。

以下案例描述了自动化生产线上人和机械臂如何通过人机共享控制这一类型完成复杂的装配任务，并进一步地凝练出了人机共享控制中的四个关键要素。

案例五：自动化生产线上的人 – 机械臂协作

在一条高度自动化的生产线上，人和机械臂通过共享控制系统实现紧密协作，共同完成复杂的装配任务。这种共享控制模式结合了人类的智能判断与机械臂的精确执行能力，有效提高了生产效率和产品质量。人 – 机械臂共享控制的关键要素包括：

1. 人的直观判断与机械臂的精确执行

在这条生产线上，人类操作员通过直观判断，对装配过程中的复杂情况做出快速决策。机械臂则负责执行精确的操作，如抓取、搬运和安装零件等。人的判断和机械臂的执行能力相互补充，确保生产流程的顺利进行。

2. 实时数据共享与协同

人和机械臂之间通过先进的传感器和控制系统实现实时数据共享。操作员可以通过界面看到机械臂的实时状态和数据，而机械臂也能接收到操作员的指令和调整。这种数据共享和协同工作模式提高了生产线的灵活性和响应速度。

3. 安全机制与紧急干预

在共享控制系统中，安全机制是至关重要的。当机械臂在执行任务时遇到障碍或潜在危险，系统会立即停止操作并通知操作员。同时，操作员也具备紧急干预的能力，可以在必要时迅速接管控制权，确保生产线的安全。

4. 学习与优化

人 – 机械臂共享控制系统还具备学习能力。通过收集和分析生产线上的数据，系统可以识别并优化操作流程，减少不必要的步骤和延误。此外，操作员的反馈也被纳入学习与改进的循环过程中，通过算法迭代和参数调整，使系统能够持续改进并适应不同的生产需求。

10.2.3 人在回路混合增强智能系统的实例

本节介绍人在回路混合增强智能系统的几个实例。

216

1. 基于共享控制的辅助驾驶系统

自动驾驶汽车结合了人类的驾驶技能和机器的感知、决策能力。国际自动机工程师学会（SAE）将自动驾驶分为 L0 ～ L5 六个等级，我国工业和信息化部提出了类似的汽车自动驾驶分级标准（GB/T 40429—2021），将自动驾驶分为 0 ～ 5 六个等级，现已成为国内智能网联汽车标准体系的基础类标准之一。具体来说，每个级别的定义为：

1）L0：纯人工驾驶，车辆的所有驾驶操作均由人类完成，系统不提供任何自动驾驶功能。

2）L1：驾驶自动化，车辆具备一些初步的自动驾驶辅助功能，如自适应巡航、自动紧急制动等，但主要的驾驶责任还在人类身上。

3）L2：辅助驾驶，在特定情况下，系统能够自动进行转向或制动加速，但还需要驾驶人的监控，随时准备接管车辆控制。

4）L3：自动辅助驾驶，系统可以在特定环境中实现完全自动驾驶，但在系统请求时，驾驶人必须能够及时接管控制。

5）L4：自动驾驶，车辆能在特定环境和情况下实现完全自动驾驶，无须驾驶人的介入。但当遇到系统无法处理的情况时，仍需驾驶人进行远程控制。

6）L5：无人驾驶，车辆在任何环境和情况下都能实现完全自动驾驶，无须驾驶人介入或监控。

在自动驾驶技术发展的各个阶段中，人机共驾都扮演着重要角色。人机共驾是指驾驶人与智能系统同时共享对车辆的控制权，共同完成驾驶任务。这种驾驶模式不仅可以提高驾驶的安全性，还能降低驾驶人的操作负荷，属于典型的人在环内的混合增强智能形态。

人机共驾可以分为直接型和间接型两种。

1）直接型人机共驾：驾驶人和辅助驾驶系统对车辆的控制作用通过共享策略进行融合，最终形成一个控制车辆的控制量。

2）间接型人机共驾：辅助驾驶系统有选择性地将人类控制融入自身控制作用中，形成最终的车辆控制量。

例如，在转向控制中，经典的融合方法为线性分配

$$u_s = qu_h + (1-q)u_a$$

式中，u_s 是车辆实际转向角；u_h 和 u_a 分别是人类和辅助驾驶系统的转向角控制量，单位为弧度（rad）；$q(0 \leq q \leq 1)$ 是人类控制作用的权重系数。

在变道场景中，当新手驾驶人和辅助驾驶系统共同掌控方向盘时，可以协同完成变道任务。对于驾驶新手而言，变道是一项颇具挑战性的操作。他们可能会因为方向盘转动幅度不足而导致变道不完全，或者因转动过度而造成变道过猛。此外，如果回正方向盘的时机把握不当，还可能出现车辆呈蛇形行驶的情况。而辅助驾驶系统的介入，能够依据驾驶人的变道意图，流畅而精准地协助完成变道动作。如图 10-6 所示，对比了同一新手驾驶人在纯手动驾驶和共享控制模式下的变道轨迹。在纯手动变道过程中，汽车不慎压到了车道线，且在变道完成后为了调整方向，又触碰了另一侧的车道线。然而，在共享控制模式下，车辆的变道轨迹显得更为精准和平稳，这充分体现了辅助驾驶系统在提升和补充驾驶不熟练者操作能力方面的显著作用。

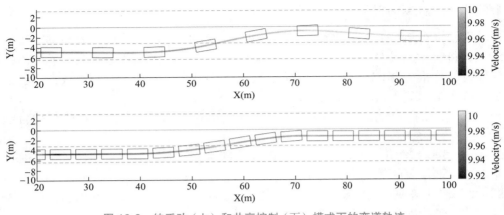

图 10-6　纯手动（上）和共享控制（下）模式下的变道轨迹

2. 多模态人机交互

在现代社会，人们获取信息的渠道正变得前所未有的便捷，这涵盖了文本、视觉、语音甚至触觉感知等多个维度，它们都能借助先进的人工智能技术实现精准识别与深度理解。以日本初创企业 GrooveX 于 2018 年 12 月推出的伴侣型机器人 Lovot 为例，该产品的初衷就是"为用户带来纯粹的快乐"。Lovot 内置了尖端的人工智能软件，其全身遍布多达 50 个传感器，通过集成多传感器信息并进行智能决策，机器人能够通过声音、触觉和肢体动作与用户进行自然交互，为用户带来温暖的陪伴体验。

Lovot 的案例充分展示了多模态信息感知在人与智能机器人互动中的核心地位。多模态数据，即指通过不同方式或角度收集的耦合数据样本。狭义上，多模态信息侧重于感知特性各异的模态；而广义上，它则涵盖了同一模态内部不同特征的融合以及多个传感器数据的整合。在智能机器人的应用中，多模态信息感知与融合发挥着至关重要的作用。其中，多模态人机交互（Multi-Modal Human-Computer Interaction）正是这种技术的集大成者，它通过综合运用语音、图像、文本、眼动追踪以及触觉反馈等多模态信息，实现了人与机器人之间高效、自然的信息交换，如图 10-7 所示。常见的人机交互方式有：

图 10-7　多模态人机交互在数字人中的应用

1）遥控控制（键盘控制）：使用遥控器（键盘）控制机器人的移动（包括前进、后退、加减速等）。

2）语音控制：通过语音识别模型对用户语音输入进行识别，然后将语音识别的结果转化为机器人的控制指令。

3）手势控制：通过手势识别模型对用户的手势输入进行识别，然后将识别的手势结果转化为机器人的控制指令。

多模态人机交互相比单模态交互具有以下几个方面的显著优势：

1）多模态人机交互可以提高交互效率。多模态人机交互允许用户通过不同的方式（如遥控、语音、手势等）与系统进行交互，这种方式更加自然和直观。相比传统的单模态交互，如仅通过键盘或鼠标输入，多模态交互能够减少用户的认知负荷，使其能够更快速地完成任务。例如，在繁忙的环境中，用户可能无法方便地使用双手进行输入，此时语音或手势输入就成为更加便捷的选择。

2）多模态人机交互增强了交互质量。多模态人机交互能够同时利用多个感官通道获取用户的信息，从而更加准确地理解用户的意图和需求。这种交互方式减少了误解和歧义的可能性，提高了交互的准确性。例如，在嘈杂的环境中，语音识别可能会受到干扰，但此时手势或遥控输入可以作为有效的补充，确保信息的准确传递。

3）多模态人机交互可以提升用户体验。多模态人机交互使得用户可以根据自己的喜好和习惯来选择最合适的交互方式。这种个性化的交互方式能够提升用户的满意度和使用体验。例如，对于视力不佳的用户，他们可能更倾向于使用语音或遥控输入，而不是传统的视觉输入。

4）多模态人机交互能够适应不同场景。多模态人机交互具有更高的灵活性和适应性，能够适应不同的使用场景和环境。例如，在驾驶过程中，驾驶人可能无法使用双手进行操作，此时语音控制或手势识别就成为更加安全便捷的交互方式。

显然，多模态人机交互属于人在环内的混合智能形态。

3. 人－机器人协同决策与控制及其在智能仓储中的应用

混合增强智能系统通过结合人类在感知、决策和控制层面的多维能力，与智能体的先进技术相融合，旨在构建一种更为强大的智能体系。该系统将人类智慧中的决策、控制指令、知识和经验等融入自主系统的决策与控制闭环中，与机器智能在计算、存储和即时响应方面的优势相辅相成，从而在面对模糊和不确定的问题时，能够提供更精准的分析与更及时的响应。

图 10-8 所示的人机协同控制系统框架，属于人在环上的混合智能形态。其中，人工智能系统采用有监督或无监督的机器学习算法从有限的数据样本中学习并构建决策模型，进而根据智能体的当前状态做出新的预测和决策。当预测决策的可信度较低时，系统将自动触发人类的决策和控制介入进行干预。此外，当系统遭遇突发异常或计算机认知系统对任务成功率的评估低于预设阈值时，也会主动请求人类进行干预和调整，并在介入后更新系统的知识库。在此框架下，人类的决策控制信号不仅作为知识和经验提升了人工智能系统的决策可信度和精确度，而且每一次人类的介入都会促进新知识的合成和知识库的更

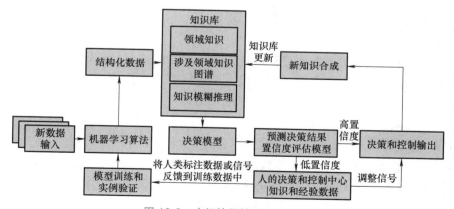

图 10-8　人机协同控制系统框架

新。这样的设计旨在逐步减少人类的直接参与，让自主系统承担更多的计算、存储、记忆以及模糊决策任务，从而极大提升人机混合增强智能系统完成任务的规模和效率。

这一人机协同控制系统框架已在智能仓库中取得了卓越的应用效果。如图 10-9 所示，仓储机器人从起始点有条不紊地出发，将商品依次运送到货架 a、货架 b 和货架 c。实际上，每个仓储机器人的任务就是在众多仓储点之间找到运输效率最高的路径。在这座拥有数百个智能移动机器人的仓库中，它们协同作业，高效且有序地运送着琳琅满目的货物，极大地提升了仓库的整体运营效率，并显著缩短了拣货人员搜寻和搬运物品的时间。

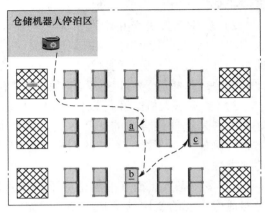

图 10-9　智能仓库示意图

这些机器人在移动时不仅能够相互识别，还会礼让通行，从而有效预防了潜在的碰撞和冲突。智能导航与路径规划算法为它们指引了最佳行进路线，使它们能够就近接收任务，并自主规避障碍。同时，这一算法还能根据实际情况进行灵活调整。

一旦机器人探测到路径上可能存在的问题，如障碍物或不符合实际道路条件的情况，人类操作员可以迅速介入，手动调整路径或为智能导航与路径规划算法提供新的指令，以确保路径的重新规划。在机器人移动过程中，若环境发生变化，如新障碍物的出现或道路条件的改变，智能导航与路径规划算法能够及时感知并尝试更新路径。同时，人类操作员也可以根据实时情况为算法提供宝贵的指令和建议，从而确保其做出更为精准的决策。

值得一提的是，通过不断的人类干预和实时数据更新，智能导航与路径规划算法逐渐学习和优化其路径规划能力。例如，该算法能够记录每次人类干预的原因和相应的结果，以便在未来的路径规划中融入这些经验，进而提高准确性和效率。随着时间的推移，机器人在遇到类似场景时将能够独立做出决策，这无疑会大大减轻人类管理员的工作负担。

10.3　基于认知计算的混合增强智能

基于认知计算的混合增强智能是指通过模仿人脑功能提升计算机的感知、推理和决策能力的智能软件或硬件，以更准确地建立像人脑一样感知、推理和响应激励的智能计算模型，尤其是建立因果模型、直觉推理和联想记忆的新计算框架。

10.3.1　认知计算简介

认知计算是实现基于认知计算的混合增强智能的基石。这一框架融合了复杂的规划、问题求解以及感知与动作模块，从而能够模拟或阐释某些人类或动物的行为方式，以及他们如何在新环境中学习和行动。通过认知计算，我们可以构建出计算量相对较少的人工智能系统，相较于传统的计算机程序，其更为高效和智能化。

在认知计算的体系内，可以搭建起更为完善的大规模数据处理平台和多样化的计算能力，为多智能体系统提供解决规划问题和构建学习模型的新途径。此外，它也为新任务环境下的机器协同工作开创了新的模式。

认知计算的核心框架由六个紧密相连的基本要素构成，即感知、注意、理解、证实、规划和评测。这些要素之间可以灵活转换，任何一个要素都可以根据任务需求成为认知的起点或目标。整个认知计算过程是基于与目标任务相关的信息来与外界进行持续交互，从而选择合适的认知起点和目标，并逐步展开思维活动，这一过程不再局限于"基于确定知识的处理"，而是更为动态和灵活。

从因果模型、直觉推理和联想记忆三个方面来理解认知计算，可以帮助我们更全面地掌握其核心理念和应用价值。

1. 因果模型：理解与模拟人类思维

因果模型在认知计算中扮演着重要角色，它试图理解和模拟人类如何识别事物之间的因果关系。这种理解不仅有助于预测事件的发展，还能为决策提供支持。

应用实例：在医疗领域，因果模型被广泛应用于探究疾病的发病机理，从而实现提前预防和治疗。通过分析临床数据和患者信息，医疗人工智能系统可以利用因果模型来发现药物与疾病之间的因果关系，为医生提供有效的治疗方案。

2. 直觉推理：直觉与数学的结合

直觉推理在认知计算中体现了人类思维与数学逻辑的有机结合。直觉是指未经充分逻辑推理的直观感觉，而在数学学习中，直觉可以帮助我们更好地理解和掌握数学概念。

提升学习效率：通过直觉推理，学习者可以更加高效地理解数学原理和解决问题。在认知计算中，模拟这种直觉推理过程有助于提高系统的智能水平和响应速度。

3. 联想记忆：模拟人脑记忆功能

联想记忆是模拟人脑的一种重要认知功能，它通过将样本模式存储在神经网络的权值中，实现不完整的、受到噪声"污染"的畸变模式在网络中的恢复。

应用与价值：在认知计算中，联想记忆神经网络的应用可以实现对不完整或受损信息的恢复和重构，从而提高系统的容错性和鲁棒性。这种能力在处理复杂任务和解决实际问题时具有显著优势。

综上所述，从因果模型、直觉推理和联想记忆三个方面来理解认知计算，我们可以发现这些认知理论与技术在模拟人类思维、提高学习效率、增强系统容错性等方面发挥重要作用。

当然，认知计算目前仍存在着不少局限性。

首先，认知计算技术成熟度还不高。当前的认知计算系统在处理复杂任务时可能表现出不稳定性或效率降低的问题。此外，与人类的认知能力相比，现有的认知计算系统仍有很大的提升空间。

其次，认知计算需要较大的数据处理能力。认知计算系统需要处理大量的数据以进行学习和推理。然而，当数据量过大或数据类型过于复杂时，系统的处理能力可能会受到限制。此外，数据的质量和准确性也会对系统的性能产生重大影响。

再次，认知计算的通用性和灵活性还不够好。当前的认知计算系统往往针对特定任务进行优化，而在处理其他任务时可能表现不佳。这限制了认知计算系统的通用性和灵活性。为了实现更广泛的应用，认知计算系统需要具备更强的跨任务适应能力。

然后，认知计算的情感理解和表达能力还比较初级。人类情感是复杂的，而认知计算系统在理解和表达情感方面仍有很大的局限性。虽然一些系统可以识别和响应简单的情感信号，但它们往往难以处理复杂的情感状态和情境。

接着，认知计算还存在伦理和隐私问题。随着认知计算技术的不断发展，其对个人隐私和伦理问题也提出了新的挑战。例如，在收集和使用个人数据时需要确保用户的隐私权不受侵犯；同时，认知计算系统产生的决策也需要考虑其公平性和透明度。

最后，认知计算受到硬件和软件的限制。例如，高性能计算资源的需求、算法复杂度的管理以及软件架构的设计等都是需要不断突破的技术难题。

综上所述，认知计算虽然具有广阔的应用前景，但仍面临诸多局限性。为了克服这些局限性，需要持续的研究和创新来推动认知计算技术的发展。

10.3.2　类脑计算原理与应用

经过前面章节的深入学习可以知道，尽管以人工神经网络为代表的机器学习技术受到人脑神经网络的深刻启发，并在多个领域取得显著应用成果，但其结构与人脑存在本质差异，更多的是对人脑功能的一种抽象模拟。在某些专用领域，机器学习和深度学习推动的机器智能甚至能与人类智能相提并论，乃至更胜一筹。然而，在通用性上，当前的机器智能尚未能全面超越人类智能。这主要源于我们对大脑及智能产生的深层次机理尚不够了解。因此，为了迈向类人的人工智能，深入探索大脑的智能机制成为关键，这也为"类脑计算"这一未来人工智能或通用人工智能的研究指明了新方向。

冯·诺依曼结构计算机，自其诞生以来，已成为现代电子计算机的基础架构。然而，随着技术的发展和对计算能力需求的增长，这种传统结构逐渐暴露出以下几个方面的局限性：

1）存储与计算的分离：在冯·诺依曼结构中，数据存储在内存中，而计算则在 CPU 中进行。这种分离导致了所谓的"冯·诺依曼瓶颈"，即数据需要在 CPU 和内存之间频繁传输，从而限制了处理速度。

2）串行处理：冯·诺依曼计算机主要依赖串行处理，即一次只能处理一个指令或数据。这与人类大脑同时处理多个信息的能力形成鲜明对比。

3）能耗问题：随着技术的发展，计算机芯片上的晶体管数量不断增加，但这也导致了能耗的显著增加。传统的冯·诺依曼结构在能效方面并不高效。

4）固定结构：冯·诺依曼结构是固定的，不容易适应不同的计算任务。这与大脑神经网络的灵活性形成对比，后者可以根据需要重新配置连接。

类脑计算，顾名思义，是模仿大脑结构和功能的一种计算方法。它试图克服传统冯·诺依曼结构的局限，通过模拟、仿真大脑神经系统结构和信息处理过程来设计、实现模型、软件、装置及新型计算方法。它不再局限于传统计算机对硅芯片晶体密度的追求，而是聚焦于功能层面的高级实现。类脑计算旨在从大脑的运作机制中汲取灵感，力求打造超越冯·诺依曼结构的类脑计算机，以期创造出更加智能的机器或系统。

而类脑智能，则是以脑神经机理和认知行为机制为灵感，依托类脑计算作为核心技术

222

手段，通过软硬件的紧密协同而实现的机器智能。这种智能不仅在信息处理上模仿大脑，更在认知和智能层面上追求与人类相似。其最终目标是让机器能够以类脑的方式，掌握并超越人类所具备的各种认知能力。尽管类脑智能当前仍在发展进程中，但我们可以预见到，未来的类脑智能机器将展现出更加强大的学习、预测、决策等能力。

近二十年来，随着软硬件计算能力的突飞猛进，模拟人脑神经网络以实现类脑智能的研究再度成为科研热点。这一进步使得大规模人工神经元网络的运行和基于新型硬件的类脑计算成为可能。类脑计算在体系结构和功能上更贴近人脑，致力于实现对人脑神经元网络的高精度模拟，并在网络规模上向人脑靠拢，从而为通用人工智能的研究带来了新的发展机遇。同时，得益于核磁共振等大脑观测技术的显著提升，我们现在能够从多个层面深入了解大脑的复杂运作机制和各种功能性神经通路，这为类脑计算机的研发提供了坚实的脑科学和神经科学支撑。

类脑计算可以分为狭义和广义两类。

狭义的类脑计算，主要是模仿大脑神经结构和工作原理而创新出来的计算方式，如神经形态计算（包括神经形态芯片设计）、SNN 类脑模型、脑仿真等。这种计算方式试图通过模拟神经元和突触的典型特征，如存算一体、脉冲编码、异步计算等，来达到更高的智能水平。

广义的类脑计算则更为宽泛，它借鉴脑的结构和工作原理，但并不仅限于对脑的模拟。这种方式还包括融合传统的人工神经网络（ANN）等，构建出具有更多类脑特征的异构神经网络。这是一种融合当前计算机科学和神经科学的计算发展途径。

下面从神经形态类脑芯片和神经形态类脑计算机两个方面介绍一下类脑计算的典型案例。

案例六：清华大学类脑芯片——天机芯 X

2022 年，清华大学所举办的一场别开生面的机器人版"猫捉老鼠"游戏成功吸引了科学界的目光，该研究成果甚至荣登了 *Science* 子刊的封面。在这场高科技的"猫鼠游戏"中，担纲主角的是一只名为"天机猫"的机器人，它装备了清华大学最新研发的类脑芯片——28nm 工艺的 TianjicX 神经形态计算芯片。

在这场追逐赛中，"天机猫"的任务是捕捉一只电子老鼠。面对复杂多变的动态环境，以及随机分布的障碍物，"天机猫"需综合运用视觉与听觉，迅速识别并追踪老鼠的踪迹，同时巧妙地避开障碍物，最终成功捕获目标。这一过程中，它必须实时处理语音识别、声源定位、目标检测、避障决策等多项任务。TianjicX 芯片以其卓越的节能性能和高效的多任务处理能力脱颖而出，相较于传统的英伟达 AI 芯片，其功耗降低了一半，而在处理多个神经网络时的延迟更是减少了 79.09%。

值得一提的是，清华大学在类脑计算领域的研究早已取得显著成果。早在 2019 年 8 月，施路平教授团队便推出了全球首款类脑计算芯片"天机芯"，该成果被 *Nature* 杂志报道，并被誉为人工智能领域的重要里程碑。如今，基于先前的研究成果，清华大学团队进一步研发出 TianjicX 芯片，该芯片支持计算资源的自适应分配和任务执行时间的灵活调度，有效解决了移动智能机器人计算硬件的研发难题。

TianjicX 芯片的独特之处在于其神经形态计算的设计，它模仿了人类的神经系统计算

223

框架和模式，采用非冯·诺依曼结构，能同时执行多个神经网络模型。传统的神经形态芯片在处理神经网络时存在局限性，而 TianjicX 芯片则突破了这些限制，实现了低延迟、高效率的并发执行和异步交互。

研发 TianjicX 芯片的过程中，团队面临两大关键挑战：一是如何在满足延迟、并发和功率的性能要求下实现各种神经网络的运行；二是如何确保每个任务的独立执行不受干扰，同时支持任务间的交互。为解决这些问题，研发团队在架构、芯片和模型部署等多个层面进行了创新设计。

TianjicX 芯片为移动智能机器人的计算硬件研发开辟了新的途径。与商业化机器人在仓库或工厂中的可预测程序化运作不同，TianjicX 使得机器人在更复杂的环境中也能实现自主运行，无须依赖人类的远程操纵或与远程数据中心的持续通信。

此外，TianjicX 芯片的强大能力不仅提升了机器人的智能水平，还为替代计算架构的设计方法提供了新的思路。加州大学尔湾分校的 Jeffrey Krichmar 教授指出："这种能力对于机器人来说至关重要，它能让自主系统在难以到达的环境中更长时间地独立运行。"

案例七：浙江大学、之江实验室亿级神经元类脑计算机

2020 年 9 月 1 日，我国自主研发的首台类脑计算机惊艳亮相，该计算机搭载了具有自主知识产权的类脑芯片。如图 10-10 所示，此台计算机由浙江大学与之江实验室联手打造，以三个 1.6m 高的机柜组成，内含 792 颗"达尔文 2 代"类脑芯片，模拟了 1.2 亿脉冲神经元和近千亿的神经突触，规模堪比小鼠的大脑神经元。而其运行功耗仅在 350 ~ 500W 之间。

传统计算机采用的是冯·诺依曼结构，以数值计算见长。然而，由于数据存储与计算的分离，导致了存储墙问题的出现。就像是将信息从甲地搬到乙地进行计算，然后再搬回甲地，这种数据的搬运速度远低于计算速度，从而形成了瓶颈。这种模式限制了大数据处理等任务的计算性能的提升。同时，当前的数据驱动智能算法需要大量样本和密集计算，但其举一反三和自我学习的能力仍显不足，与真正的人类智能相去甚远。

与此不同，生物大脑在与环境的交互中能够低能耗地展现出多种智能行为，如语音理解、视觉识别等。许多昆虫的神经元数量远少于 100 万，但能实时进行目标跟踪、路径规划等任务。受此启发，类脑计算旨在通过软硬件模拟大脑神经网络，打造全新的人工智能系统。其中，"达尔文 2 代"类脑芯片上集成了 15 万个神经元，与果蝇的神经元数量相当，是我国单芯片神经元规模最大的脉冲神经网络类脑芯片。

为使这些神经元能够高效联动，研究团队开发了达尔文类脑操作系统（DarwinOS），实现了对类脑计算机硬件资源的有效管理与调度，并确保功能任务在微秒级时间内切换。此外，该类脑计算机还借鉴了海马体的神经环路结构，构建了学习 - 记忆融合模型，实现了多种智能任务，包括对音乐、诗词等的时序记忆，模拟不同脑区的神经模型，以及对脑电信号的实时解码等。

展望未来，随着神经科学的发展和类脑计算技术的成熟，我们期待类脑计算机能够变得更为通用，与冯·诺依曼结构计算机相辅相成，共同解决各类问题。同时，它在神经科学研究领域也将成为重要的仿真工具，助力科学家更深入地探索大脑的工作机制。

图 10-10　浙江大学、之江实验室共同研发的亿级神经元类脑计算机

10.3.3　人工大脑模型与应用

人工大脑是一种技术实体，旨在模拟生物大脑的结构和功能，以便在记忆、感觉、情感和决策等方面达到类似于生物大脑的效果。其基本单元主要包括人造神经元、忆阻器和人造突触等组件，这些组件共同协作以实现人工大脑的复杂功能。

1. 人造神经元

人造神经元是模拟生物神经细胞结构和功能的电子元件。它们能够接收和传递电信号，模仿生物神经元的信息处理机制。人造神经元通常具备接收输入信号、处理信号并产生输出信号的能力。这些元件是构建人工神经网络的基础，可以模拟复杂的思维过程和学习行为。IBM 公司制造了一种人造神经元阵列，由 500 个神经元组成，可以模拟人类大脑的工作方式进行信号处理。这种人造神经元具有高速无监督学习的能力，为人工智能领域提供了新的可能性。

2. 忆阻器

忆阻器是一种具有记忆功能的非线性电阻器，其电阻值可以根据流经的电流或电压改变，并且这种改变是可以记忆的。在人工大脑中，忆阻器被用来模拟生物大脑中的突触，实现信息的存储和传递。忆阻器的优点包括非易失性存储、低功耗和高集成度。忆阻器的一个重要应用是作为非易失性存储器，其集成度、功耗和读写速度都优于传统的随机存储器。此外，由于忆阻器的非线性性质，它还可以用于产生混沌电路，在保密通信中也有应用。目前，虽然具体的忆阻器应用产品尚未广泛商业化，但科研人员在实验室环境中已经成功利用忆阻器实现了简单的神经网络和学习功能。这些实验展示了忆阻器在人工大脑中的潜力。

3. 人造突触

人造突触是模拟生物突触功能的电子元件，负责在人造神经元之间传递信号。它们能够模拟生物突触的可塑性，即连接强度可以根据刺激进行调整。当前的人造突触多采用晶体管或电子开关来模拟生物突触的放电过程。通过模拟突触的放电活动，人造突触可以在人工大脑中实现信息的传递和处理功能。斯坦福大学和桑迪亚国家实验室的研究人员构建了一种人工突触，提高了计算机模拟人脑的效率。这种人造突触能够更好地模拟生物大脑中的信息处理和存储机制。韩国科学家最近研制出了一种能耗极低的人造突触，这种突触能更好地模拟人脑神经元之间的关联。这一突破有望使研制能像人类一样解决问题的大型类脑计算机成为现实。

除了通过人造神经元、忆阻器和人造突触等硬件组件自下而上地构建人工大脑外，我们还可以利用现代计算机的强大功能来模拟大脑的各个区域的结构和功能，从而构建出高度逼真的软件大脑模型。这种方法主要依赖于编程和算法来实现对大脑皮层不同区域的精确模拟以及这些区域之间的复杂相互作用。与硬件组件不同的是，这种方法更加侧重于通过软件来复现大脑的各种功能。

以 SPAUN（Semantic Pointer Architecture Unified Network）模型为例，这个由加拿大滑铁卢大学研究人员构建的虚拟大脑主体便是一个典型的软件大脑模型。该模型基于超级计算机平台，拥有高达 250 万个模拟"神经元"。这些神经元被精心组织成多个功能区域，以模拟人脑中视觉、短期记忆等相关区域中的真实神经元活动。令人惊叹的是，这些神经元能够通过变化的电压来模拟真实的脑电波活动。SPAUN 模型不仅能够完成简单的认知任务，如识数、记忆名单、逻辑填空以及模拟笔记等，甚至还能通过部分基础智商测试来展示自己的智能水平。尽管这些任务对于人类来说并不复杂，但它们却充分展示了 SPAUN 模型在神经解剖学和生理学方面的卓越性能。更令人称奇的是，SPAUN 模型还展现出了一些类似于人类的缺陷。例如，在处理过长的数字序列时，它会表现出与人类相似的记忆困难；同时，在回答问题时也会像人类一样产生短暂的犹豫。这些特性使得SPAUN 模型成为一个极具研究价值的软件大脑模型。

此外，欧洲科学家研发的 GENMOD 模型是类脑人工神经网络领域一个值得关注的成果。这个基于感官数据的神经网络模型能够观察世界并生成其内部表征。令人惊讶的是，GENMOD 模型能够在没有任何明确训练或预编程的情况下展现出数字和空间认知以及书面语言处理的能力。这种模型试图深入模仿人类和动物的感知和认知能力，甚至能够在一定程度上发展出近似的数感。具体来说，当模型设计者向这个自修正人工神经网络输入数万张包含不同数量随机排布物体的图像时，他们发现这个无监督学习的深度神经网络竟然能够自发地感知图像中的物体数量。在响应每张图像时，该网络会通过强化或弱化神经元之间的连接来精细调整其数字敏锐度。这种自我调整的能力使得 GENMOD 模型能够根据刚刚观察到的模型进行快速学习。更令人兴奋的是，该网络在估计图像中物体数量时所遵循的神经元活动模式竟然与猴子顶叶皮层（大脑中负责数字和算术知识的区域）中的活动模式高度相似。这一发现强烈暗示了 GENMOD 模型可能非常接近真实地反映了人类大脑的工作方式。

10.3.4 脑机接口技术

脑机接口（Brain–Machine Interface，BMI 或 BCI）技术是一种在人或动物的大脑与外部设备之间建立直接连接的技术，通过这种连接，大脑与外部设备可以实现信息交换。这种技术绕过了传统的外周神经和肌肉系统，直接在大脑与外部设备之间创建了全新的通信与控制通道。《脑机接口研究伦理指引》指出，脑机接口通过记录装置采集颅内或脑外的大脑神经活动，通过机器学习模型等对神经活动进行解码，解析出神经活动中蕴含的主观意图等信息，基于这些信息输出相应的指令，操控外部装置实现与人类主观意愿一致的行为，并接收来自外部设备的反馈信号，构成一个交互式的闭环系统。

脑机接口技术发展已经经历了几十年。早在 20 世纪 70 年代，雅克·维达尔提出了脑机接口概念。然而，直到 20 世纪 90 年代以后，才开始有阶段性成果出现。在 20 世纪 80—90 年代，脑电图信号开始被应用于一些临床治疗和研究领域，如癫痫病人的治疗。科学家们也开始探索如何通过脑电图信号来控制外部设备。20 世纪 90 年代至 21 世纪初，脑机接口技术开始萌芽。科学家们尝试将脑电图信号转化为计算机可识别的指令，实现人机交互。此期间，美国国防部高级研究计划局（DARPA）资助了相关项目，旨在帮助受伤的军人重新获得行动能力。近年来，脑机接口技术取得了显著进展。例如，2023 年，科学家们开发了可以将神经信号转化为接近正常对话速度的语句的脑机接口。同时，全球首例非人灵长类动物侵入式脑机接口实验在北京获得成功。2024 年 1 月，首例人类接受植入物的侵入式脑机接口实验也取得了积极成果，受试者术后恢复良好。同年，中国团队还成功研发了 65000 通道脑机接口芯片。

脑机接口可以分为三类，分别是侵入式、非侵入式和半侵入式。

1）侵入式脑机接口指将电极或芯片植入大脑内部，以精准地监测单个神经元的放电活动，其优势是能采集到强而稳定的脑电信号，有助于深入研究大脑的神经机制，劣势是需要进行外科手术，具有一定的风险和副作用，如感染、出血等。同时，侵入式脑机接口实现成本较高，普及难度较大。

2）非侵入式脑机接口通过附着在头皮上的穿戴设备（如脑电帽）来监测群体神经元的放电活动，其优势是无须植入，更安全、简单、易操作，但记录到的信号强度和分辨率相对较低，精度和稳定性不如侵入式脑机接口。

3）半侵入式脑机接口将脑机接口植入颅腔内，但在大脑皮层之外，主要基于皮层脑电图进行信息分析，技术相对成熟，手术危险度较低，损伤性较小，可以降低手术和免疫反应的风险，同时采集效果和风险介于侵入式和非侵入式之间。但是，相对于非侵入式接口，仍然需要一定的手术过程；精度和稳定性虽高于非侵入式，但低于侵入式。

脑机接口技术的工作原理主要涉及以下几个步骤：

1）信号采集：通过电极等传感器监测大脑产生的神经信号。这些传感器可以是非侵入性的（如放置在头皮上的电极）或侵入性的（如植入大脑的电极或芯片）。

2）信号处理与解码：采集到的神经信号被传输到处理单元，进行预处理、特征提取和解码。这一过程旨在从复杂的神经信号中提取出有用信息，并将其转换为计算机可识别的指令。

3）设备控制：解码后的指令发送到外部设备，用于控制设备的操作。这些设备可以是假肢、轮椅、计算机等。通过这种方式，脑机接口技术实现大脑与外部设备的直接交互与控制。

以下两个案例展示了侵入式脑机接口技术如何帮助瘫痪患者实现部分独立生活能力。

案例八：侵入式接口——瘫痪者精准控制机械手臂

2020 年初，浙江大学完成了国内首例侵入式脑机接口临床转化研究，患者可以利用插入大脑皮层里的微电极阵列获取大脑皮层信号，精准控制外部机械臂与机械手，实现三维空间的运动，因此属于侵入式的范畴。

如图 10-11 所示，72 岁的实验患者此前因车祸造成四肢完全瘫痪，而现在借助脑机接口的设备，可以利用"意念"完成吃、喝等动作。患者对准一个放着油条的杯子，用"意念"让机械手张开手指、握住杯子，再取回杯子。

虽然挪动的过程并不顺畅，时而偏左或偏右，患者必须"使劲"想着"往左"或者"往右"来调整机械臂的方向。但对于高位截瘫的患者，能够利用脑机接口技术实现部分独立性也是难能可贵的。

图 10-11　患者头上的为侵入式脑机接口，该设备帮助全瘫痪的病人实现部分自理能力

案例九：Neuralink 侵入式脑机接口

2024 年 1 月，Neuralink 研究团队成功地进行了首次脑机接口的人体植入手术。手术后不久，医疗团队就检测到了参与者的神经信号。从那时起，该参与者已通过端到端的脑机接口系统，完成了多种应用，如在线下棋和玩《文明 VI》游戏。

为了开发出这项技术，研发团队建立了微加工能力，可以快速产出电极线的各种迭代版本。同时，他们也研发了全新的硬件和软件测试系统，以确保技术的稳定性和耐用性。为了完善手术程序，研发团队还进行了多次手术排练。

在手术前，研发团队进行了功能性磁共振成像（fMRI）研究，以精确定位参与者大脑活动的区域。手术过程中，神经外科医生精确地将 N1 植入物插入到目标区域（图 10-12）。

该手术作为 PRIME 项目的一部分在亚利桑那州凤凰城的巴罗神经科学研究所进行。巴罗神经科学研究所具有丰富的神经系统疾病患者护理经验，有超过 300 项正在进行的临床试验。研究所的总裁兼首席执行官 Michael T.Lawton 博士和立体定向及功能神经外科主任 Francisco A.Ponce 博士都对这次手术给予了高度评价，认为它可能开启了一个脑机接口的新时代。

据估计，每年在美国约有 1.8 万人遭受脊髓损伤，而且据数据统计，有 30.2 万美国人曾经历过创伤性脊髓损伤。脑机接口设备的研发，旨在为大脑和脊髓之间搭建数字桥梁，以提升那些脊髓严重损伤的患者的生活质量。

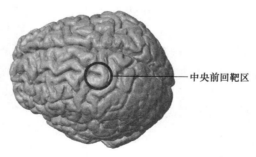

中央前回靶区

图 10-12　Neuralink 研究团队在大脑中央前回靶区插入 N1 植入物

展望未来，脑机接口技术还面临着许多挑战需要克服，包括技术和社会伦理方面的挑战。技术上来说，准确采集大脑信号是一个重要挑战。目前主要通过电极采集、磁共振成像等方法，但这些方法受信号质量、设备昂贵和操作复杂等限制。其次，将大脑信号转换为计算机指令需要解码算法和模型，但目前算法面对不同个体的大脑结构和活动模式的差异表现并不稳定，构建通用解码算法和模型较为困难。不仅如此，大脑信号受到情绪、疲劳等多种因素影响，如何保证大脑信号在不同情境下的稳定性和鲁棒性也是一个挑战。脑机接口技术的发展需要神经科学基础研究的支持，而目前对大脑结构和功能的理解仍然有限。最后，脑机接口需要在大脑和外部硬件之间建立稳定的连接，但目前可用的材料和技术的生物相容性有待提高，同时长期使用可能面临电极移位、信号衰减等问题。

社会伦理方面，神经技术与人的深度融合可能模糊精神与物质、人类与技术的界限，这必然会引发对人性本质的讨论。随着神经技术的发展，大脑和神经系统数据可能被更高分辨率、更大量地收集，引发对个人精神隐私和自主权的担忧。脑机接口技术的本质是神经成像和神经干预的功能，这涉及对人的心智和思想特征进行推断与干预的伦理问题。脑机接口技术的使用还可能触及人的基本权利和尊严，如何在使用技术的同时保护人的权利和尊严是一个重要议题。脑机接口技术也存在安全性问题以及潜在的风险，如数据泄露、技术故障或滥用等，这些都需要得到充分的考虑和管理。

综上所述，脑机接口技术在发展过程中面临着多方面的技术挑战和伦理挑战，需要科技界、伦理学界、政策制定者以及社会公众共同参与和探讨，以确保技术的健康、安全和可持续发展。

本章小结

人机混合增强智能结合了人类的智慧和人工智能的能力，可以更高效、智能地解决复杂问题。本章介绍了人机混合增强智能的基本定义和分类，并通过探讨其在不同领域的典型应用案例，展示了人机混合智能的广泛实用性和潜力。此外，我们还深入学习了人机混合智能的两种形式：人在回路的混合增强智能和基于认知计算的混合增强智能。通过本章的学习，读者能够对人机混合智能有初步且全面的认识，为未来进一步探索和应用人机混合智能技术打下基础。

思考题与习题

10-1　什么是人机混合增强智能？
10-2　人机混合增强智能有哪些典型应用？
10-3　人在环上和人在环内的混合增强智能有什么区别？
10-4　基于认知计算的混合增强智能面临哪些挑战？
10-5　类脑计算相对传统基于冯·诺依曼结构的计算有什么优势？
10-6　脑机接口技术有哪些类型？其主要实现方式是什么？

229

第 11 章　人工智能应用

导读

　　人工智能的迅速发展将深刻改变人类社会生活、改变世界。为抢抓人工智能发展的重大战略机遇，构筑我国人工智能发展的先发优势，加快建设创新型国家和世界科技强国，国务院于 2017 年印发《新一代人工智能发展规划》，提出了面向 2030 年我国新一代人工智能发展的指导思想、战略目标、重点任务和保障措施。我国人工智能发展进入新阶段，迎来了新机遇。当前，人工智能的触角已经延伸至人们日常生活的每一个角落，无论是生产制造、医疗健康、交通运输、科学探索，还是艺术创作等众多领域，都能感受到其日益增长的影响力。本章将广泛介绍人工智能在各领域的应用现状，并展望其未来的发展方向。通过丰富的案例研究，我们期望为读者呈现一个关于人工智能应用的全面视角，揭示其多样性、潜力与局限性，引领大家更深入地思考和探索这一激动人心的领域。

本章知识点

- 人工智能在多个领域的应用概况
- 人工智能应用目前的局限
- 人工智能应用未来的发展趋势

11.1　人工智能在视觉分析与生成中的应用

　　在当今数字化快速发展的时代，人工智能作为科技革新的先锋，正不断推动着计算机视觉领域的界限。计算机视觉作为 AI 学科的一个重要分支，致力于使计算机能够像人类一样解释和理解图像与视频数据。当前 AI 技术在视觉分析与生成领域取得了显著进展，这些技术不仅极大地丰富了人们的数字生活，也为相关行业带来了前所未有的机遇。

11.1.1　目标检测与识别

　　目标检测与识别作为计算机视觉技术的关键应用，指的是利用计算机算法对图像或视频内容中的特定目标进行自动定位与辨识的过程。该技术深度融合了深度学习、机器学习算法及尖端计算技术，赋予机器以识别人物、辨识物体、洞察环境的智慧。以下将具体介绍目标检测与识别技术的几个典型应用场景。

设备损伤检测：在当代工业制造领域，机械装备的稳定运行对于维持生产效率和确保产品质量发挥着至关重要的作用。但设备在长期运转或受到外界因素的干扰下，可能会产生包括表面划痕、焊缝裂纹在内的多种损伤与缺陷。传统的人工检测方法存在效率低下、主观性较大的缺点，难以适应大规模生产线的要求。相较之下，采用 AI 驱动的计算机视觉技术进行设备损伤检测，能够有效地克服这些难题。首先，计算机视觉系统能够在无须人工介入的情况下，迅速且高效地对设备表面进行全面检测，极大提升了检测工作的效率与速率。其次，该系统凭借其高度的精确性和一致性，能够准确识别出设备表面的各类损伤与缺陷，从而减少了人为因素所导致的误判和结果的不稳定性。

以风电为例，作为清洁能源的关键构成，它在推动绿色低碳转型及应对全球气候变化方面发挥着举足轻重的作用。伴随"双碳"战略目标的逐步深入，风电机组的需求量急剧上升。叶片作为风电机组的核心组件，其故障率相对较高，且维护成本颇为昂贵。在 AI 技术迅猛发展的当下，工程师得以借助计算机视觉技术，对叶片的损伤进行高效检测与精准识别。如图 11-1 所示，利用基于深度学习模型的实时目标检测算法，机器能够自动辨识风电机组叶片表面的裂痕及其他损伤。在成功识别出损伤特征后，系统还能进一步对损伤的类型和严重程度进行评估，从而辅助维护团队迅速而准确地制定出相应的设备维修方案，不仅提升了风电机组的运行效率，也极大降低了维护成本。

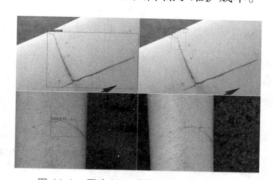

图 11-1　风电机组叶片损伤检测和识别

人脸识别：人脸识别技术，作为一种先进的生物特征识别应用，通过深入分析个人的面部特征信息，实现对个体身份的自动辨识与核实。

人脸识别的关键技术流程大致涵盖图像采集、预处理、人脸检测、面部特征定位、特征向量提取、特征比对以及最终的决策等环节。近年来，深度学习技术的引入使得人脸识别系统在精度和鲁棒性上都有了显著的提升。深度学习在人脸识别过程的关键作用主要体现在两个方面：特征提取和识别模型。传统的人脸识别方法中，特征提取通常采用人工定义的特征提取规则和算法。深度学习通过卷积神经网络等技术，可以自动从原始图像中提取具有较高判别能力的高级抽象特征，而无须手动设计特征提取器。在识别模型方面，使用卷积神经网络或是结合注意力机制的模型，可以实现更准确和高效的人脸识别。

在现代社会的多元场景中，人脸识别技术的应用极为广泛，它不仅被用于智能手机的屏幕解锁、门禁系统的安全验证和电子支付的身份确认等，还广泛渗透至社交媒体等众多领域。当前交通运输领域的安检系统已大量采用人脸识别技术。在安检环节，通过摄像头捕捉旅客的面部信息，随后将所采集到的面部特征与存储的人脸特征数据库进行比对，以核实旅客的身份信息，并据此决定是否批准其通过安检。人脸识别技术的这一应用极大地提升了公共交通工具的管理效率和验证的精确度，基本实现了流程的自动化，为公共安全贡献了重要力量。

自然灾害监测：由 AI 驱动的计算机视觉技术，在自然灾害监测领域展现出巨大的应用潜力。该技术显著提升了我们对各类自然灾害的监测、预警及应对能力。目前，计算机系统能够通过卫星遥感和无人机摄影等手段，广泛采集地理信息，并运用计算机视觉模型与算法，从中识别出洪水、火灾、地震等自然灾害的征兆。

借助特征匹配技术，计算机系统不仅能自动识别灾害类型，精确定位灾害发生地点，还能对灾害情况进行综合分析，辅助工作人员和研究者更准确地评估自然灾害的风险及其影响。以森林火灾为例，这类灾害对森林生态系统及人类活动造成的破坏极为严重。2019 年，我国记录了逾两千起森林火灾事件，对森林生态和林区居民的生命财产安全造成了不可逆转的损害。鉴于森林火灾后果的严重性，早期监测对于减少重大火灾的发生、降低对生态环境和人民财产的损害至关重要。

然而，森林火灾在初发阶段往往隐蔽且蔓延迅速。在 AI 技术迅猛发展的今天，我们可以在无人机上集成计算机视觉算法，以实现对初期火源的快速且精准识别。图 11-2 展示了基于深度学习的目标检测算法在森林火灾识别任务中的高精准度，其识别准确度高达97.40%，而漏检率仅为 0.03%。结合无人机平台，该模型能够以每秒 0.07 帧的速度处理大量图像，为森林火灾的预防工作提供了强有力的数字化和自动化支持。

图 11-2　基于深度学习模型的森林火灾识别

11.1.2　图像与视频自动生成

在 AI 技术的推动下，图像与视频的自动生成技术已经从理论探索迈向了实践应用，正以深度学习算法为引擎，革新视觉内容的创新与传播。该技术赋予计算机程序强大的学习能力，使其能够从海量数据中提炼出复杂的视觉规律，并独立创作出既高度仿真又充满创新精神的图像与视频作品。这些技术的应用范围极为广泛，不仅限于基础的图像编辑与视频剪辑，还能实现图像风格转换、视频中人物的替换、视频内容的生成与合成等更为复杂的功能。图像与视频的自动生成技术，在艺术创作、媒体制作、广告营销、教育及医疗等多个领域展现出了其巨大的潜力和应用价值。以下是图像与视频自动生成的几个典型应用场景。

　　人工智能自动绘画：近年来，AI 绘画应用逐渐成为焦点，其背后的动力既来自 AI 技术的飞速进步，也源于对艺术创新的不懈追求。随着深度学习等技术的日益成熟，AI 开始涉足绘画领域，模仿人类艺术家的创作手法和思维，自动产出绘画作品。当前，AI 绘画呈现出多元化的特点：一方面，AI 能够创作出逼真度极高的绘画作品，与人类艺术家的作品相媲美，甚至在某些方面展现出更为独到的创意与风格；另一方面，风格迁移技术的应用使得艺术家能够将不同艺术作品的风格融为一体，创造出独一无二的艺术新品。

　　目前，备受瞩目的 AI 图像生成系统包括 DALL-E、Imagen、Midjourney 和 Stable Diffusion 等。这些系统基于用户输入的文字描述或关键词，自动生成与描述相符的全新图像。这些工具能够理解并创造性地诠释语言指令，生成从抽象概念到精细细节的各类视觉内容，极大地拓展了艺术家的创意空间和创作辅助。

　　以 OpenAI 推出的 DALL-E 软件为例，如输入 "A 3D rendering of an astronaut walking in a green desert"（宇航员在绿色沙漠中行走的 3D 渲染）等文字描述，系统便能运算并生成一幅具有高清分辨率的 3D 渲染图（见图 11-3）。系统会准确地理解输入文字并将文字中的基本要素融入绘画结果中，若继续扩展输入提示词，增加更多描述特征，则系统能够进一步根据提示词补充图像细节。

图 11-3　OpenAI 推出的 DALL-E 生成的图像

　　图像修复：当前 AI 驱动的图像修复技术取得了显著进展，研究人员借助深度学习等技术，开发出一系列高效的图像修复算法。这些算法能够自动识别图像中的缺陷、损伤或缺失区域，并依据周边的视觉信息进行智能修复。

　　近年来，"AI 图像修复" 技术成为照亮失散儿童归家之路的一束明灯，这一话题引起了社会的广泛关注。由华中科技大学、武汉大学和武汉理工大学的一群大学生组成的 "悟空游" 团队，自主研发了一款名为 "AI 宝贝" 的超高分辨率图像修复系统，专门应用于寻亲领域。如图 11-4 所示，该团队在两年的时间里，无偿为 1000 余名失散儿童修复了他们的模糊旧照。值得一提的是，其中 6 名儿童在照片修复后不久，便在一个多月至一年多的时间里，幸运地回到了亲人的怀抱。这一系统的修复速度迅速，且细节还原的准确性极高。只需将一张模糊的人像照片输入系统，短短几分钟后，一张经过精心修复的高清图片便能自动生成。修复后的图片不仅五官清晰度大幅提升，图片分辨率也显著增强。

图 11-4　失散儿童旧照修复案例

　　动态视频生成：随着互联网和移动设备的广泛普及，动态视频内容在社交媒体、在线教育、数字营销等多个领域的重要性愈发凸显。传统的视频制作流程往往耗时且劳心劳力，且对制作者的专业技能提出了较高要求。然而，AI 技术的飞速发展为动态视频的生成开辟了崭新的机遇。借助深度学习等前沿技术，我们能够实现视频内容的自动化和高效率生成，这为视频创作领域带来了革命性的变化。这些先进的算法不仅能够根据内容需求生成动态视频，还能够根据特定的风格进行创作，满足多样化的应用场景需求，为数字娱乐和多媒体产业的发展注入了新的活力。

　　Sora 是由 OpenAI 公司研发的一款先进的文本到视频生成 AI 模型。该模型能够接收用户的文本描述——也称作"提示"，并据此生成与描述紧密匹配的短视频片段。Sora 因其在制作视觉细节丰富、水平高超的视频方面的能力而广受好评，这不仅包括复杂的摄像机运动分镜，还涵盖了能够传达丰富情感的角色动画。

　　以图 11-5 为例，当向 Sora 输入如下提示文本："几只巨大的毛茸茸的猛犸象在银装素裹的草原上缓缓行进，它们长长的毛发随风轻轻摆动，背景是覆盖着皑皑白雪的林木与壮丽的雪山，午后阳光透过云层洒落，太阳高悬于天际，散发出温暖的光芒，低角度的摄像机视角令人震撼地捕捉到这些庞大而毛茸茸的哺乳动物，呈现出精美的摄影艺术与景深效果"，该模型经过一系列计算后，输出了一段 10s 的高清视频。视频中的猛犸象栩栩如生，其背景的山川、森林和天空呈现效果卓越，猛犸象脚下的雪地质感极为逼真。

图 11-5　Sora 基于提示文本的视频生成效果

11.2　人工智能在自主智能系统中的应用

　　自主智能系统是一个新兴的跨学科领域，该领域致力于孕育出集任务整合、动态规划、决策制定与逻辑推理于一身的先进无人系统，这些系统不仅展现出高度的自主性，更具备智能与协同作业之能。它们能够在人力介入甚微或完全缺失的情境下，独立承担并圆满完成各类通用任务。

11.2.1 无人驾驶车辆

无人驾驶车辆，亦称作自动驾驶汽车，指的是在无须人类驾驶员操控的条件下，能够独立完成行驶任务的先进交通工具。这类车辆借助一系列精密的传感器、雷达装置、摄像镜头，以及先进的人工智能技术，实时感知周遭环境，进行智能决策，并确保行驶过程的安全性与导航的精确性。

在探讨自动驾驶技术的发展时，我们不得不聚焦于近年来该领域的一项突破性进展——"端到端架构"技术。该技术的核心在于将自动驾驶系统中的多样化架构和模块整合为一个协同工作的统一体系，实现从输入到输出的直接映射训练。在自动驾驶技术的早期发展阶段，诸如 Waymo、Mobileye 等知名初创公司所采纳的模块化系统，其优势在于每个模块都具有明确的建模目标，具备较强的可解释性，并且便于进行模块化的升级与优化。然而，这种模块化设计虽然在局部优化上表现出色，但当多个模块组合在一起时，却可能引发误差的累积。为了解决这一问题，端到端架构应运而生。端到端架构的最大优势是简洁的结构设计，所有功能模块均围绕最终的决策目标进行优化，从而确保了系统优化过程的统一性和可控性。

2023 年，上海人工智能实验室、武汉大学以及商汤科技三方联合完成的研究成果荣获了全球顶级计算机视觉会议 CVPR 的最佳论文奖。该论文提出了一种名为 Unified Autonomous Driving（UniAD）的自动驾驶通用算法大模型，这一模型首次将检测、跟踪、建图、轨迹预测、规划等多个关键功能整合到一个端到端网络框架之中。UniAD 模型的提出，为自动驾驶技术的发展开辟了新的路径，引领了以全局任务为导向的大模型架构的创新潮流。

在商业化应用的推进上，华为的自动驾驶技术方案采纳了激光雷达作为路径识别的核心技术，辅以摄像头、毫米波雷达等传感设备。该方案通过向周围环境散射激光并接收反射回来的信号，生成点云图，以此判断周边是否存在障碍物。在此技术基础上，AI 系统对收集到的信息进行深度处理，并迅速做出反应和智能决策。此外，在远距离高清摄像头、激光雷达、高精度地图的协同作用下，车辆能够精确识别车道和交通信号灯等信息，并具备自我学习和持续迭代的能力，使得车辆的智能化水平不断提升。目前，华为推出的新能源汽车，如问界、智界等，都装备了高级自动驾驶和自动泊车功能，标志着我国新能源汽车智能化的新高度。

与此同时，国外新能源汽车领域的领军企业——Tesla 公司，在数据收集、算法开发、计算能力等关键领域构建了一套完整的自动驾驶软硬件体系。在 2021 年 8 月的 Tesla AI Day 上，Tesla 公司展示了其最新的感知技术方案，该方案完全基于视觉感知，不依赖于激光雷达或毫米波雷达等非摄像头传感器。Tesla 利用摄像头捕捉图像数据，通过复杂的神经网络架构进行解析，构建包含动态和静态交通元素的三维向量空间，并赋予每个元素详尽的属性参数。由于摄像头捕捉的是二维图像，与三维现实世界存在维度差异。Tesla 采用了"前融合"策略，将车身四周多个摄像头捕获的视频数据进行整合，并通过统一的神经网络进行训练，实现从二维图像到三维空间的特征转换。

当前，我国新能源汽车产业正处于蓬勃发展的阶段，以比亚迪、吉利等为代表的科技型汽车企业正在迅速崛起。此外，科技巨头如华为、小米等也纷纷进军汽车行业，为国内新能源汽车市场带来了更丰富的选择和更激烈的竞争。面对 Tesla 等国际品牌的竞争压力，中国新能源汽车企业需要把握 AI 时代的机遇，不断进取，以确保在整车智能化的进程中稳步前行，实现可持续发展。

11.2.2　无人机集群

自无人机技术问世以来，便迅速吸引了全球的广泛关注。相较于传统的有人驾驶飞行器，无人机在应用的广泛性与操作的便捷性方面展现出显著优势。目前，无人机已被广泛应用于农业、物流、环境监测、影视制作、灾害响应以及科学研究等多个关键领域。

我国大疆创新科技有限公司（简称"大疆"）是无人机科技领域的佼佼者。该公司的产品线涵盖了多种用途的无人机。通过集成 AI 技术，大疆无人机的自主感知和决策能力得到显著提升，实现了更高级别的自主飞行功能。在图像识别与分析方面，大疆的 AI 技术同样发挥着重要作用。公司利用搭载在无人机上的高精度摄像头和先进的图像识别算法，实现了对目标的快速而精确的识别。这项技术在紧急救援、安全防护和农业生产等多个领域展现出巨大的应用潜力。此外，大疆在飞行控制和路径规划方面的 AI 技术应用也颇具创新性。公司将深度学习技术应用于飞行控制系统，开创了智能跟踪的全新飞行模式。用户仅需在应用软件中选定目标，无人机便能自动跟随目标进行拍摄或录像。同时，大疆引入的路径规划算法使无人机能够实时计算并选择最优飞行路径，智能规避禁飞区和障碍物。

虽然无人机优点诸多，但由于自身软硬件条件的限制，单架无人机无法满足复杂和具有挑战性的任务要求，如军事任务等，而无人机集群协同工作可以很好地完成这一点。截至 2024 年 4 月，俄乌冲突仍未停息，我们通过战争真实地看到了无人机集群在军事领域的巨大作用。双方使用了大量的无人机进行军事任务，无人机群在完成如此复杂的任务时展现出了不可思议的群体智能属性。有军事专家称"俄乌冲突中无人机集群的使用正指向战争的未来"。

然而，与单个无人机相比，多无人机协同完成任务的处理复杂度呈指数级增长。由于多无人机系统的复杂性较高，传统控制方法难以在大数量无人机的场景下使用。当前众多学者已开始探索将 AI 技术应用于无人机群的集群控制问题。例如，国防科技大学等单位的研究人员通过采用深度强化学习算法，成功实现了无人机群的编队控制与避碰。除了上述研究，无人机群与 AI 结合的学术探讨还有很多，不再一一列举，感兴趣的读者可以进一步查阅相关文献。

在无人机集群编队控制的研究历程中，传统控制方法适用于少量无人机的协同控制，但其精确控制的性能为后续更复杂的编队控制研究奠定了基础。新兴的群体智能算法和深度强化学习算法，尽管能够处理大规模无人机编队并满足复杂的任务需求，但也存在一些局限性，如容易陷入局部最优解、采样效率低以及对奖励函数设计的依赖性等。因此，未来的研究需要引入新的理念，结合创新的改进措施，以克服这些算法的不足之处。

11.2.3　极端环境下的探索机器人

探索机器人在现代科学技术领域扮演着至关重要的角色，它们能够在地球上甚至地球之外的极端环境中执行任务，为人类带来珍贵的数据和深刻见解。这些复杂任务对机器人的自主决策、感知导航、任务执行和资源管理等能力提出了更高要求。随着信息时代的到来，AI 技术为探索机器人的发展提供了强有力的支撑。

中国自主研发的"海斗一号"全海深自主遥控水下机器人，是为满足国家深远海关键技术与装备需求而设计的一款水下机器人。该机器人能够覆盖全球所有海洋深度，最大下潜深度超过一万米，代表了国际海洋科学研究的最新高度。这款机器人能够实现大范围的自主航行、定点精细探测和取样作业，为深渊科学考察提供了重要的高技术装备支持。图 11-6 展示了"海斗一号"的布放过程和样品采集动作，彰显了我国在深海探索技术领域的重大进展。

图 11-6　"海斗一号"布放现场与采集沉积物样品动作

通过海上试验，"海斗一号"项目团队建立了基于人机协同与人机共融理念的多模式操控技术体系，实现了大范围自主巡航与定点遥控精细作业的有机结合。该体系能够在线动态实时切换，以适应科考目标，形成了对深渊复杂多变任务的在线调整和灵活适应能力，标志着我国水下机器人深海科考技术迈入了万米深度的新纪元。

再转向外太空探索领域，我国的"天问一号"火星着陆巡视探测器自 2020 年 7 月 23 日于海南文昌卫星发射中心发射升空，并于 2021 年 5 月 15 日成功进入火星大气层，安全着陆于火星北半球的乌托邦平原。随后，"祝融号"火星探测车于 5 月 22 日开始执行其表面巡视探测任务（见图 11-7），这标志着中国成为继美国之后第二个在火星表面成功着陆并开展巡视探测的国家。与月球表面探测相比，火星探测面临更为严苛复杂的环境、缺乏先验知识以及计算资源的严格限制等挑战。加之火星与地球之间的通信时延较地月系统更大，限制了频繁的交互操作，因此"祝融号"必须具备更高的自主性。在"天问一号"探测任务中，"祝融号"在有限的资源条件下实现了高效的自主环境感知、避障规划与操控，显著提升了移动探测效率，其平均移动速度比"玉兔二号"月球车快了近五倍。

图 11-7　"祝融号"火星探测车及其自主感知避障移动轨迹

自主智能系统正处于一个快速的发展阶段，得益于深度学习、强化学习和自然语言处理等技术领域的突破性进展。限于篇幅，本节所讨论的案例可能未能涵盖所有方面，但实际上，自主智能系统已经广泛应用于医疗保健、金融、交通、制造业等多个领域，这些系统正在逐步改变人们的生活和工作模式。然而，随着"自主无人"系统的普及，它们也不可避免地面临伦理规范的挑战，尤其是在责任归属等问题上。如何平衡技术创新与社会责任，确保技术进步与伦理道德相协调，是当前亟须深入探讨和解决的重要课题。

11.3　人工智能在智能制造中的应用

在当今这个科技迅猛发展的时代，人工智能正逐渐成为智能制造领域的核心动力。技术的持续进步与创新已经推动人工智能在智能制造中的广泛应用，并引发了传统生产模式和流程的革命性变革。

11.3.1　工业流程自动化

在工业流程自动化方面，人工智能技术发挥着至关重要的作用。人工智能系统通过智能感知、决策和执行机制，实现了对生产线的自动化控制与协调。借助机器学习、深度学习以及自然语言处理等前沿技术，人工智能系统能够对海量数据进行实时的分析与处理，优化生产流程，从而显著提升生产效率和产品质量。以下是一些具体的人工智能在工业流程自动化中的应用实例。

238

Tesla超级工厂：美国Tesla公司的超级工厂采用了自主研发的生产制造控制系统（MOS），该系统具备先进的人机交互、智能识别和追溯功能，为世界级的制造工艺提供深度支持。MOS广泛应用于整车制造、电池生产、电机制造等多个环节，有效提升了工艺流程、工程设计和质量控制的水平。在冲压和压铸车间，MOS实现了生产线的全自动化运行。压铸车间利用自主开发的大数据分析系统，对工艺参数进行全面的数据采集，并具备参数波动报警功能，确保了零部件品质的稳定与可控。焊装线通过MOS能够将生产数据与车辆识别号绑定，实现生产过程的全程追溯。图11-8展示了Tesla上海超级工厂的整车制造过程，从原材料加工到成品组装，全部由150台机器人依托AI技术高效完成。这些机器人不仅能够在极端温度、有毒等恶劣环境下替代人类工作，降低人为错误，保护工人安全，同时也确保了产品的高标准质量。

海尔冰箱互联工厂：海尔中德冰箱互联工厂作为行业内首家采用智能互联技术的工厂，已成为应用智能技术的标杆。该工厂通过结合AI与5G通信技术，实现了全流程信息的自动感知、全要素事件的自动决策以及全周期场景的自动更新迭代，这标志着生产模式、生产技术及组织模式的全面升级。图11-9展示了海尔中德冰箱互联工厂高度自动化的生产车间。自建立以来，海尔中德冰箱互联工厂荣获了首批"国家智能制造标杆企业"称号、工业4.0引领园区奖，以及"金长城智慧制造工厂"称号。该工厂在高端制造、技术创新以及信息化智能化解决方案方面的创新实践，已在业界获得了广泛的认可。该工厂不仅引领了白色家电行业对智能化技术的关注和应用，还有效地解决了行业内现有的问题，对冰箱行业产生了积极的示范效应，更好地满足了行业快速发展的需求。

图 11-8　Tesla 上海超级工厂整车制造场景　　图 11-9　海尔中德冰箱互联工厂的自动化生产车间

AI 的快速发展为工业流程自动化注入了强劲的动力，但同时也伴随着一些挑战。首先，AI 在工业自动化中的应用依赖于大规模数据集，然而部分行业或企业可能面临数据收集不足的问题，导致模型性能难以充分发挥。此外，工业生产流程的复杂性增加了 AI 模型构建与实施的难度及适用性局限。未来随着技术的持续进步和广泛应用，工业生产预计将变得更加高效、灵活和智能化。边缘计算和物联网技术的发展将为工业自动化提供更丰富的数据资源和更精细的实时监控手段，这不仅能够有效缓解当前的数据收集难题，还能显著提升生产效率和产品质量。同时，深度学习、强化学习等 AI 领域的前沿技术将进一步扩大工业自动化的应用范围，使得更复杂的生产流程得以优化，实现智能化的生产过程管理。

11.3.2　产品检验自动化

在产品检验自动化方面，传统方法通常依赖大量的人力和时间投入，且易受到主观因素的干扰。AI 技术的引入使得计算机系统能够精确识别产品的缺陷，从而显著提升产品质量的稳定性和可靠性，同时也有效降低生产成本和人力资源的消耗。以下是一些 AI 驱动产品检验自动化的具体案例。

华为工业 AI 质检：华为推出的"昇腾智造解决方案"是一套专为工业制造领域企业量身打造的综合性 AI 支持方案，广泛应用于质量检测、测量定位、设备监控等关键生产和运营管理环节。"昇腾"不仅构建了标准化的 AI 软硬件平台，还融合了华为南方工厂 30 年的制造业经验与 200 多个产线 AI 规模部署的实战经验，为制造业提供了一个集一体化、高精度、快速换线支持和即插即用特性于一体的 AI 解决方案。在智能制造检测领域，"昇腾智造解决方案"已在多个细分场景中展现出其显著价值。以电子组装行业为例，该方案通过对螺钉、涂胶等细节的检测，将异物识别的准确率提升至 99.9% 以上。在半导体晶圆领域，通过智能分析技术，将缺失图案的识别准确率提升至 99% 以上。

DLIA（Deep Learning for Industrial Applications）工业缺陷检测，DLIA 是一种先进的工业缺陷检测系统，专为应对工业生产中复杂的缺陷分类与检测问题而设计。DLIA 依托于深度学习框架，通过训练和学习海量样本数据，能够以极高的精度识别出微小的瑕疵。

如图 11-10 所示，DLIA 在药品检测行业中展现了卓越的性能。在药品或胶囊的包装过程中，DLIA 的机器视觉技术能够利用颜色识别功能区分不同颜色的药品，有效防止了错误装载的发生。同时，该技术能够通过在线检测系统及时发现包装过程中可能混入的异物或药品的损坏情况。DLIA 的高度自动化确保了质量检测过程的客观性和一致性。通过深度学习，系统不断优化其判断的准确性，从而更好地适应多变的生产环境和多样化的产品类型。与传统人工质量检测相比，DLIA 在检测速度和效率上具有显著优势。

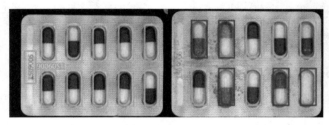

图 11-10　DLIA 药品检测

工业产品缺陷检测是智能制造自动化闭环的一个关键环节，目前许多国内外的大型企业已经通过人工智能实现了相当程度的自动化。尽管如此，自动缺陷检测系统在数据依赖性、适应性限制和系统可信度等方面仍有改进空间。随着人工智能科学技术的不断进步，预期当前面临的挑战将逐步得到克服，推动工业自动化向更高层次发展。

11.3.3　仓储物流自动化

在智能制造领域，仓储物流自动化是人工智能技术应用的关键着力点之一。传统仓储物流活动常需投入大量人力、物力，且易出现错误和延误。人工智能技术的引入，使得仓储物流过程的智能监控和管理成为可能。以下是一些具体的应用案例。

阿里云智能仓储：阿里云智能仓储系统是阿里云利用云计算、大数据、人工智能等前沿技术，为企业打造的智能化仓储解决方案。该方案主要服务于制造业、零售业、物流行业等众多领域的企业，助力其实现仓储管理向数字化和智能化转型。通过运用大数据和人工智能算法，结合智能硬件技术，阿里云智能仓储对仓库内物品的入库、存储、分拣、包装和配送等环节进行高效的规划、执行和控制。系统通过自动搬运机器人、料箱机器人、立体仓库等智能硬件取代了部分人工操作，释放了人力资源，并通过仓储管理系统与设备控制系统对自动化设备进行精准控制与管理。智能算法的应用提高了控制系统的效率，使得大规模自动化场景的调度更为稳定和高效。

Dematic 全球物流：Dematic 公司作为全球物流领域的领军企业，致力于为客户打造创新性与世界级的物流解决方案。Dematic 的智能仓储系统全面覆盖了收货、搬运、存储、拣选和发货等关键物流环节，其产品线包括自动引导车、Auto store 自动化仓库系统、自主移动机器人以及各类工作站等。如图 11-11 所示，Dematic 的收货系统配备了专为重型负载设计的传送带以及自动引导车，用于高效地运输物品。自动引导车负责货物的搬运、装卸、存储和检索，能够在货架间自动存取货物，并与传送带或加工机械进行货物的交付与接收。自动引导车通过集成的摄像头和计算机视觉技术，实现对环境的感知和自动化运行，从而显著提升流程效率且整个作业过程无须人工介入。此外，Dematic 的自主移动机器人代表了工业机器人在物料搬运领域的先进水平。这类机器人通过识别地面二维码或应用同步定位与地图构建（SLAM）技术感知周围环境，实现在人员、设备和仓库间的安全导航。

图 11-11　Dematic 的收货系统

　　AI 技术在仓储物流自动化领域的应用正在逐步革新传统的仓储管理模式。尽管在该领域已经取得了显著的进展，但仍面临着若干挑战。首先，仓储物流环境中可能存在多种复杂场景和物体，如堆放无序的货物、形状和尺寸各异的包裹等，这些都给机器的视觉感知和识别带来了不小的难题。尽管基于 AI 的目标检测识别技术已经取得了一定的进步，但在特定情况下，误识别或漏识别的风险仍然存在。其次，由于仓库内物品的位置和数量可能会频繁变动，因此，需要高效的路径规划来优化物品的存放和提取路径。然而，在大规模且高密度的仓储物流环境中，实施实时有效的动态规划算法，以适应不断变化的条件，仍是一大挑战。此外，AI 在仓储物流自动化中的应用还面临人机协作与安全性问题、技术成本与投资回报率的考量。

11.4　人工智能在智慧城市中的应用

　　智慧城市的构建是提升城市管理效能、优化资源配置的关键策略。目前，人工智能技术正逐步成为推动智慧城市建设的主导力量。在这一发展过程中，人工智能不仅是技术实现的途径，更在引领城市治理和管理模式的革新。

11.4.1　智能交通管理

　　在城市化迅猛推进的大背景下，交通拥堵和安全隐患等问题日渐突出，成为制约城市可持续发展的关键挑战。为了有效应对这些挑战，智能交通管理系统应运而生，其中人工智能技术扮演着核心角色，并为智能交通系统的发展和应用开辟了广阔的前景。通过运用数据分析、智能控制等技术手段，人工智能为交通系统注入了智能化和自适应性，实现了交通流量的优化、事故的预警以及路况的实时监控等功能。

　　深圳作为中国的经济特区和迅速崛起的城市，面临着特有的交通挑战。尽管深圳仅有6500 多公里的道路，却承载着超过 2200 万的人口，车辆密度在全国首屈一指，这对交通管理构成了巨大的压力。2017 年，深圳交警与华为公司携手，共同建立了联合创新实验室，致力于构建"城市交通大脑"。这一创新合作的成果，全面规划了深圳的交通体系，以视频云、大数据和人工智能为技术基础，打造了一个集统一性、开放性和智能化于一体的交通管理平台。此外，通过建立统一的数据采集、分析和处理平台，实现了信息资源的高度共享、融合与综合利用，形成了一个大数据资源池，确保了交通数据的全面覆盖、深度关联、广泛开放和深入分析。

到了 2019 年，双方进一步通过优化全市的感知网络体系，构建起城市级的视频云存储和人工智能资源，探索并实践了"云 – 边 – 端"的新型计算模式，将"城市交通大脑"提升为"鹏城交通智能体"。在此基础上，以"全城信号灯智能化管控"为目标，深入开展了"智慧交通"的研究工作，全面规划了深圳的交通体系。图 11-12 展示了由人工智能驱动的智能交通信号灯系统，该系统通过整合大量车辆感知设备与人工智能技术，实现了从传统的"车看灯"读秒通行方式，向现代的"灯看车"读车数放行方式的转变。

图 11-12　智能交通信号灯

放眼国际，谷歌（Google）公司旗下无人驾驶技术公司 Waymo 在 2024 年 3 月下旬于美国洛杉矶启动了面向公众的无人驾驶出租车服务。图 11-13 展示了 Waymo 公司运营的纯电动捷豹 I–Pace 汽车。用户通过注册并使用"Waymo One"应用程序即可体验这一无人驾驶出租车服务。在乘车过程中，乘客可以通过车载触屏选择"靠边停车""联系工作人员"和"开始运行"等基本功能。Waymo 的远程支持团队将实时监控每辆车装备的八个摄像头，确保服务的安全性。Waymo 的无人驾驶出租车服务依托于先进的硬件系统和人工智能技术，实现了全自动驾驶。在算法模型方面，Waymo 的深度学习架构 VectorNet 能够准确预测复杂交通场景中车辆的行驶轨迹，该模型采用图神经网络技术对车辆间的交互进行建模，并在多个轨迹预测基准数据集上展现了行业领先的性能。

图 11-13　Waymo 公司运营的纯电动捷豹外观和内部显示屏

11.4.2　智慧能源管理

能源是现代城市发展的基石，对国家和地区的经济增长具有至关重要的作用。智慧能源管理是一种新型的能源管理模式，它通过整合 AI、大数据、物联网等先进技术，对能源资源进行实时监控、深入分析、精准预测、优化配置和智能控制。

苏州工业园区是中国与新加坡两国政府合作的标志性项目，也是规模最大的工业园区之一。该工程采用了先进的智能化能源管理系统，实现了多种能源的高效协同利用。多能互补的特性虽然增加了能源供应的复杂性，但也为能源的多样化利用提供了可能。在不同能源形式的转换和整合中，AI 扮演了至关重要的角色，特别是在多种能源的协调管理和优化调度方面。AI 能够分析和挖掘大量能源数据，揭示能源系统的规律和特征，并通过学习历史数据预测未来的能源需求和供给趋势，为能源调度提供决策支持。基于对能源系统的深入理解和分析，AI 能够制定出智能化的能源调度方案，并通过算法优化和模拟仿真实现多种能源的有效协调，以满足用户需求，同时尽可能降低能源成本和环境影响。

　　自 2012 年起，中国逐步推进智慧城市建设。与此同时，日本作为亚洲的另一国家，早在 2002 年就开始了智慧城市的探索，著名的"柏叶智慧城市项目"致力于优化全社区的能源使用，核心是建立"区域能源管理系统"（AEMS）。柏叶 AEMS 是一项创新的能源管理解决方案，它通过互联网技术将区域内分散的办公楼、商业设施、住宅等建筑，以及太阳能发电和储能系统等能源设施与电力线路相连接，实现水、电、气等多种能源的集中和一体化管理。如图 11-14 所示，AEMS 系统包括大型锂电池储能系统、用于街区间电力稳定交换的电力融通装置以及变配电设备等关键组件。AEMS 的智能控制中心采用基于大数据的人工智能算法模型，以预测和调控街区在用电高峰期的电力需求。

图 11-14　柏叶 AEMS 智能中心和锂电池储能系统

　　能源管理在城市发展中占据核心地位，智慧能源管理对于智慧城市建设的重要性不言而喻。尽管人工智能驱动的智慧能源管理展现出巨大的应用潜力，但在推广过程中仍面临诸多挑战。其中包括数据质量问题、算法可解释性问题，以及由于项目规模庞大，涉及众多软硬件系统的集成与标准化问题，这些都是当前亟待解决的关键问题。

11.4.3　智能废料管理

　　在工业化进程加速和城市人口密集增长的背景下，城市固体废料的产生量持续攀升，对环境和公共健康构成了严峻挑战。目前，全球年均产生约 20.1 亿吨城市固体废料，预计到 2050 年，这一数字将激增至 34 亿吨。面对这一形势，传统的废料处理方法已难以适应日益增长的处理需求，因此，开发更智能、更高效的废料管理策略变得迫在眉睫。

　　当前，众多先进技术正在推动城市废料管理向智能化转型。智能垃圾收集技术正逐步满足智慧城市和现代化城市景观的发展需求。例如，智能垃圾桶利用 AI 技术以最少的人力投入和最低的交通干扰，高效地引导垃圾投放。针对人们偶尔疏忽导致的垃圾分类错误，波兰的 Bin-e 公司发明了一种智能垃圾桶，它采用基于 AI 的物体识别技术，自动将可回收物品分类到不同的隔间中，从而减少了错误分类的发生。在智能垃圾分类技术方面，美国 Amp Robotics 公司开发了一套使用图像分析技术的设备和软件，用于对可回收物进行精确分类，其准确性和回收率远超传统系统。

自 2019 年起，我国在全国范围内的地级及以上城市全面推行生活垃圾分类政策。北京盈创再生资源回收公司（简称"盈创回收"）所推广的"互联网＋回收"模式已在国内多个地区实现规模化运营。该模式通过物联网智能垃圾分类设备和系统，为垃圾分类和资源循环利用提供了创新的思路和工具，逐步改善了传统回收行业"小、散、差"的局面。图 11-15 展示了该公司的垃圾回收管理信息化平台和智能回收机。盈创回收的生活垃圾收运一体化运营模式涵盖了两个系列的智能垃圾分类设备及系统：iSmart 和 iPhoenix。

图 11-15　盈创回收的信息化平台和智能回收机

iSmart 系列借鉴了国外的先进经验，并结合了我国垃圾分类的实际情况，通过在现有硬件设施上集成智能化感应模块，利用先进的传感技术和 AI 算法，精确地感知和识别垃圾的类型与状态。这种智能感知和识别能力使得系统能够准确判断垃圾是否满足回收标准，实现垃圾的精准分类投放。iPhoenix 系列则利用"互联网＋"技术，构建了一个安全、高效、便捷的再生资源回收新渠道。AI 技术的应用使得回收流程的运营管理更加智能化，系统能够实时监控和管理各个关键环节，确保可追溯性、可控性和可管理性。

此外，上海市普陀区自 2022 年起开始积极探索将智能硬件和软件相结合的物联网技术应用于垃圾分类的推广。在 87 个小区部署了智能 AI 面板，建立了一个集智能抓拍、即时提醒、垃圾暂存、定点收运和精准分析为一体的垃圾分类 AI 管理体系。智能垃圾分类设备改善了传统机械设施投放时间短、方式单一的问题，最大限度地减少了对小区空间的占用，最小化对居民生活的干扰，并最大化地提升了便民服务水平。

城市废料管理是一项涉及市民日常生活方方面面的重要工作，传统的手工操作方法已无法满足当前的需求。在 AI 技术的助力下，多个大城市已经开始实施智能废料管理试点项目，并积累了大量成功的经验和可行的方案。随着计算机视觉、智能机器人等技术的不断进步，预计将有更多的中小城市加入建设智慧城市的行列中来，利用 AI 技术革新传统的废料处理模式，为公众创造一个更加健康、更加清洁的生活环境。

11.5　人工智能在医疗健康中的应用

随着 AI 技术的突飞猛进以及医疗健康领域的持续创新，AI 在医疗健康行业的应用逐渐成为关注的焦点并受到高度重视。根据全球知名的数据门户 Statista 的统计数据，2021 年全球医疗保健领域的人工智能市场估值约为 110 亿美元。到 2030 年，全球医疗保健人工智能市场的估值有望接近 1880 亿美元。AI 技术正为医疗行业带来革命性的变化和前所未有的发展机遇。

244

11.5.1　医学影像智能诊断

医学成像技术在过去数十年间的显著进步，为疾病的早期发现、诊断与治疗提供了关键工具。传统上，医学图像的解读主要依赖于放射科医师等专业人员的经验和技能。然而，考虑到病理学的复杂性和人类专家可能的疲劳因素，科研人员开始探索计算机辅助方法以提高诊断的准确性和效率。尽管计算医学图像分析的发展步伐较之成像技术略显缓慢，但随着机器学习技术的融入，这一领域正迅速取得突破。

2021 年，上海交通大学附属第六人民医院联合其他几家医学机构共建了一套基于深度学习模型的糖尿病视网膜病变辅助诊断系统 DeepDR。该系统能够自动诊断从轻度到增殖期的糖尿病视网膜病变，并能实时反馈眼底图像的质量，同时进行病变的识别和分割。DeepDR 系统的应用，不仅提高了诊断效率，也为糖尿病视网膜病变的早期发现和治疗提供了强有力的技术支撑。DeepDR 系统具备三大核心功能：图像质量分析与实时反馈、病变检测以及分级诊断。图 11-16 展示了该系统自动识别和分割视网膜病变的结果，其中微动脉瘤、棉絮斑、硬渗出物和出血通过绿色区域被突出显示。DeepDR 在轻度视网膜病变的诊断中展现了高灵敏度和特异性，有望减轻基层医生的诊断难度和工作量。

在过去数十年中，黑色素瘤在公共卫生领域构成了重大挑战，其发病率和死亡率的不断攀升引起了人们对早期发现和预防的高度重视。然而，即便是经过正式培训的皮肤科医生和执业医师，检测黑色素瘤的平均灵敏度也大多低于 80%。2018 年，在 *Annals of Oncology* 上发表的一项研究中，通过向深度学习模型展示超过 10 万张恶性黑色素瘤（最致命的皮肤癌）及良性痣的图像，训练模型识别皮肤癌。该研究将深度学习模型的表现与 58 位国际皮肤科医生的表现进行了比较，发现经过训练的模型在漏诊黑色素瘤和将良性痣误诊为恶性痣的情况上均优于皮肤科医生。

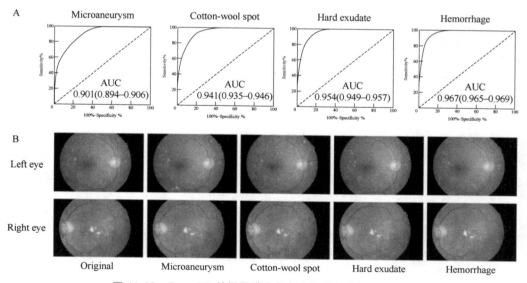

图 11-16　DeepDR 的视网膜病变自动识别和分割结果示例

此外，乳腺癌作为全球范围内的重大健康挑战，2018 年导致了超过 60 万人死亡，早期癌症检测对提高治愈率和降低死亡率至关重要。乳腺 X 光检查作为广泛推荐的早期乳腺癌筛查方法，据卫生组织估计，可将乳腺癌死亡率降低 20% ～ 40%。然而，乳腺 X 光检查的假阳性和假阴性率较高，加之解读成本昂贵，临床实践中亟须更高质量、更易获得的筛查手段。2021 年，*Natural Medicine* 上发表的一项研究中，使用了深度学习模型自动学习和识别潜在的癌症迹象。在影像诊断对比研究中，该模型在乳腺 X 线摄影和数字乳腺断层摄影分类中达到了先进水平，其平均敏感性比五名全职乳腺影像专家提高了 14%。

尽管人工智能在医学影像研究中取得了显著成果，但在其临床应用前仍面临多重挑战。首先，人工智能的发展可能受限于高质量、大规模、纵向结果数据的缺乏。即便同一疾病部位的相同图像模式，在不同临床环境中，成像设置和协议参数也可能有所差异，每组图像都与特定的临床场景相关联。图像中潜在的临床场景数量及其任务的多样性构成了巨大的挑战。如何以更标准化的方式整合不同实践产生的数据，是人工智能医学影像研究面临的一大难题。其次，在政策层面，患者健康信息受到严格的隐私政策保护，限制了跨机构的图像共享。而人工智能系统的训练和部署需要海量的医学数据，如何在保障安全性的前提下实现医学图像的共享，是该领域需要解决的另一重要挑战。

11.5.2　健康监测与远程医疗

随着 AI 技术的不断进步，健康监测与远程医疗正逐渐成为医疗健康领域的重要发展方向。AI 技术的融入为传统医疗模式带来了创新的活力，将医疗服务的触角从医院和诊所延伸至患者的日常生活环境中，为患者提供了更为便捷和个性化的医疗服务体验。

传统的健康监测方法主要依赖于周期性的体检和医生的指导，这种方法往往是间歇性的、静态的。患者通常在出现症状后才寻求医疗帮助，这可能会导致治疗的延误。现代由 AI 支持的健康监测系统则提供了一种主动且持续的医疗保健解决方案，能够实时跟踪生命体征和健康参数。用户可以通过智能穿戴设备收集包括心率、睡眠模式、活动量等在内的大量生理数据。这些数据被实时上传至云端平台，并利用机器学习和数据分析算法进行深入分析，从而帮助个人全面掌握自己的健康状况，及时发现潜在的健康风险，并获取个性化健康管理建议。

在全球范围内，医疗资源的不均衡分配是一个普遍现象，特别是在乡村和偏远地区，居民面临看病难的问题。随着科技进步，AI 驱动的远程医疗技术为这一问题提供了创新的解决方案。郑州大学第一附属医院的国家级远程医疗中心便是一个突出的实例。该中心通过构建覆盖全省的远程医疗网络，有效地突破了时间和空间的限制，使得基层地区的居民能够在本地享受到省级专家的高水平医疗服务。如图 11-17 所示，通过超高清编解码、语音人机交互、图像自动追踪等技术，医生与患者之间、医生与医生之间能够实现“面对面”的交流，显著提升了工作协同性。

图 11-17　国家远程医疗中心远程会诊

11.5.3　人工智能驱动的药物研发

下面进一步探讨 AI 在医疗健康领域的另一重要应用——药物研发。制药行业始终面临着将新药成功推向市场的艰巨挑战，这一过程不仅耗时长达十余年，而且成本高达约 26 亿美元。新药研发的特点包括研发周期长、成本高昂以及研发成功率低。幸运的是，AI 技术的兴起为药物研发领域带来了革命性的变化。

在新药研发的初期阶段，最关键的步骤之一是识别与疾病病理生理学相关的适当靶点，如特定基因或蛋白质，随后寻找能够干扰这些靶点的药物或类药物分子。如图 11-18 所示，AI 的发展极大地简化了大数据分析的过程，多种机器学习技术能够有效地从庞大的生物医学数据集中提取有用的特征、模式和结构。经过充分的训练，AI 系统能够高效地辅助人类完成靶点识别任务。一旦确定了合适的靶点并经过验证，接下来的任务是筛选出能够与靶点相互作用并引发预期生物效应的药物分子。这一步骤同样涉及对海量生物医学数据的深入分析，以寻找潜在的治疗候选分子。

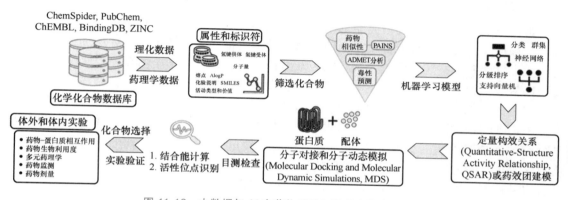

图 11-18　大数据与 AI 在药物设计和发现中的应用流程

自 2014 年以来，全球 AI 制药领域经历了显著的兴起和发展。到了 2018 年，AI 在医药行业的发展迎来了初步的突破和快速增长。2020 年 1 月，英国的药物研发公司 Exscientia 宣布，由 AI 设计的第一个分子 DSP-1181 成功进入 I 期临床试验。紧接着在 2021 年 4 月，该公司又宣布其首个由 AI 设计的免疫肿瘤分子 EXS21546 进入人体临床试验阶段。2021 年 11 月，英矽智能这家制药公司宣布，在 ISM001-055 的首次微剂量人体试验中，已为第一名健康志愿者完成了临床给药。ISM001-055 的研究旨在治疗特发性肺纤维化，这是一种导致肺部形成疤痕的严重疾病。英矽智能展示了通过 AI 识别全新靶点并设计出全新临床前候选化合物的流程，该流程仅用时不到 18 个月，研发成本约为 260 万美元，远低于传统药物研发项目可能需要的上亿美元和多年时间周期。

AI 模型在药物研发中的应用，有望显著降低研发成本、提升研发效率，并推动创新药物的开发，为全球患者带来福音。同时，一些重大挑战也接踵而至。首先，药物在生物系统中的作用机制极为复杂，通常涉及多方面的效应，而非简单的二元标记，这就需要更复杂的数据模型和算法来准确预测药物的效果和安全性。其次，尽管可用数据量庞大，但数据质量参差不齐，可能会影响 AI 模型的预测准确性和可靠性。为了应对这些挑战，必须建立一个能够提供大量高质量数据的平台，并结合先进的数据挖掘和机器学习技术，以

247

构建更准确和可靠的预测模型。

11.6　人工智能在科学探索中的应用

科学的发现和创新不仅改变了我们对世界的认识，还为人类社会带来了巨大的进步和改善。然而，科学探索也是一项需要长期投入和耐心的枯燥活动。科学家们需要进行反复的实验、数据分析和理论推导，往往需要花费大量的时间和精力才能取得进展。当前，AI 在科学探索中的应用越发广泛，扮演着十分重要的角色。

11.6.1　自动化实验与发现

AI 可以被用来设计、执行和分析科学实验。例如，通过机器学习算法，科学家可以自动化实验过程，加速新药物的研发，发现新的材料或化合物，探索基因功能等。这种自动化实验的方法不仅可以提高实验效率，还可以减少实验成本。

蛋白质结构预测：蛋白质是生命活动不可或缺的分子，参与了几乎所有关键的生理过程。这种卓越的多功能性，源于蛋白质独特的结构特征。蛋白质由一系列称为氨基酸的基元组成，这些基元按照特定的序列排列。从结构上看，蛋白质似乎简单，但实际上，其长度可以从数十至数千个氨基酸不等，且具有复杂的三维构型，这种三维构型与其生物学功能紧密相关。例如，抗体蛋白通过特定的折叠方式，能够精确地识别并结合特定的抗原，类似于钥匙与锁的匹配。因此，深入理解蛋白质的三维结构对于揭示生物体的运作机制乃至生命的本质具有重要意义。然而，蛋白质的折叠过程极为复杂，其可能的构型数量庞大，根据 Levinthal 悖论，一个蛋白质理论上可以有高达 10^{30} 种不同的构型，即使以每秒数百万种构型的速度尝试，完成所有可能构型的探索也需远超宇宙年龄的时间。

1972 年，诺贝尔化学奖得主 Christian Anfensen 提出了一个具有划时代意义的假设：理论上，仅通过蛋白质的一维氨基酸序列，就能确定其三维结构。此后，解决所谓的"蛋白质折叠问题"成为生物学界的一大挑战，困扰了无数科学家。近年来，人工智能技术的迅猛发展为这一难题的攻克带来了新的希望。AlphaFold 是由 DeepMind 公司运用深度学习技术开发的人工智能程序，它能够预测蛋白质的三维结构。在 2020 年 11 月的蛋白质结构预测关键评估竞赛（CASP）中，AlphaFold 展现出了前所未有的卓越表现，其预测的准确性远超以往任何方法。如图 11-19 所示，AlphaFold 的预测结果与实验结果的吻合度极高，几乎达到了令人难以置信的水平。AlphaFold 的成功不仅将对生命科学领域产生深远的影响，也是人工智能推动科学探索的一个典范。

新材料设计：在高科技、交通、基础设施、绿色能源以及医学等多个领域，对先进材料的需求日益增长，它们对于提升日常生活质量至关重要。然而，由于材料的化学组成、微观结构和预期性能的复杂性，传统材料发现和开发的方法正面临瓶颈。历史上，新材料的发现和设计过程的效率一直在下降，而当前，从零开始探索一种新材料可能耗费长达十年的时间，并伴随着高达 1000 万至 1 亿美元的巨额成本。在材料发现过程中，一个特别具有挑战性的问题是如何在庞大的搜索空间中生成并筛选出有潜力的候选材料方案。

2024 年 2 月，美国麻省理工学院利用 AI 技术发现了一种具有卓越耐用性的新型材料，这种材料在众多工程领域具有广泛的应用前景。相关团队开发了一种新颖的方法，它无须专家的先验知识即可自动探索具有优异刚度和韧性平衡的微结构复合材料设计方案。该方法融合了物理实验、仿真模拟以及神经网络技术，以弥合理论预测与实验结果之间的差异，并应用于微结构复合材料的发现。该团队方法的一个创新之处在于，运用神经网络作为仿真过程中的"代理模型"，显著减少了材料优化设计所需的时间和资源消耗。这种由神经网络加速的优化算法，有效地指导了研究人员对材料设计方案进行广泛的探索，以识别出性能最优的候选材料。

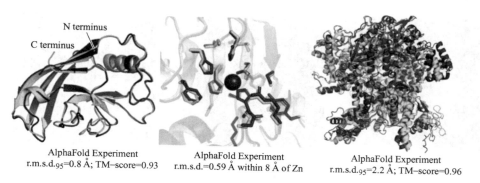

图 11-19　AlphaFold 对蛋白质结构的准确预测结果

11.6.2　数据分析与表征学习

随着科学技术的持续进步，研究领域积累了海量数据，这些数据蕴含着丰富的信息与知识，对促进科学发展和解决实际问题具有重大意义。然而，如何高效地收集、管理并分析这些庞大的数据集，成为一个亟待解决的课题。在这样的背景下，AI 辅助的数据收集与管理系统能够协助科学家们更高效地整理和分析数据，提升数据的质量和可用性。此外，AI 还能够从庞大的数据集中挖掘出潜在的模式、规律和趋势，辅助科学家们深入理解自然现象或复杂系统的行为模式。

AI 在数据选择、标注、生成和细化等多个方面，都展现出了替代传统方法的潜力。以粒子碰撞实验为例，这类实验每秒钟可以产生超过 100TB 的数据，对现有数据传输和存储技术提出了巨大挑战。在这些物理实验中，超过 99.99% 的原始数据实际上属于背景噪声，需要实时识别并剔除，以控制数据流量。为了筛选出有价值的罕见事件，已有研究工作尝试使用深度学习技术替代传统的硬件事件触发器，利用异常信号搜索算法识别在数据压缩过程中可能被忽略的异常或罕见信号。与传统方法相比，AI 驱动的数据选择方法更为高效和智能化。

在数据细化方面，如超高分辨率激光和无创显微系统等精密仪器，可以直接测量物理量或通过计算来间接测量现实世界中的物体，以获得高精确度的结果。AI 技术显著提升了测量的分辨率，降低了噪声，并消除了测量过程中可能出现的误差，确保了不同地点测量结果的一致性。AI 在科学实验中的应用还包括将黑洞等复杂的时空区域进行可视化、捕捉物理粒子的碰撞事件、提高活细胞成像的分辨率，以及更准确地识别不同生物环境中的细胞类型等。

"事件视界望远镜"（EHT）项目在 2017 年首次成功捕获了 Messier 87 星系中心黑洞的影像。经过对超过 5TB 数据的处理和压缩，该团队在 2019 年发布了一张尚显模糊的黑洞照片。到了 2023 年 4 月，一些美国物理学家将天文台收集的原始测量数据输入到一个先进的算法模型中，成功生成了更为清晰和精确的黑洞图像，如图 11-20 所示。他们采用的 AI 模型名为 PRIMO，这是一款高分辨率的自动视觉数据分析工具，它不仅用于天文学研究，还涉及重力和人类基因组等领域。经过 AI 处理后的黑洞图像揭示了更为细微的"事件视界"——即光和吸积气体在进入黑洞引力井时形成的明亮光环。这一成果对于依据 EHT 影像测量 Messier 87 中心黑洞的质量具有重大的科学意义。

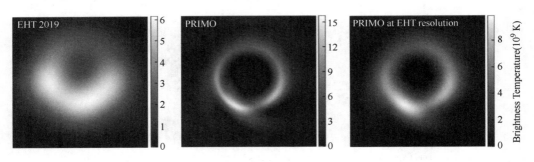

图 11-20　使用 PRIMO 重建高分辨率黑洞图像

11.6.3　科学模拟与预测

AI 在科学模型的构建、模拟和预测方面展现出巨大潜力。借助机器学习算法，研究者能够利用现有的数据集对模型进行训练，并进一步利用这些模型预测未来的发展趋势或执行模拟实验。更重要的是，科学家们现在可以利用实验观测数据来挖掘物理现象背后的控制方程，这在一定程度上减少了对研究者物理直觉和数学能力的依赖。

托卡马克装置是一种环形的核聚变研究设备，被认为是实现可持续电力供应的关键技术之一。为了在托卡马克内部实现等离子体分布配置的稳定维持，必须设计一个反馈控制器以获得所需的等离子体电流、位置和形状。尽管传统的控制器在多数情况下能够满足需求，但它们在目标等离子体配置发生变化时，往往需要大量的工程开发、设计工作和专业知识，以及进行复杂的实时计算以实现平衡估计。

瑞士洛桑联邦理工学院的研究团队运用强化学习技术，成功开发了一种用于控制核聚变反应中磁层的非线性反馈控制器。如图 11-21 所示，AI 在此过程中扮演了实验操作员的角色，实时接收电压水平和等离子体配置的测量数据，并据此调节磁场以达成预定的实验目标。在 AI 控制器的训练阶段，研究者利用带有奖励机制的物理仿真来不断优化模型的参数。这种 AI 引导的实验方法标志着从传统的工程预设计状态控制向目标导向的 AI 优化控制的根本性转变，有效缩小了模拟与实际操作之间的差异。

在理论物理领域，控制方程在物理系统研究中具有极其关键的作用，它们能够构建模型以预测未知现象。传统上，控制方程的推导依赖于基础物理原理。然而，在众多现代学科如神经科学、生物学和气候科学中，这些基础的控制方程往往是未知的或只被部分理解。幸运的是，随着传感器测量技术的突飞猛进，我们能够从实际物理过程中获取到丰富的时间序列数据。AI 模型的强大学习能力使其能够将原始输入转化为高级的、抽象的表示，从而揭示复杂空间模式或物理现象中潜在的特征和规律。这种数据驱动的科学发现范式使得科学家不必局限于使用基本原理推导系统模型，从而显著提高理论研究的工作效率。

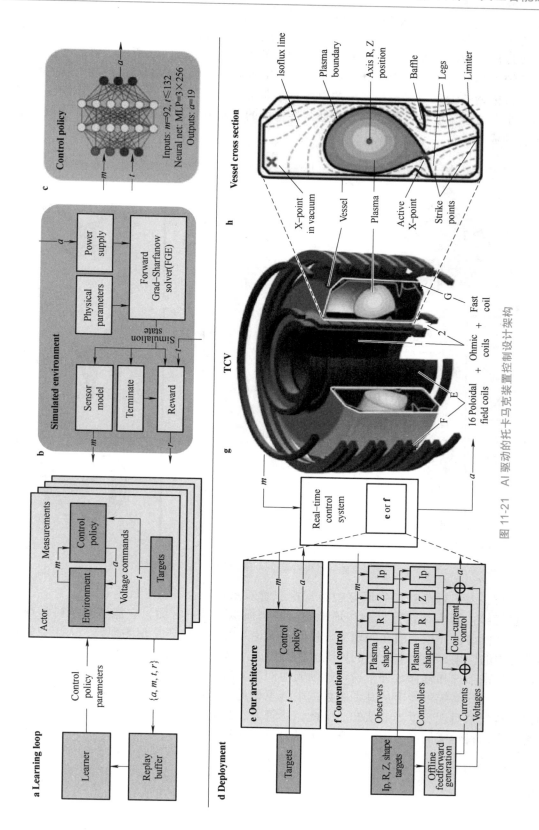

图 11-21　AI 驱动的托卡马克装置控制设计架构

美国华盛顿大学的研究团队开发了一种深度自编码器网络模型，该模型能够从高维数据中提取出可解释的低维动力学模型及其相应的坐标。如图 11-22 所示，该模型在高维洛伦兹系统方程的发现中展现了其模拟能力。自动编码器模型能够准确恢复动力学的稀疏模式，并且模型的参数与洛伦兹系统的原始参数非常接近。此外，该研究还利用网络模型对反应－扩散方程、非线性倒立摆等其他复杂系统的控制方程进行了模拟生成，均取得了令人满意的成果。

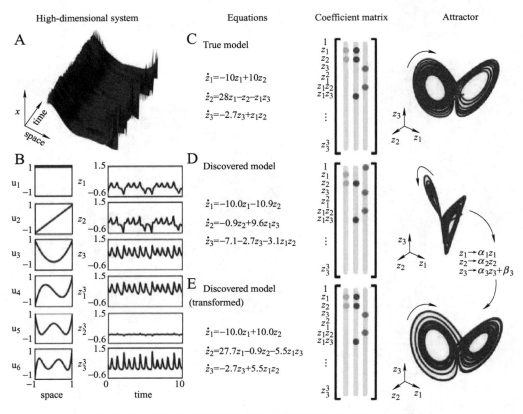

图 11-22　深度自编码器网络模型对于高维洛伦兹系统的模拟结果

当前，人工智能在科学研究中经常扮演着双重角色：既是替代者也是预言者。一方面，它能够代替人类执行复杂和烦琐的实验与模拟；另一方面，它能够分析科学观测数据，建立模型，并预测潜在的现象。然而，无论是替代实验还是预测现象，人工智能在科学研究中的应用都伴随着一定的风险。例如，人工智能处理大量信息可能导致科学家过度依赖工具来筛选和解释数据，这可能削弱他们对文献的深入理解和批判性分析的能力。同时，人工智能系统可能会从其训练数据中继承偏见，这可能在不经意间引入新的偏见，从而误导科学家对现实世界的认知。因此，尽管人工智能在提升研究效率和客观性方面具有显著潜力，科学家们在采用人工智能工具时仍需保持警惕。

本章小结

　　人工智能应用技术的快速发展将对社会、经济以及个人生活产生深远影响。本章介绍了人工智能在各领域的应用现状，包含视觉分析与生成、自主智能系统、智能制造、智慧城市、医疗健康和科学探索等重要领域。通过相关技术的发展简史和具体案例介绍，我们了解到人工智能目前在社会生活和科学研究中扮演怎样的角色，承担怎样的任务，具有哪些发展趋势和潜在风险。通过本章的学习，读者对人工智能的应用场景有了更加具象化的认识。

思考题与习题

11-1　结合实际，简述人工智能给你的生活带来了哪些具体的变化。

11-2　人工智能的广泛应用会带来哪些潜在的风险？

11-3　在人工智能参与科学研究之后，人类自身应该扮演什么样的角色？

11-4　除了本章所介绍的应用场景以外，你认为人工智能还在哪些领域具有潜在应用价值？

第 12 章　人工智能伦理与安全

🔘 导读

人工智能技术创新日新月异，不断实现新突破，成为新一轮科技革命和产业的重要驱动力量。新一代人工智能依靠其通用性、多模态和智能涌现能力与千行百业深度融合，引发生产方式、技术创新范式、内容生成方式和人机关系等领域的深刻变革。人工智能的快速发展带来的风险不容忽视，人工智能的广泛深度应用将会引发一系列伦理与安全问题，并成为各国广泛争议的突出话题。本章将从新一代人工智能伦理规范、可信人工智能、人工智能可解释性以及人工智能安全四个方面展开介绍和讲解。

🔘 本章知识点

- 人工智能伦理规范的核心原则
- 人工智能信任危机的表现与成因
- 可信人工智能的基本准则与构建途径
- 人工智能安全风险的应对策略

12.1　新一代人工智能伦理规范

近年来，以生成式人工智能应用为代表的通用人工智能技术飞速发展，正由文本生成向视频生成进阶。人工智能的安全和伦理治理已成为各国重点关注的问题，各国政府、国际组织及大型企业发布一系列法规、政策、意愿和声明，试图规范人工智能的发展路径。

12.1.1　新一代人工智能伦理规范概况

伦理与道德的起源和发展相伴而生，伦理通常是指能够对社会关系和社会行为产生约束性作用，调整人与人、人与社会之间交往和行为的各种道德准则。伦理在不同的地域和社会制度下往往呈现出不同的伦理准则和规范。人工智能伦理是指在研究、开发和应用人工智能技术时，需要遵循的道德准则和社会价值观，以确保人工智能的发展和应用不会对人类和社会造成负面影响。人工智能伦理的基本特征体现在以下几个方面：

第一，人工智能伦理属于工程伦理学范畴。工程伦理，起源于 20 世纪 70 年代，是在工程中获得辩护的道德价值的学科，自 20 世纪 70 年代起，工程伦理学在美国等一些发达国家兴起，经历了 20 世纪的最后 20 年，工程伦理学的教学和研究逐渐进入建制化阶段。作为一个研究的领域，工程伦理是对在工程实践中涉及的道德价值、问题和决策的研究，宗旨在于理解道德价值和解决道德问题。人工智能伦理属于工程伦理学范畴，其目的在于设计和使用人工智能机器时的道德价值判断和伦理问题解决。

第二，人工智能伦理是对人工智能技术的道德规制。其内容是指人工智能科技工作者相互之间、科技共同体与社会之间诸种关系的道德原则、道德规范等的综合。人工智能伦理并非人工智能技术自身固有的，而是一种外部控制，依靠人工智能科技工作者的自律性发挥其规范作用。人工智能技术活动中应重视伦理规范，发挥科技的正面效益，避免其负面影响。人工智能工作的伦理观念会影响人工智能活动的动机和目的，对人工智能活动产生重大影响。人工智能的技术、产业及其产品的发展和成就一旦进入人类社会，必然直接或间接地影响人的权利和福祉，科技发明和创造并不意味着它们是天然正确的，应接受"是否应当"的质询和道德规制。

12.1.2　人工智能引发的伦理问题

人工智能技术逐渐成熟，并且广泛应用于医疗、教育、军事等各个领域。人工智能技术给人们的生活带来巨大便利的同时，其独特性也对传统的法律伦理道德提出了严峻的考验。相比较传统伦理，人工智能伦理具有一定的特殊性：一是人工智能高度依赖内部的算法设计而导致潜在伦理风险。人工智能技术背后的决策逻辑难以被理解、预测和评估，尤其与大数据、生物学等结合产生潜在的伦理风险。相比于传统伦理，人工智能的不确定伦理负效应更为难以预测。二是在技术、数据、应用和社会层面都可能引发伦理问题。人工智能系统是用一种或多种人工智能技术和方法开发的软件，能够生成影响其交互的环境内容，以及输出建议和决策等。人工智能引发的伦理问题如下：

1. 隐私问题

隐私权是自然人享有的权利，主要包括私人生活安宁、私密空间、私密活动、私密信息、信息自由和通信秘密等内容。我国《民法典》第一千零三十二条明确规定，"自然人享有隐私权。隐私权包括个人生活的安宁以及不愿为他人知晓的私密空间、私密活动和私密信息。"人工智能伦理规范中涉及的隐私问题主要是指在人工智能的应用场景中的信息隐私或数据隐私。

当前人工智能的各种应用场景中，侵犯隐私权的现象并不罕见，实际生活中表现为：一是人工智能的人脸识别技术应用对个人隐私权的侵害。面部信息对每个人都是独特的，是个人隐私信息的重要组成。通过几何特征的人脸识别方法、基于特征脸（PCA）的人脸识别方法、神经网络的人脸识别方法、弹性图匹配的人脸识别方法、线段 Hausdorff 距离的人脸识别方法等获取并存储个体面部信息，可能构成对隐私权的侵害。二是自动驾驶汽车在行驶过程中的数据记载行为同样造成个人隐私权的侵害，其中包括乘客的姓名、住址等通信信息，乘客在车内的声音、肖像和个人活动，自然人不愿意公开的出行轨迹，乘客的交易记录、支付账号等财产类信息等，一旦这些数据被智能系统加工、利用，就可能产生个人隐私的伦理问题。三是智能护理型机器人等 AI 医疗类产品在使用过程中会收集大量的信息，如使用者的身体状况、生活规律等信息，这些信息一旦泄露，将会产生侵犯个人隐私的法律问题。四是社交型人工智能机器人以新的方式介入隐私。拟人化的社交机器人用于娱乐、陪伴或治疗时，人类会与之建立社会关系，机器人将捕捉到人们的身份特性，会有信息泄露的风险。从隐私和数据保护的视角看，人工智能（尤其是处理大数据的机器学习应用程序）常常涉及收集和使用个人信息问题。人工智能应用场景广泛，可以是智能手机、社交媒体，也可以是工作场所、娱乐场所等。在网络世界里，每一台电子设备，每一款软件，都可能遭到恶意攻击、入侵和操纵。随着人工智能应用场景的不断拓展，一旦人工智能获取数据外泄或被滥用，将对公民隐私安全造成威胁。同时，AI 引发的隐私伦理问题也将呈现更多新的形式。

规制人工智能伦理中的隐私问题，要做到合乎伦理地使用人工智能。数据的收集、处理和共享以尊重个人的隐私权为前提。保护人工智能使用者的知情权，即人工智能使用者有权了解自身数据被使用的情况、有权反对收集或处理相关数据，当相关数据正在被收集和处理时有被通知的权利。

2. 道德认定问题

道德认定问题是人工智能伦理学中需要解决的重要问题，在实践中应用广泛，表现为人工智能本身是否应具备内在的道德约束。在具体的应用场景中讨论最多的问题是自动驾驶汽车应用下"电车难题"和"隧道难题"问题，以及由此引发的无人驾驶汽车的伦理困境及影响。

电车难题（Trolley Problem），是伦理学领域最为知名的思想实验之一，假想一个疯子把五个无辜的人绑在电车轨道上，一辆失控的电车朝他们驶来。你可以拉一个拉杆，让电车开到另一个轨道上，然而另外一个轨道上也绑了一个人，你应该做何选择？1967 年，菲利帕·福特发表的《堕胎问题和教条双重影响》中，首次提到了"电车难题"。这一电车难题的思想实验常常被用来讨论在面临不得不发生碰撞时，无人驾驶汽车如何选择碰撞目标时的选择困境。选择救五个无辜的人，符合功利主义的哲学观点，即大部分道德决策都是根据"最大多数人的最大利益"原则；但是功利主义的批判者认为，一旦拉了拉杆，你就成了不道德行为的同谋，要为另一个轨道上单独一个人的死负部分责任（见图 12-1）。传统的电车难题只是传统伦理学上的一次思维试验，但无人驾驶汽车却可能将这一现象变为现实。

隧道难题（Tunnel Problem），是指在一个山区的单行路上，无人驾驶汽车正准备快速进入隧道，这时一个儿童跑到了路中央，正好堵在进入隧道的入口，这时无人驾驶汽车只有两个选择：一是撞向儿童，将导致其伤亡；二是撞向隧道入口的墙壁，将导致车内人员伤亡。一份调查显示，64% 的人表示他们将选择撞向儿童。人们的选择出于人类自我保护的本能，但是如果出现事故不会导致车内人员严重伤害，却导致多名行人死亡，这一问题就将变得更为复杂。隧道难题是电车难题的变种，表述了无人驾驶汽车对碰撞目标的选择难题，共同反应了功利主义哲学的伦理困境（见图 12-2）。车内人员与路人之间利益的冲突与选择，这一传统的伦理问题依托人工智能这一载体，同样会产生道德认定问题。

图 12-1　电车难题

图 12-2　隧道难题

在人工智能技术发展带来的道德认定问题的研究讨论上，出现了强人工智能与弱人工智能的讨论。所谓的弱人工智能，只是把 AI 当作手段和工具，因此 AI 本身没有善恶和好坏之分，关键在于使用它的人类本身，AI 的研发和广泛应用会对人类产生巨大的经济效益和社会效益，因此，在道德认定问题身上，规则对象和责任分配应由人工智能体背后的设计者承担。而所谓的强人工智能，认为 AI 不再处于工具地位，而是具有强大的学习能力和生命意识，能够真正推理和解决问题。目前世界范围内人工智能伦理规范多采用中立主义立场，既承认 AI 的工具属性，也要认识到其研发与应用中可能对人类造成的潜在威胁。以此道德认定为基础，为人工智能相关活动制定伦理指引。

3. 算法偏见问题

人工智能的算法偏见，是指在人工智能做出决策时，尤其是在推荐用户做出某个决策时，可能会产生偏见与歧视问题，该决策可能对某个或某些特定的个人或群体产生不公正或不公平的对待。

人工智能的算法偏见产生的原因在于决策算法需要区分和归类数据类型，区别不同的可能性而做出选择，就如同招聘中对简历的筛选，必然透露着招聘方的偏好倾向。人工智能算法偏见的特征表现为：一是人工智能展现人类的偏见。人工智能通过数据的统计和选择展现社会群体的普遍选择，人工智能算法是在大型数据集上进行训练，通过模式、标签和类别识别学习技能，预测下一步做法。然而，模式、标签和类别无法充分反映个体的复杂性，展现人类的偏见。二是人工智能加剧偏见。这一问题最初反映在 COMPAS 算法[⊖]上，COMPAS 备受争议的原因在于这一算法因数据集或者其他问题，会产生对有色人种或特殊族裔的偏见。研究表明，该算法发生在黑人身上的误报率（预测会再次犯罪但实际上并没有发生）更高。因此，人工智能加剧偏见和不公正的歧视的风险更高。三是算法歧视的隐蔽性。算法歧视的隐蔽性表现为"算法黑箱"。由于技术本身的复杂性以及媒体机构、技术公司的排他性商业政策，算法犹如一个未知的"黑箱"，用户并不清楚算法的目标和意图，也无从获悉算法设计者、实际控制者以及机器生成内容的责任归属等信息，更谈不上对其进行评判和监督，这加剧了算法的隐蔽性。

算法偏见存在于软件设计、测试和应用的各个阶段，人工智能技术可能会使这些问题永久化。影响的不仅仅是某个人，还包括整个群体。偏见的产生往往是无意的，研发人

⊖　全称是 Correctional Offender Management Profiling for Alternative Sanctions，以"替代性制裁为目标的惩教犯管理画像"。简单理解，就是对嫌疑人进行人工智能画像，以量刑或者判断是否假释。类似于 2002 年上映的电影《少数派报告》，将犯罪的萌芽消灭于襁褓之中。

员、用户和其他相关人员（如公司管理层）往往没有预见到人工智能会对某些群体或个人产生歧视。当决策没有充分形成自己的判断，倾向于相信算法给出建议的准确性，或者完全依赖于算法，就会产生被动接受运行结果的算法偏见问题。

12.1.3　人工智能伦理规范的核心原则

人工智能伦理规范的原则是为了引导人工智能的发展和应用，确保人工智能技术的发展和应用与人类的核心价值观和道德准则保持一致，以实现更加人性化、公平和可持续的人工智能社会，最大限度地增进人类福祉。人工智能伦理规范的原则众多，其中最为核心的原则包括如下四个方面：

1）科技伦理原则。发展人工智能应当坚持以人为本，尊重人身自由和人格尊严，增进人民福祉，保障公共利益，引导和规范人工智能产业健康有序发展。《中华人民共和国宪法》（以下简称《宪法》）序言中，载明要"推动物质文明、政治文明、精神文明、社会文明、生态文明协调发展"。《宪法》第四十七条规定了"中华人民共和国公民有进行科学研究、文学艺术创作和其他文化活动的自由。"人工智能带来社会建设的新机遇，其在教育、医疗、养老、环境保护、城市运行等场景的广泛运用，将提高公共服务精准化水平，全面增进人类福祉。人工智能的开发与应用应坚持以人民为中心的发展思想，遵循人类共同价值观，尊重人权和人类根本利益诉求，遵守伦理道德。

2）创新发展原则。国家实施包容审慎监管，鼓励支持人工智能产业创新发展，保障人工智能安全。许多国家都在积极采取措施鼓励人工智能发展，表现为：一是政府通过颁布支持人工智能创新的政策法规，为人工智能企业提供良好的发展环境，包括税收优惠、资金补贴、创新基金、知识产权保护等。二是通过投资和资金支持，包括科研项目自主、创业基金等帮助人工智能的研发和创新。三是加强产学研，即产业界（Industry）、学术界（Academic）和科研界（Research）的合作与交流，共同推进技术的进步和应用的拓展。

3）公平公正原则。人工智能开发者、提供者、使用者应当坚持公平公正原则，保护个人、组织的合法权益，不得实施不合理的差别对待。公平公正以规制算法歧视和数据歧视为目标，亦即所有公共和私人行为者都必须防止和减轻机器学习技术的设计、开发和应用中的歧视风险。

4）可问责性原则。AI可问责性（Accountability）是人工智能良好治理的一部分，与职责担当、透明、可回答性和回应性有关。可问责性分解为"谁承担责任""对谁承担责任""遵循什么样的标准来承担责任""对何事项""通过什么程序""应当产生何种结果"六个要素，通过明确问责主体、问责方式、问责标准、问责范围、问责程序、责任后果，能够对人工智能活动网络中的多元主体加以问责，将问责体系与被问责的人工智能活动相匹配。

除了上述四种主要的伦理原则外，人工智能伦理规范的原则还包括正当使用原则、人工介入原则、平等原则、透明原则、不伤害原则、预警原则、稳定原则等。

12.2　可信人工智能

随着人类生活被人工智能广泛渗透，公众接受人工智能的程度也越来越高，公众对人工智能技术存在一定的质疑与不信任。2019 年 6 月，二十国集团（G20）提出 "G20 人工智能原则"，强调要以人为本，发展可信人工智能。面对人工智能引发的全球信任焦虑，发展可信人工智能已经成为全球共识。

12.2.1　人工智能的不可信任的表现和成因

可信人工智能要解决的首要问题是人工智能的不可信任问题。人工智能不可信任在实践中的表现是多方面的，例如，部分互联网公司因未能妥善保护用户数据，导致大量个人信息被泄露，从而引发公众对人工智能技术在数据收集、存储和使用过程中的隐私保护能力的质疑，担心自己的个人信息被滥用，进而对人工智能技术产生不信任。再如，招聘领域中有个别公司使用的人工智能招聘软件存在性别歧视问题，更倾向于推荐男性候选人。这种不公平的决策过程破坏了公众对人工智能技术的信任。又如，自动驾驶汽车技术在理论上能够减少交通事故和提高道路安全性，但由于其决策过程缺乏透明度，人们对其安全性产生了疑虑。特斯拉自动驾驶汽车在中国出现首例死亡事故，引发了公众对自动驾驶技术安全性的广泛担忧。又如在医疗领域，某医院使用的人工智能辅助诊断系统因算法错误导致误诊，给患者带来了严重的伤害。这些事件的发生在某种程度上削弱了公众对人工智能技术的信任，具体表现和成因如下：

第一，算法的不透明导致了侵害用户知情权与自主决策权的风险。在常规情况下，人们有权自主决定其私人与公共生活的选择。然而，不透明的算法可能在不经意间成为决策的主体，这实际上是对消费者知情权的侵犯。"算法透明是消费者知情权的一部分，而算法黑箱实际上是一种信息不对称，无形中会导致消费者知情权受损，从而影响其自主决策权"。此外，当算法的开发者与消费者存在利益冲突时，算法黑箱可能倾向于做出更有利于开发者的决策，难以保证决策的独立性和客观性。

第二，算法在处理个人数据时存在侵犯隐私的风险。以数据画像为例，为了提高数据画像的准确性，商业机构需要收集和处理大量的个人数据。然而，在算法决策的过程中，用户往往对数据的收集和处理过程一无所知，这可能导致商业机构过度收集与其服务无关的信息。此外，在数据处理环节，对个人信息的挖掘和对比可能会揭示出用户不愿公开的新信息，这些都增加了侵犯个人隐私的风险。

第三，算法在使用过程中也存在歧视的风险。由于算法是由人类设计和构建的，因此不可避免地会受到开发者个人判断和价值观的影响。为了应对这一问题，人工智能算法开发者正致力于制定一系列具体的标准，旨在检测和减轻算法中的偏见。然而，尽管如此，关于 "常识" 是否构成偏见的问题仍悬而未决。

第四，算法的权力逐渐增强，导致了人与技术之间对抗性的上升。"目前，算法已经逐步具备了一定的公共、行政力量的特征，超越了传统意义上政府才能具备的权力"。算法权力通过执行算法的方式对人类社会进行规训，这种权力的现实体现可见于网络监视和信息茧房等现象中。一旦人类与技术在权威地位上发生偏移，两者之间的对立关系便可能浮出水面，甚至进一步加剧人与人之间的不信任甚至对抗态势。

12.2.2　可信人工智能的安全类型

技术安全。可信人工智能的技术安全是一个多层次、多维度的概念，涉及算法模型的鲁棒性[⊖]、数据保护、系统稳定性与可靠性、交互安全以及持续的安全监测与更新等多个方面：首先，算法模型的鲁棒性是技术安全的核心。人工智能系统的决策和行为基于其内部的算法和模型，因此，这些算法和模型必须能够抵御各种形式的攻击和干扰。除了对抗性训练，研究者们还在探索更先进的防御技术，如自适应防御策略等，以增强模型的安全性。对于深度学习等复杂模型，还需要关注其可解释性，以确保其决策过程透明、可信。其次，数据保护是技术安全的关键环节。人工智能系统依赖大量数据进行训练和优化，因此，数据的安全性、完整性和隐私性至关重要。除了传统的加密和匿名化技术，还需要关注数据的访问控制和使用权限管理。再次，系统稳定性与可靠性是技术安全的重要保障。人工智能系统通常运行在复杂的网络环境中，可能面临各种硬件故障、网络攻击等挑战，需要采用一系列技术手段来确保系统的稳定运行。最后，持续的安全监测与更新是技术安全的必要条件。随着技术的不断进步和攻击手段的不断演变，人工智能系统需要不断适应新的安全挑战，需要建立完善的安全监测和更新机制，及时发现并修复潜在的安全漏洞和缺陷。

应用安全。可信人工智能的应用安全类型主要包括以下几个方面：第一，数据隐私保护。人工智能系统需要处理大量的用户数据，包括个人身份信息、偏好数据等。数据隐私保护技术能够确保这些数据的安全性和隐私性，防止数据泄露和滥用。这涉及对用户数据的加密、匿名化处理以及访问控制等措施，确保数据在处理和存储过程中不被未经授权的第三方获取或使用。第二，算法模型安全。人工智能模型可能受到各种攻击，如对抗性样本攻击、模型逆向工程等。模型安全技术旨在提高模型的鲁棒性，防止恶意攻击者利用漏洞对模型进行攻击。这包括使用安全的训练算法、检测并抵御恶意输入等策略，以确保模型的正确性和可靠性。第三，算法能够进行防御性学习。算法的防御性学习技术可以检测和阻止恶意行为，如检测恶意软件、网络攻击等。该技术通过监控和分析数据流来识别异常行为，并采取相应的防御措施。这有助于及时发现并应对潜在的威胁，保护人工智能系统的稳定运行和数据的完整性。

法律与伦理安全。人工智能在运作过程中需要遵循法律规定和伦理准则，以确保其合法性、公正性和道德性。在法律安全方面，可信人工智能需要遵守相关的法律法规，包括数据保护、隐私保护、知识产权等方面的法律法规。在人工智能的应用方面，应注意不能侵犯他人的知识产权，如专利、商标和版权等。在人工智能的决策过程中，要注意避免垄断行为对市场竞争和消费者权益造成损害。

12.2.3　构建可信人工智能的途径

构建可信人工智能标准框架和可信性指南。人工智能的长远发展可能因用户群体对其可靠性、有效性和公平性的疑虑而受到制约。若无法系统性地解决这些社会层面的担忧，市场的投资热情将受到打击，进而阻碍人工智能产业的持续发展。为应对这一挑战，2018 年 12 月，欧盟委员会发布了《可信人工智能伦理指南草案》。该草案构建了一个系统性的可信人工智能框架，既强调伦理规范性，又注重技术性要求。具体而言，它提出

⊖　鲁棒性在计算机科学、控制系统、机器学习等多个领域中都是一个重要的概念，是指算法在面临各种异常输入、扰动或者参数变动时，仍能够保持其性能的稳定性和准确性。

了 10 项关于可信人工智能的明确标准和 12 项旨在实现这些标准的技术性与非技术性方法。此外，为了方便企业和监管机构的应用与评估，该草案还设计了一套详细的评估清单。随后，在 2020 年，国际标准化组织（ISO）和国际电工委员会（IEC）联合出台了 ISO/IEC TR24028《可信人工智能标准概述》。该概述旨在深入分析可能影响人工智能系统可信度的关键因素，以明确人工智能领域的具体标准化差距，为制定更为全面和有效的标准提供指导。这一系列举措表明，在推动人工智能发展的同时，国际社会也日益重视其可信性，并通过制定标准和伦理指南来确保人工智能的安全、可靠和公平。构建我国的可信人工智能标准体系，并不能将可信人工智能相关标准简单机械相加，因为标准体系是一定范围内的标准按其内在联系形成的科学有机整体，具有目的性、层次性。可以参照 ISO/IEC TR24028 标准，对国外经验加以参考，设立符合我国国情的可信人工智能标准指南。

　　建立人工智能风险分类分级制度和伦理原则标准。目前，国际上许多关于人工智能伦理的研究活动侧重于建立人工智能伦理基础原则，形成非技术性指导文件。我国推行的 GB/T 5271.31—2006 标准包含描述人工智能可信性的概念，但相比于国外的部分标准，如与 SC 42/WG 3 中所提出的概念相比，还是显得有些不足。我国也可以效仿 IEC/SEG 10 标准体系，建立人工智能系统评级和人工智能使用等级标准。在 IEC/SEG 10 标准体系中，通过透明性、鲁棒性等特征，将人工智能系统进行分级分类，并从控制程度、纠正程度进行使用等级分类。需要注意的是，人工智能目前仍处于发展阶段，若实施较为严格的标准，不利于人工智能产业的发展。况且不同种类的人工智能系统，所带来的风险程度不尽相同。目前，我国尚未形成完善的人工智能系统分级分类标准，因此需加快此类标准建设进度。

　　加强场景化人工智能技术标准。加强可信人工智能技术标准建设，并构建场景化人工智能技术标准，是确保人工智能技术在不同应用领域中能够安全、可靠、有效地运行的关键举措。就可信人工智能技术标准建设方面：一是制定统一的技术规范。制定关于数据收集、存储、处理和应用等方面的统一标准，确保数据的合规性和安全性。二是针对算法设计、模型训练、评估测试等环节，制定详细的操作规范和技术要求，以确保算法的稳定性和可靠性。同时强化技术标准与法律法规的衔接。三是将可信人工智能的技术标准与国家的法律法规相结合，确保技术标准的合规性和有效性。同时，根据法律法规的变化，及时调整和完善技术标准，以适应不断变化的法律环境。四是推动国际标准化合作。加强与国际组织和其他国家的标准化合作，共同制定和推广可信人工智能的国际标准，推动全球人工智能技术的协同发展。

　　以算法治理规制机器学习技术。机器学习是人工智能所采用的主要手段，我国尚未设立机器学习的相关技术标准。算法治理的核心在于确保算法的设计、开发和运用符合法律法规、伦理道德和社会公共利益。这要求算法开发者在设计和开发算法时，必须充分考虑算法可能对社会、经济、文化等方面产生的影响，并采取相应的措施来避免或减轻这些影响。同时，算法的使用者也需要遵守相关的法律法规，不得利用算法从事违法违规的行为。目前，我国尚未设立机器学习的相关技术标准，但 ISO/IEC 23053—2022 和 ISO/IEC TS4213—2022 两个标准中，已经着手机器学习的性能和相关技术评估，在此方面，我国可以借鉴上述两项标准，构建符合我国国情的机器学习相关技术标准。

261

12.3　人工智能可解释性

人工智能程序或系统做出的决策通常是通过"算法"计算得出的，会给人客观性的印象，实际上，人类很难预测模型或算法究竟是怎样计算的，如 AlphaGo 打败韩国围棋选手李世石，其开发者都不知道它是如何决策走出制胜的一步。另外，由于开发者可能出于商业保密或其他原因，导致算法决策过程不透明，这可能引发偏见、歧视等伦理和社会问题。因此从 AI 自身的发展逻辑来看，可解释性至关重要。

12.3.1　可解释性人工智能概述

可解释性人工智能，是指具有可理解性的（Understandability）人工智能，它是人工智能模型的一种性质。在现有的研究文献中，可解释性概念并不明确，也可以表述为可诠释性（Interpretability）、透明性（Transparency）、可领会性（Comprehensibility）等，在很多情况下它们被互换使用。

随着机器学习和人工智能技术在各个领域中的迅速发展和应用，向用户解释算法输出的过程和结果至关重要。通俗地讲，AI 可解释性，是指把人工智能从黑盒变成白盒，从而使用户能够理解其运行机制。可解释性人工智能模型的作用表现为：一是展示模型运作方式。即一个模型不需要解释它的内在结构或处理数据的算法，用户也能理解其功能和特征。二是打破研究和应用之间的差距。AI 广泛应用于商业领域，出于安全、道德伦理的考虑，一些管制较多的领域场景（如金融、医疗等）会限制无法解释的人工智能技术的使用。三是帮助用户有效使用模型。可解释性可以帮助用户理解人工智能所做出的决策，并纠正用户在使用模型时因不清楚算法而产生的错误操作。四是有助于确保决策过程的公平性。可解释性对于检查和纠正数据集中的偏见至关重要，通过揭示潜在的对抗性扰动增强预测的准确性。

近年来，关于人工智能伦理规则的政策文件都增加了"可解释性"这一原则，强调需要对人工智能造成的具体伦理问题做出解释，以保证人工智能系统具有可查证性。可解释性已经成为可信赖人工智能的基础和核心关切。

可解释性人工智能在本质上说具有社会系统属性，但无法承担道德责任。AI 应用的技术具有社会系统属性，关于人工智能可解释性的研究文献中有一个被大量引用的关于图像识别和分类的例子。对 AI 系统的开发、配置和使用的信赖不仅仅是技术的内在属性，更具有应用技术——社会系统的属性。从心理学角度讲，人们对不能解释的、不可追踪的、不可信赖的技术会持谨慎态度；反之，人类对所熟知的事物，因为知道其运作机制和方式更会产生认同和安全感。可解释性是构建安全可信人工智能系统的关键。这就要保持模型的透明而非黑箱，需要公开宣告它的目的以及它能做什么和不能做什么，训练数据是从哪收集、如何收集，以及行为的动机等问题。

同时，人工智能无法承担道德责任。可解释性人工智能问题实际上是一个人机交互关系问题，人工智能产品是否承担道德责任，学界和实务界已经达成共识，2019 年 6 月 17 日，国家新一代人工智能治理专业委员会发布《新一代人工智能治理原则——发展负责任的人工智能》，提出了"负责任的人工智能"概念，提出了共担责任主张。共担责任并非指人工智能产品的责任承担问题，而是人工智能研发者、使用者及其他相关方的共同责任，这种共同责任包括应具有高度的社会责任感和自律意识，严格遵守法律法规、伦理道德和标准规范。同时，建立人工智能问责机制，明确研发者、使用者和受用者等的责任。人工智能应用过程中应确保人类知情权，告知可能产生的风险和影响。防范利用人工智能进行非法活动。

可解释性人工智能的基本要素，包括：第一，人工智能可解释的原因。无法解释内部运作的算法，特别是涉及关键决策、风险管理或合规性方面，容易降低用户和利益相关者的信任度。只有实现算法的可解释性，才能促使人工智能发展的合理性和非歧视性，使开发人员更轻松地诊断和解决模型中的问题；当模型的表现不良时，及时了解决策过程并加以改进。第二，人工智能可解释的对象。为了保证 AI 决策透明性，人工智能可解释性需要根据不同人群来调整解释的焦点。AI 决策的受众群体包括业务用户、监管机构、公众。第三，人工智能可解释的方式。学界已经探索了各种方法，诸如规则、决策树和线性模型，或选择用可视化工具展示 AI 的决策过程；通过对 AI 学习内容的语义研究，来探寻决策的根本动因。如归因解释（Attribution Methods）、内部模块解释、基于（训练）样本的解释、利用解释性技术、可解释的提示技术、利用知识增强的提示技术、将解释结果用于数据增强等。

12.3.2　发展人工智能可解释性的基本途径

实现可解释性人工智能的前提是解决黑箱问题、确保鲁棒性。为了达成可解释性，人工智能的根本出路在于积极探索人类心智的内在机构，理解人类的认知、推理和决策的一般原理。

通过模型的原理进行解释。常见的具备可解释性的模型方法包括：一是决策树和基于规则模型。这是一种可解释性很高的模型，其决策过程可以通过一系列简单的规则或路径来解释。二是线性模型。其通常具有很好的可解释性，预测结果可以直接由特征的线性组合来解释。三是局部解释性模型。其使用简单的模型来近似复杂模型的局部行为。四是特征重要性分析。即通过分析模型中各个特征对于输出结果的贡献程度，可以帮助解释模型的决策过程。

通过计算梯度进行解释。通过计算梯度确定对模型影响最大的特征，增加模型的可解释性和可理解性。确定对模型影响最大的特征通常涉及梯度的计算，这个过程通常被称为梯度分析或梯度检验，内容包括：计算模型的输出关于输入特征的梯度；分析梯度以确定哪些特征对模型输出的变化影响最大；敏感度分析方法，用来估计模型输出对输入特征的敏感程度。

通过深度神经网络特征进行解释。对深度神经网络（DNN）特征进行解释是一个复杂而活跃的研究领域，方法包括：梯度方法，即计算模型输出对于模型输入的梯度；激活最大化，即通过最大化某些神经元的激活来理解输入特征的影响；特征可视化，即使用可视化技术，直观地展示网络对于输入特征的使用方式。

通过专家经验和制定规则来解释模型。指从专家经验或领域知识中提炼出的一系列规则，这些规则可以解释模型的预测行为。这种方法常被称为规则提取或基于规则的解释方法，包括决策树的方法，即如果模型是基于决策树的，可以直接从决策树结构中提取规则，每个决策树结点的划分条件都可以被视为一个规则，这些规则可以解释模型对于特征的使用和决策过程；基于特征阈值的方法，即可以通过分析模型的权重或参数，确定每个特征的重要性，并为每个特征设定阈值，可以制定规则来解释模型对于输入特征的预测行为；领域知识指导的方法，即如果有相关领域知识可用，可以利用这些知识来制定规则。

12.4　人工智能安全

人工智能安全（Artificial Intelligence Safety）是指确保人工智能系统在其整个生命周期内（设计、开发、部署和使用阶段）的行为符合预期，不会对人类、环境和社会造成不可接受的风险的一系列措施和原则。

12.4.1　人工智能安全风险的类型

数据训练中的安全风险。人工智能数据训练中的安全风险是一个多层次、多维度的问题，涉及数据的收集、处理、存储以及模型训练等多个环节：首先，从数据收集的角度来看，人工智能数据训练需要大量的数据作为支撑。这些数据往往涉及个人隐私、商业秘密等敏感信息。如果数据收集过程中未经过用户充分授权同意，或者采集方式不当，就可能导致数据泄露和滥用。一旦这些数据被不法分子获取，他们可能会利用这些信息进行欺诈、恶意攻击等活动，对个人和社会造成严重损害。其次，在数据处理和存储环节，人工智能数据训练面临着数据污染和篡改的风险。数据污染可能来自恶意注入的伪造数据或错误数据，这些数据会破坏数据集的完整性和准确性，导致训练出的模型存在偏差或错误。而数据篡改则可能发生在数据存储或传输过程中，恶意方通过修改数据来干扰模型的训练过程，从而达到其不法目的。再次，模型训练阶段也存在安全风险。如果训练过程中缺乏足够的安全防护措施，如数据加密、访问控制等，也可能导致模型被非法获取或滥用。在数据训练过程中，涉及的数据往往包含大量个人敏感信息，如身份信息、行为记录等。最后，人工智能数据训练的安全风险还与其应用场景密切相关。随着人工智能技术的广泛应用，越来越多的行业和领域开始依赖人工智能技术。不同行业和领域对数据安全的要求和标准可能存在差异，这增加了数据训练中的安全风险。例如，在医疗、金融等敏感领域，数据泄露和滥用可能导致严重的后果。

算法黑箱的安全风险。人工智能的算法黑箱安全风险是一个复杂且亟待关注的问题。尽管这种"黑箱"特性使得算法的使用更为简便和方便，但同时也带来了不容忽视的安全风险。算法黑箱导致我们无法准确了解算法的内部逻辑和决策过程。这使得算法可能在不知不觉中对个人和社会产生负面影响。同时，算法黑箱使得攻击者更容易利用算法的安全漏洞进行攻击。由于我们无法深入了解算法的内部结构和逻辑，攻击者可能通过精心构造的输入数据来触发算法的错误行为，或者通过某种方式干扰算法的训练过程，导致模型失效或被恶意利用。这种算法自身存在的脆弱性，使其可能成为安全链中最薄弱的环节。已有研究表明，攻击者可以通过攻击其中的漏洞来破坏整个基础架构，也可以注入恶意数据破坏学习过程，或者在测试时操作数据，利用算法的弱点和盲点逃避检测。这种攻击不仅可能对个人隐私造成威胁，还可能对关键基础设施和社会稳定造成严重影响。

技术滥用与依赖中的安全风险。人工智能技术的滥用可能导致一系列严重的安全风险。由于人工智能系统具备强大的数据处理和学习能力，它们可以被恶意用户或组织用于非法活动，如网络攻击、数据窃取和身份冒用等。攻击者可能利用人工智能系统的漏洞或缺陷，绕过安全防护措施，获取敏感信息或破坏关键基础设施。这种滥用行为不仅威胁个人和组织的安全，也可能对整个社会造成严重的破坏。同时，对人工智能技术的依赖可能导致一系列安全风险。过度依赖人工智能可能导致人类失去独立思考和判断的能力，从而增加决策失误的风险。此外，人工智能系统的决策过程往往缺乏透明度和可解释性，一旦人工智能系统出现错误或偏差，其影响可能迅速扩散并造成严重后果。在一些关键领域如军事、金融等，人工智能技术的滥用可能导致国家利益的受损。过度依赖人工智能还可能导致国家在技术和经济上的依赖性，影响国家的自主发展能力。

12.4.2 人工智能安全风险的应对策略

坚持预防与应对并重的治理理念。在应对人工智能复杂多变的数据安全挑战和治理难题时，传统的回应型和集中式治理模式已显现出一定的局限性和不足，为此，亟须推动数据安全治理的模式转型，迈向更高层次的治理体系。在对待这一类新兴技术时，强调"风险预防"要远胜于"惩罚威慑"，并需要快速实现从被动安全到主动安全的思维方式转变。在风险尚未显现时，全面展开风险预防措施。建立系统的风险评估和分析机制，以深入洞察人工智能应用可能遭遇的数据安全威胁和风险，全面关注数据处理的各个环节，包括数据的收集、传输、存储和输出，并设立严格的安全管控机制，确保数据的机密性、完整性和可用性不受侵犯。此外，明确各方在数据安全中的主体责任和权责分配至关重要，同时，推动行业自律和标准化也是不可或缺的。当风险事件发生时，需要快速、协调和有效地出台应对措施，建立应急响应机制，有效地控制数据安全事件的危害后果，将其影响范围最小化。

多元参与、合作互动的治理模式。在人工智能数据安全治理中，政府、企业、公众等各方都拥有独特的优势和资源，需要整合多方力量，形成多元主体共治的合作机制，而不单纯依赖政府的强制性措施，以实现数据安全的全面保障。政府作为法制建设和法规制定的主导者，肩负着维护公众整体利益的重任，在人工智能数据安全的治理中应发挥核心作用，构建一套完善的全程监管模式。国务院在《新一代人工智能发展规划》中明确提出了建立人工智能监管体系的战略任务，并特别强调双层监管结构的重要性，即设计问责与应用监督应并行不悖。为此，政府需在人工智能数据处理的每一环节都设立明确的监管措施与责任体系，确保数据安全的全程监控与保障。除此之外，政府在监管的同时，还应积极制定和推广数据安全相关标准，以提升整个行业的数据安全水平。通过标准化工作，不仅能够规范行业行为，还能促进数据安全技术的普及与应用，进而提升整个社会的数据安全防护能力。同时，企业在人工智能数据安全治理中发挥着举足轻重的作用。政府应鼓励企业加大在人工智能数据安全技术研发与创新方面的投入，通过技术的不断创新与升级，提升数据安全防护能力，以应对日益复杂多变的安全威胁。为企业提供技术研发的政策支持和激励措施，引导其将更多资源投向数据安全领域，推动数据安全技术的快速发展。此外，公众的数据安全意识和保护能力也是保障人工智能数据安全的重要因素。政府和企业应通过广泛的宣传教育活动，提高公众对数据安全风险的认知。这包括提醒个人信息主体在使用人工智能服务时避免输入敏感信息，告知公众在人工智能处理其个人信息时享有的告知同意和删除权等权益，从而增强公众对数据安全的重视和自我保护能力。在多元主体共治的合作机制下，政府、企业和公众应密切协同，充分发挥各自的专业知识和资源优势，实现有效的合作互动。

应对人工智能安全风险的技术保障。技术保障在降低人工智能安全风险中扮演着至关重要的角色。应对人工智能安全风险的关键在于构建一套完整、有效的技术防御体系，这包括但不限于数据加密、访问控制、安全审计、漏洞管理以及安全态势感知等方面。数据加密是保障人工智能系统数据安全的重要手段，通过对敏感数据进行加密处理，可以有效防止数据在传输和存储过程中被非法获取或篡改。采用先进的加密算法和密钥管理技术，可以确保数据的安全性得到最大限度的保障。访问控制机制是保障人工智能系统被合法使用的关键措施，通过设定合理的权限和访问策略，可以限制非法用户对系统的访问和操作，防止恶意攻击和滥用行为的发生，同时，建立多层次的身份认证和授权机制，可以进一步提高系统的安全性。安全审计是监测和评估人工智能系统安全性的重要手段，通过对系统的日志、事件和行为进行记录和分析，可以及时发现潜在的安全风险和异常行为，为安全决策提供有力支持。同时，定期对系统进行安全漏洞扫描和风险评估，可以及时发现并修复安全漏洞，提高系统的防护能力。此外，漏洞管理也是保障人工智能系统安全的关键环节，针对已知的安全漏洞，应及时发布安全补丁和更新程序，确保系统的安全性得到及时修复，同时，建立漏洞信息共享和协作机制，可以促进各方共同应对安全挑战，提高整个行业的安全水平。安全态势感知是提升人工智能系统安全防护能力的重要途径，通过实时监测和分析系统的安全态势，可以及时发现并应对各种安全威胁和挑战。

应对人工智能安全风险的法律保护。人工智能安全风险的法律保护主要涉及数据安全和个人信息保护等方面。数据安全问题和个人信息保护问题不仅关系到用户的隐私权益，还牵涉到行业运行的规范，甚至对国家安全构成了潜在威胁。在人工智能治理的理论研究与实践中，各国政府与相关行业已在立法层面、行业准入层面逐步加强和落实，如《阿西洛马人工智能原则》《人工智能北京共识》《经合组织人工智能原则》以及欧盟的《人工智能法案》等比较重要和有影响力的政策文件中，皆在透明度、可问责性、算法偏见、隐私保护与非歧视等领域提出了共同的价值取向。目前，欧盟在人工智能安全风险防范领域已制定了一系列规范，处于全球领先地位。2018 年 5 月，欧盟颁布了《通用数据保护条例》（GDPR），旨在全面保护欧盟公民的数据隐私，并明确赋予公民数据隐私权。这一条例不仅包含了删除权（即数据主体有权要求删除其个人数据并终止进一步处理）等重要原则，还规定了数据主体在自动化决策过程中有权访问"逻辑相关的有意义信息"，以及在数据处理中获取"预期结果"信息的权利。值得注意的是，与一般的政策文件不同，GDPR 中的这些原则具有法律约束力，可以强制执行。任何违反《通用数据保护条例》规定的组织都将面临罚款等法律制裁。这种强制性的法律要求确保了数据主体权益的有效保障，同时也促进了人工智能领域的安全与合规发展。

我国针对人工智能的安全风险问题，已陆续出台了一系列法律法规，以构建完善的法律治理体系。在民事法律领域，《民法典》在第四编"人格权"中特别设立了第六章"隐私权与个人信息保护"，通过专章的形式对个人信息保护进行了完善，彰显了我国在保护个人信息安全方面的坚定决心。此外，《个人信息保护法》第二十四条对自动化决策系统涉及的个人信息保护问题做出了详尽的规定，为个人信息在人工智能应用中的安全提供了法律保障。在网络安全与数据安全方面，《网络安全法》和《数据安全法》的相继实施，为人工智能领域算法应用所带来的数据安全等问题构建了坚实的法律治理框架，确保算法应用的合法性与安全性。为了进一步规范算法的应用，《互联网信息服务算法推荐管理规定》从多个维度进行了全面规定，包括算法提供者的合规要求、用户权益的保护措施、有关部门的监管职责以及法律责任的承担等，首次较为系统地针对算法问题进行了治理，为算法推荐服务的健康发展提供了有力支撑。同时，我国也在积极探索和制定更为全面的人工智能法律。例如，2024 年《中华人民共和国人工智能法（学者建议稿）》提出了科技伦理原则、创新发展原则、公平公正原则、透明可解释原则和安全可问责原则等多个重要原则，这些原则不仅为人工智能的法律规范提供了框架和方向，也体现了我国在人工智能法律治理方面的前瞻性和创新性。

本章小结

　　人工智能伦理，是指在研究、开发和应用人工智能技术时，需要遵循的道德准则和社会价值观，以确保人工智能的发展和应用不会对人类和社会造成负面影响。

　　人工智能伦理规范的核心原则包括科技伦理原则、创新发展原则、公平公正原则、可问责原则四种主要原则，以及正当使用原则、人工介入原则、平等原则、透明原则、不伤害原则、预警原则、稳定原则等次要原则。

　　人工智能信任危机的原因在于算法的不透明性引发了关于用户知情权与自主决策权的关注、算法在处理个人数据时存在侵犯隐私和歧视的风险以及算法的权力逐渐增强。

　　构建可信人工智能的途径在于：首先，构建可信人工智能标准框架和可信性指南；其次，建设人工智能风险分类分级制度和伦理原则标准；再次，加强场景化人工智能技术标准；最后，以算法治理规制机器学习技术。

思考题

　　12-1　你认为人工智能还存在哪些伦理道德风险？

　　12-2　你如何看待人工智能技术的局限性？

　　12-3　你认为人工智能技术带来的道德伦理风险还有哪些应对方案？

　　12-4　如何在法治轨道内规范人工智能向善而行？

　　12-5　你认为技术是否是中立的？在规范人工智能过程中，应当选择以技术治理技术，还是选择以规范治理技术？请说明理由。

参 考 文 献

[1] BROOKS R A. Intelligence without representation[J]. Artificial Intelligence，1991，47(1-3)：139-159.

[2] BROOKS R A. Intelligence without reasoning[C]// Proceedings of the Twelfth International Joint Conference on Artificial Intelligence. Sydney：[s.n.]，1991：569-595.

[3] STERNBERG R J. In search of the human mind[M]. New York：Harcourt Brace，1994.

[4] MCCARTHY J，MINSKY M L，ROCHESTER N，et al. A proposal for the Dartmouth summer research project on artificial intelligence [A/OL]. (1955-08-31) [2024-07-01] http：//www-formal. stanford.edu/ jmc/history/dartmouth/dartmouth.html.

[5] SHORTLIFFE E H. Computer-based medical consultation：MYCIN[M]. New York：Elsevier，2012.

[6] TURING A M. Computing machinery and intelligence[M]. Berlin：Springer Netherlands，2009.

[7] BLOCK N. Psychoanalysis and behaviorism[M]//SHIERER S. The Turing Test. Cambridge：The MIT Press，2004.

[8] SEARLE J R. Minds，brains，and programs[J]. Behavioral and Brain Sciences，1980，3(3)：417-424.

[9] 李德毅 . 人工智能导论 [M]. 北京：中国科学技术出版社，2018.

[10] 马锐 . 人工神经网络原理 [M]. 北京：机械工业出版社，2014.

[11] TROMP J. Number of legal Go positions[Z/OL] [2016-01-20] [2024-07-01]. https：//tromp.github.io/go/legal.html.

[12] SILVER D，HUANG A，MADDISON C J，et al. Mastering the game of Go with deep neural networks and tree search[J]. Nature，2016，529(7587)：484-489.

[13] SILVER D，SCHRITTWIESER J，SIMONYAN K. Mastering the game of Go without human knowledge[J]. Nature，2017，550(7676)：354-359.

[14] GREEN C. Theorem-proving by resolution as a basis for question-answering system[J]. Machine Intelligence，1969，4：183-205.

[15] ROBINSON J A. A machine-oriented logic based on the resolution principle[J]. Journal of the ACM，1965，12(1)：23-41.

[16] HORN A. On sentences which are true of direct unions of algebras[J]. Journal of Symbolic Logic，1951，16(1)：14-21.

[17] 陆汝钤 . 人工智能 [M]. 上海：上海科学技术文献出版社，2023.

[18] 史忠植，王文杰 . 人工智能 [M]. 北京：国防工业出版社，2007.

[19] 王万良 . 人工智能及其应用 [M]. 北京：高等教育出版社，2008.

[20] 马少平，朱小燕 . 人工智能 [M]. 北京：清华大学出版社，2004.

[21] 王万良 . 人工智能导论 [M]. 5 版 . 北京：高等教育出版社，2020.

[22] 温斯顿 . 人工智能：第 3 版 [M]. 崔良沂，赵永昌，译 . 北京：清华大学出版社，2005.

[23] 罗素，诺维格 . 人工智能：一种现代的方法 [M]. 殷建平，祝思，刘越，等译 . 北京：清华大学出版社，2013.

[24] LUCCI S，KOPEC D. 人工智能：第 2 版 [M]. 林赐，译 . 北京：人民邮电出版社，2018.

[25] 卢格尔 . 人工智能：复杂问题求解的结构和策略 [M]. 史忠植，张银奎，赵志崑，等译 . 北京：机械工业出版社，2006.

[26] 蔡自兴，等 . 人工智能及其应用 [M]. 6 版 . 北京：清华大学出版社，2020.

[27] 尼尔森 . 人工智能 [M]. 郑扣根，庄越挺，译 . 北京：机械工业出版社，2003.

[28] 罗素 . 人工智能：现代方法　第 4 版 [M]. 张博雅，陈坤，田超，等译 . 北京：人民邮电出版社，2022.

[29] 廉师友 . 人工智能导论 [M]. 北京：清华大学出版社，2020.

[30] 亿钱君 . 不确定性推理：模糊推理 [EB/OL] [2020-12-17] [2024-07-01]. https：//blog.csdn.net/m0_51755061/article/details/111772779.

[31] 林尧瑞，马少平 . 人工智能导论 [M]. 北京：清华大学出版社，1989.

[32] 刘峡壁 . 人工智能导论：方法与系统 [M]. 北京：国防工业出版社，2008.

[33] MINTZ Y，BRODIE R. Introduction to artificial intelligence in medicine[J]. Minimally Invasive Therapy & Allied Technologies，2019，28(2)：73-81.

[34] JACKSON P C. Introduction to artificial intelligence[M]. New York：Courier Dover Publications，2019.

[35] NEAPOLITAN R E，JIANG X. Artificial intelligence：with an introduction to machine learning[M]. Boca Raton：CRC Press，2018.

[36] WANG Y，FU E Y，ZHAI X，et al. Introduction of artificial intelligence[M]. Zug：Springer Nature Switzerland，2024.

[37] HATON J P. A brief introduction to artificial intelligence[J]. IFAC Proceedings Volumes，2006，39(4)：8-16.

[38] 周苏，张泳 . 人工智能导论 [M]. 北京：机械工业出版社，2020.

[39] 丽奇 . 人工智能引论 [M]. 广州：广东科技出版社，1986.

[40] 王健，赵国生，赵中楠 . 人工智能导论 [M]. 北京：机械工业出版社，2021.

[41] ANGELOV P P，SOARES E A，JIANG R，et al. Explainable artificial intelligence：an analytical review[J]. Wiley Interdisciplinary Reviews：Data Mining and Knowledge Discovery，2021，11(5)：1424.

[42] BODERN M A. Artificial intelligence：a very short introduction[M]. Cambridge：Oxford University Press，2018.

[43] 刘攀，黄务兰，魏忠 . 人工智能导论 [M]. 北京：北京大学出版社，2021.

[44] 杨忠明 . 人工智能应用导论 [M]. 西安：西安电子科技大学出版社，2019.

[45] 马飒飒，张磊，张瑞，等 . 人工智能基础 [M]. 北京：电子工业出版社，2020.

[46] NILSSON N J. Artificial intelligence：a new synthesis[M]. San Francisco：Morgan Kaufmann，1998.

[47] ERTEL W. Introduction to artificial intelligence[M]. Berlin：Springer，2018.

[48] EDELKAMP S，SCHRÖDL S. Heuristic search：theory and applications[M]. Amsterdam：Elsevier，2011.

[49] SSLHI S. Heuristic search：the emerging science of problem solving[M]. New York：Palgrave Macmillan，2017.

[50] DECHTER R，PEARL J. Generalized best-first search strategies and the optimality of A*[J]. Journal of the ACM，1985，32(3)：505-536.

[51] HART P E，NILSSON N J，RAPHAEL B. A formal basis for the heuristic determination of minimum cost paths[J]. IEEE transactions on Systems Science and Cybernetics，1968，4(2)：100-107.

[52] POHL I. Heuristic search viewed as path finding in a graph[J]. Artificial Intelligence，1970，1(3-4)：193-204.

[53] DORAN J E，MICHIE D. Experiments with the graph traverser program[J]. Proceedings of the Royal Society of London. 1966，294(1437)：235-259.

[54] LAWLER E L，WOOD D E. Branch-and-bound methods：a survey[J]. Operations Research，

269

1966，14(4)：699-719.

[55] DE MELLO L S H， SANDERSON A C. AND/OR graph representation of assembly plans[J]. IEEE Transactions on Robotics and Automation，1990，6(2)：188-199.

[56] SELMAN B，GOMES C P. Hill-climbing search[J]. Encyclopedia of Cognitive Science，2006，81(10)：333-335.

[57] PEARL J. Heuristics： intelligent search strategies for computer problem solving[M]. Middlesex：Addison-Wesley Longman Publishing Co.，1984.

[58] 王俊丽，闫春钢，蒋昌俊. 智能计算 [M]. 北京：科学出版社，2022.

[59] 姚舜才，李大威. 神经网络与深度学习 [M]. 北京：清华大学出版社，2022.

[60] 文保常，茹锋. 人工神经网络理论及应用 [M]. 西安：西安电子科技大学出版社，2019.

[61] AUDI R. The Cambridge dictionary of philosophy[M]. Cambridge： Cambridge University Press，1999.

[62] HUANG J，MO Z B，ZHANG Z Y，et al. Behavioral control task supervisor with memory based on reinforcement learning for human： multi-robot coordination systems[J]. Frontiers of Information Technology & Electronic Engineering. 2022，23(8)：1174-1188.

[63] 查夫斯塔. 机器人伦理学导论 [M]. 尚新建，杜丽燕，译. 北京：北京大学出版社 2022.

[64] JOBIN A，IENCA M，VAYENA E，Artificial intelligence： the global landscape of ethics guidelines[J]. Nature Machine Intelligence，2019，1(9)：389-399.

[65] 宋华琳. 法治视野下的人工智能伦理规范建构 [J]. 数字法治，2023(6)：1-9.

[66] HAUSER M，CUSHMAN F，YOUNG L，et al. A dissociation between moral judgments and justifications ［J］. Mind & Language，2007，22(1)：1-21.

[67] 和鸿鹏. 无人驾驶汽车的伦理困境、成因及对策分析 [J]. 自然辩证法研究，2017，33(11)：58-62.

[68] 王银春. 人工智能的道德判断及其伦理建议 [J]. 南京师大学报 (社会科学版)，2018 (4)：29-36.

[69] 刘友华. 算法偏见及其规制路径研究 [J]. 法学杂志，2019，40(6)：55-66.

[70] BEKEY G A. Current trends in robotics： technology and ethics[M]//LIN P，ABNEY K，BEKEY G A. Robot ethics： the ethical and social implications of robotics. Cambridge：The MIT Press，2014.

[71] 徐凤. 人工智能算法黑箱的法律规制：以智能投顾为例展开 [J]. 东方法学，2019(6)：78-86.

[72] 郭哲. 反思算法权力 [J]. 法学评论，2020，38(6)：33-41.

[73] RIBEIRO M，SINGH S，GUESTRIN C. "Why should I trust you？" Explaining the predictions of any classifier[C]// Proceedings of the 22nd ACM SIGKDD International Conference on Knowledge Discovery and Data Mining. San Francisco：ACM，2016：1135-1144.

[74] 吕雯瑜，曹康康. 走向道德人工智能（AI）：赋予人工智能系统道德人格和构建可解释人工智能 [J]. 学术探索，2023 (12)：24-34.

[75] 机器之心编译部. XAI 有什么用？探索 LLM 时代利用可解释性的 10 种策略 [Z/OL]. [2024-07-01]. https://baijiahao.baidu.com/s?id=1796022514929907562&wfr=spider&for=pc.

[76] 罗素. AI 新生：破解人机共存密码 [M]. 张羿，译. 北京：中信出版社，2020.

[77] 王少. ChatGPT 介入思想政治教育的技术线路、安全风险及防范 [J]. 深圳大学学报 (人文社会科学版)，2023，40(2)：153-160.

[78] 贾晓旭. 基于可解释人工智能的数据安全风险识别研究 [J]. 信息系统工程，2024(1)：50-54.

[79] 西科斯. 基于人工智能方法的网络空间安全 [M]. 寇广，等译. 北京：机械工业出版社，2021.

[80] 赵梓羽. 生成式人工智能数据安全风险及其应对 [J]. 情报资料工作，2024，45(2)：30-37.

[81] 刘金瑞. 数据安全范式革新及其立法展开 [J]. 环球法律评论，2021，43(1)：5-21.

[82] 于水，范德志. 新一代人工智能 ChatGPT 的价值挑战及其包容性治理 [J]. 海南大学学报 (人文社会科学版)，2023，41(5)：82-90.